"思想摆渡"系列

从现象学到古典学

朱 刚 编译

·广州·

版权所有　翻印必究

图书在版编目（CIP）数据

从现象学到古典学/朱刚编译. —广州：中山大学出版社，2020.11
（"思想摆渡"系列）
ISBN 978 – 7 – 306 – 07000 – 5

Ⅰ.①从… Ⅱ.①朱… Ⅲ.①现象学—文集 Ⅳ.①B81 – 06

中国版本图书馆 CIP 数据核字（2020）第 203155 号

出 版 人：王天琪
策划编辑：嵇春霞
责任编辑：潘惠虹
封面设计：曾　斌
责任校对：王　璞
责任技编：何雅涛
出版发行：中山大学出版社
电　　话：编辑部 020 – 84110779，84110283，84111997，84110771
　　　　　发行部 020 – 84111998，84111981，84111160
地　　址：广州市新港西路 135 号
邮　　编：510275　传　真：020 – 84036565
网　　址：http://www.zsup.com.cn　E-mail：zdcbs@mail.sysu.edu.cn
印 刷 者：佛山家联印刷有限公司
规　　格：787mm×1092mm　1/16　20.25 印张　342 千字
版次印次：2020 年 11 月第 1 版　2020 年 11 月第 1 次印刷
定　　价：78.00 元

如发现本书因印装质量影响阅读，请与出版社发行部联系调换

"思想摆渡"系列

总　序

一条大河，两岸思想，两岸说着不同语言的思想。

一岸之思想如何摆渡至另一岸？这个问题可以细分为两个问题：第一，是谁推动了思想的摆渡？第二，思想可以不走样地摆渡过河吗？

关于第一个问题，普遍的观点是，正是译者或者社会历史的某种需要推动了思想的传播。从某种意义上说，这样的看法是有道理的。例如，某个译者的眼光和行动推动了一部译作的问世，某个历史事件、某种社会风尚促成了一批译作的问世。可是，如果我们随倪梁康先生把翻译大致做"技术类""文学类"和"思想类"的区分，那么，也许我们会同意德里达的说法，思想类翻译的动力来自思想自身的吁请"请翻我吧"，或者说"渡我吧"，因为我不该被遗忘，因为我必须继续生存，我必须重生，在另一个空间与他者邂逅。被思想召唤着甚或"胁迫"着去翻译，这是我们常常见到的译者们的表述。

至于第二个问题，现在几乎不会有人天真地做出肯定回答了，但大家对于走样在多大程度上可以容忍的观点却大相径庭。例如，有人坚持字面直译，有人提倡诠释式翻译，有人声称翻译即背叛。与这些回答相对，德里达一方面认为，翻译是必要的，也是可能的；另一方面又指出，不走样是不可能的，走样的程度会超出我们的想象，达到无法容忍的程度，以至于思想自身在吁请翻译的同时发出恳求："请不要翻我吧。"在德里达看来，每一个思想、每一个文本都是独一无二的，每一次的翻译不仅会面临另一种语言中的符号带来的新的意义链的生产和流动，更严重的是还会面临这种语言系统在总体上的规制，在意义的无法追踪的、无限的延异中思想随时都有失去自身的风险。在这个意义上，翻译成了一件既无必要也不可能的事情。

如此一来，翻译成了不可能的可能、没有必要的必要。思想的摆渡究竟要如何进行？若想回应这个难题，我们需要回到一个更基本的问题：思想是如何发生和传播的？它和语言的关系如何？让我们从现象学的视角出发对这两个问题做点思考。我们从第二个问题开始。众所周知，自古希腊哲学开始，思想和语言（当然还有存在）的同一性就已确立并得到了绝大部分思想家的坚持和贯彻。在现象学这里，初看起来，各个哲学家的观点似乎略有不同。胡塞尔把思想和语言的同一性关系转换为意义和表达的交织性关系。他在《观念Ⅰ》中就曾明确指出，表达不是某种类似于涂在物品上的油漆或像穿在它上面的一件衣服。从这里我们可以得出结论，言语的声音与意义是源初地交织在一起的。胡塞尔的这个观点一直到其晚年的《几何学的起源》中仍未改变。海德格尔则直接把思想与语言的同一性跟思与诗的同一性画上了等号。在德里达的眼里，任何把思想与语言区分开并将其中的一个置于另一个之先的做法都属于某种形式的中心主义，都必须遭到解构。在梅洛-庞蒂看来，言语不能被看作单纯思维的外壳，思维与语言的同一性定位在表达着的身体上。为什么同为现象学家，有的承认思想与语言的同一性，有的仅仅认可思想与语言的交织性呢？

这种表面上的差异其实源于思考语言的视角。当胡塞尔从日常语言的角度考察意义和表达的关系时，他看到的是思想与语言的交织性；可当他探讨纯粹逻辑句法的可能性时，他倚重的反而是作为意向性的我思维度。在海德格尔那里，思的发生来自存在的呼声或抛掷，而语言又是存在的家园。因此，思想和语言在存在论上必然具有同一性，但在非本真的生存中领会与解释却并不具有同一性，不过，它们的交织性是显而易见的，没有领会则解释无处"植根"，没有解释则领会无以"成形"。解构主义视思想和语言的交织为理所当然，但当德里达晚期把解构主义推进到"过先验论"的层面时，他自认为他的先验论比胡塞尔走得更远更彻底，在那里，思想和句法、理念和准则尚未分裂为二。在梅洛-

庞蒂的文本中，我们既可以看到失语症患者由于失去思想与言语的交织性而带来的各种症状，也可以看到在身体知觉中思想与语言的同一性发生，因为语言和对语言的意识须臾不可分离。

也许，我们可以把与思想交织在一起的语言称为普通语言，把与思想同一的语言称为"纯语言"（本雅明语）。各民族的日常语言、科学语言、非本真的生存论语言等都属于普通语言，而纯粹逻辑句法、本真的生存论语言、"过先验论"语言以及身体的表达性都属于"纯语言"。在对语言做了这样的划分之后，上述现象学家的种种分歧也就不复存在了。

现在我们可以回到第一个问题了。很明显，作为"纯语言"的语言涉及思想的发生，而作为普通语言的语言则与思想的传播密切相关。我们这里尝试从梅洛－庞蒂的身体现象学出发对思想的发生做个描述。首先需要辩护的一点是，以身体为支点探讨"纯语言"和思想的关系是合适的，因为这里的身体不是经验主义者或理性主义者眼里的身体，也不是自然科学意义上的身体，而是"现象的身体"，即经过现象学还原的且"在世界之中"的生存论身体。这样的身体在梅洛－庞蒂这里正是思想和纯粹语言生发的场所：思想在成形之前首先是某种无以名状的体验，而作为现象的身体以某种生存论的变化体验着这种体验；词语在对事件命名之前首先需要作用于我的现象身体。例如，一方面是颈背部的某种僵硬感，另一方面是"硬"的语音动作，这个动作实现了对"僵硬"的体验结构并引起了身体上的某种生存论的变化；又如，我的身体突然产生出一种难以形容的感觉，似乎有一条道路在身体中被开辟出来，一种震耳欲聋的感觉沿着这条道路侵入身体之中并在一种深红色的光环中扑面而来，这时，我的口腔不由自主地变成球形，做出"rot"（德文，"红的"的意思）的发音动作。显然，在思想的发生阶段，体验的原始形态和思想的最初命名在现象的身体中是同一个过程，就是说，思想与语言是同一的。

在思想的传播阶段，一个民族的思想与该民族特有的语音和文字系统始终是交织在一起的。思想立于体验之上，每个体验总是连着其他体验。至于同样的一些体验，为什么对于某些民族来说它们总是聚合在一起，而对于另一些民族来说彼此却又互不相干，其答案可能隐藏在一个民族的生存论境况中。我们知道，每个民族都有自己的生活世界。一个民族带有共性的体验必定受制于特定的地理环境系统和社会历史状况并因此而形成特定的体验簇，这些体验簇在口腔的不由自主的发音动作中发出该民族的语音之后表现在普通语言上就是某些声音或文字总是以联想的方式成群结队地出现。换言之，与体验簇相对的是语音簇和词语簇。这就为思想的翻译或摆渡带来了挑战：如何在一个民族的词语簇中为处于另外一个民族的词语簇中的某个词语找到合适的对应者？

这看起来是不可能完成的任务，每个民族都有自己独特的风土人情和社会历史传统，一个词语在一个民族中所引发的体验和联想在另一个民族中如何可能完全对应？就连本雅明也说，即使同样是面包，德文的"Brot"（面包）与法文的"pain"（面包）在形状、大小、口味方面给人带来的体验和引发的联想也是不同的。日常词汇的翻译尚且如此，更不用说那些描述细腻、表述严谨的思考了。可是，在现实中，翻译的任务似乎已经完成，不同民族长期以来成功的交流和沟通反复地证明了这一点。其中的理由也许可以从胡塞尔的生活世界理论中得到说明。每个民族都有自己的生活世界，这个世界是主观的、独特的。可是，尽管如此，不同的生活世界还是具有相同的结构。也许我们可以这样回答本雅明的担忧，虽然"Brot"和"pain"不是一回事，但是，由面粉发酵并经烘焙的可充饥之物是它们的共同特征。在结构性的意义上，我们可以允许用这两个词彼此作为对方的对等词。

可这就是我们所谓的翻译吗？思想的摆渡可以无视体验簇和词语簇的差异而进行吗？仅仅从共同的特征、功能和结构出发充其量只是一种"技术的翻译"；"思想的翻译"，当然也包括"文学的翻译"，必须最大限度地把一门语言中的体验簇和词语簇带进另一门语言。如何做到这一点呢？把思想的发生和向另一门语言的摆渡这两个过程联系起来看，也许可以给我们提供新的思路。

在思想的发生过程中，思想与语言是同一的。在这里，体验和体验簇汇聚为梅洛-庞蒂意义上的节点，节点表现为德里达意义上的"先验的声音"或海德格尔所谓的"缄默的呼声"。这样的声音或呼声通过某一群人的身体表达出来，便形成这一民族的语言。这个语言包含着这一民族的诗-史-思，这个民族的某位天才的诗人-史学家-思想家用自己独特的言语文字创造性地将其再现出来，一部伟大的作品便成型了。接下来的翻译过程其实是上面思想发生进程的逆过程。译者首先面对的是作品的语言，他需要将作者独具特色的语言含义和作品风格摆渡至自己的话语系统中。译者的言语文字依托的是另一个民族的语言系统，而这个语言系统可以回溯至该民族的生存论境况，即该民族的体验和体验簇以及词语和词语簇。译者的任务不仅是要保留原作的风格、给出功能或结构上的对应词，更重要的是要找出具有相同或类似体验或体验簇的词语或词语簇。

译者的最后的任务是困难的，看似无法完成的，因为每个民族的社会历史处境和生存论境况都不尽相同，他们的体验簇和词语簇有可能交叉，但绝不可能完全一致，如何能找到准确的翻译同时涵盖两个语言相异的民族的相关的体验簇？可是，这个任务，用德里达的词来说，又是绝对"必要的"，因为翻译正是要通过对那个最合适的词语的寻找再造原作的体验，以便生成我们自己的体验，并以此为基础，扩展、扭转我们的体验或体验簇且最终固定在某个词语或词语簇上。

寻找最合适的表达，或者说寻找"最确当的翻译"（德里达语），是译者孜孜以求的理想。这个理想注定是无法完全实现的。德里达曾借用《威尼斯商人》中的情节，把"最确当的翻译"比喻为安东尼奥和夏洛克之间的契约遵守难题：如何可以割下一磅肉而不流下一滴血？与此类似，如何可以找到"最确当的"词语或词语簇而不扰动相应的体验或体验簇？也许，最终我们需要求助于鲍西亚式的慈悲和宽容。

"'思想摆渡'系列"正是基于上述思考的尝试，译者们也是带着"确当性"的理想来对待哲学的翻译的。我想强调的是：一方面，思想召唤着我们去翻译，译者的使命教导我们寻找最确当的词语或词语簇，最大限度地再造原作的体验或体验簇，但这是一个无止境的过程，我们的缺点和错误在所难免，因此，我们在这里诚恳地欢迎任何形式的批评；另一方面，思想的摆渡是一项极为艰难的事业，也请读者诸君对我们的努力给予慈悲和宽容。

方向红

2020 年 8 月 14 日于中山大学锡昌堂

目 录

第一部分 现象学与第一哲学

哲学的第一任务：对发生的重新激活 ………………… J. 德里达/3
在场与线迹
　　——对《存在与时间》里的一条注释的注释 ………… J. 德里达/14
被给予性的现象学与第一哲学 ………………………… 让-吕克·马里翁/60

第二部分 现象学与伦理学

对伦理学这一概念的系统的引导性规定与界定 …………… 胡塞尔/89
伦理学作为第一哲学 ……………………………………… 列维纳斯/114
表象的崩塌 ………………………………………………… 列维纳斯/131
作为存在论差异的价值 ………………………… K. W. 斯蒂克斯/143

第三部分 现象学的研究与运用

马克思与海德格尔的形而上学批判 ………… 汉斯-马丁·格拉赫/163
对现象的两种解构：德里达的悲观主义、瑜伽行派佛教的乐观主义，
　　以及对于基督教神学的后果 …………………… 大卫·R. 彭斯加德/188
经验与范畴表达 …………………………………… 拉斯洛·滕格义/209

第四部分 古典学

王弼对儒家政治和伦理的道家式奠基 ……………………… 耿　宁/223

论柏拉图的《蒂迈欧》及其科学虚构 ………………………… 伯纳德特/244
论《蒂迈欧》 …………………………………………………… 伯纳德特/292

后　记 ……………………………………………………………………… 313

第一部分

现象学与第一哲学

第一部分　现象学与第一哲学

哲学的第一任务：对发生的重新激活①
［法］J. 德里达②

如果"对我们所处的这个危急处境的起源有一种目的论的历史意识"，而这种意识又构成了"超越论现象学的一个独立的导引"③，换言之，如果它能用来充当返回超越论的主体性的意向的引导，那么对哲学观念的阐明也许就能使我们最终触及理论态度的这种实存的（existentielle）构成。因此，如果所有绝然的（apodictique）含义（signification）确实只有从这种态度出发才可理解，那么澄清这种态度的发生（genèse）也许就能阐明任何发生的绝然意义。然而，这是否因此就是对其存在论意义的把握呢？④

至此，哲学观念从形式上仍被定义为一种无限任务⑤，即 theoria（理论）⑥的观念。这种无限的理论生活的历史在其努力与失败中被混同于单纯的自我实现⑦，这一历史能从一种发生性的描述中获得价值吗？那贯穿

---

① 本文原题为"La première tâche de la philosophie: la réactivation de la genèse"，原载 Jacques Derrida, *Le problème de la genèse dans la philosophie de Husserl*, PUF, 1990. 中译文原发表于《世界哲学》2003 年第五期（朱刚译，杜小真校），收录于本文集时经译者重新校对。
② 雅克·德里达（Jacques Derrida）（1930—2004），法国哲学家、现象学家，解构主义的创始人，后现代主义哲学的重要代表。
③ 转引自保罗·利科（Panl Ricœur）《胡塞尔与历史中的意义》，发表于《形而上学与道德杂志》（*RMM*），juillet – octobre 1949，第 289 – 290 页。
④ 在《笛卡尔式的沉思》中，胡塞尔在（世间的）实存（existence）的明见性与绝然的明见性之间做出了一个非常重要的区分。尽管前者有"在先的功能"，但仍值得指出：实存的明见性不能"自称具有第一和绝对明见性的那种优先性"（M. C., trad. Peiffer-Levinas, §7, 第 14 页）。这个区分充分地证实了我们的说法。
⑤ 《欧洲人的危机中的哲学》（*La philosophie dans la crise de l'humanité européenne*），1935 年 5 月 7 日的维也纳讲演，见《形而上学与道德杂志》（*RMM*），1950 年第 3 期，其中好几处提到，特别是第 247 页（另见单行本，Paris，Aubier-Montaigne，1977，第 71 页；以及 *La crise des sciences européennes et la phénoménologie transcendantale*, trad. par Gérard Granel, Paris, Gallimard, 1976, 第 373 页）。
⑥ 同上书，第 241 页（Aubier，第 51 页；*La crise*，第 366 页及以下各页）。
⑦ 凡加着重号的文字在原文中为斜体。下同。——中译注

于欧洲哲学所有阶段的"超越论的动机"(motif transcendental)的历史,能够最终为我们照亮超越论主体性的发生吗?然而,这种历史设定了一种向后返回的可能性,一种重新找回那些如此这般的在先在场者的原初意义的可能性。它意味着一种穿过历史——它对意识而言是可理解的、透明的——的超越论"回问"(régression, *Rückfrage*)的可能性;这一历史的积淀可能会被拆除,然后又被原样恢复。

维也纳讲演之后,胡塞尔的所有文本都在展开同一个问题:如何才能从历史的-意向的分析出发,"重新激活"意识行为或意识之历史产物的原初意义?这种历史的-意向的分析主题,占据了胡塞尔大量极其重要的手稿,但是这种分析的技术直到《几何学起源》①(1938)才出现。在这个20页的文本(它是胡塞尔最优秀的文本之一)中,作者试图重新追踪几何学的意向发生(genèse intentionnelle),并想由此确定一种分析类型,通过这种分析,应该总能就其诞生本身来重新把握意识的历史产物的超越论的本原。

正如芬克(Fink)在其导论中评论的那样,这个说法并不绝对是新的。在《形式的逻辑与超越论的逻辑》中,人们就应当深入到逻辑的起源(origine)本身了。表面上,对于纯粹逻辑意识,即被构造的综合系统、完善的和自身封闭的产物,逻辑可以要求绝对的永恒性和自主性。事实上,它只有从一种必须重新找回其意义的超越论的发生出发才是可能的。然而,这种意义不是已湮没于逻辑行为与逻辑结构的无限的历史中了吗?这些行为和结构在历史中的层层叠置的积淀,初看起来不是根本无法穿透的吗?

这种不可穿透性使得任何历史哲学,极而言之,任何历史真理都成为不可能。积淀的事实性透明与否,这一点胡塞尔并不关心。但是,只要人们能够追问,那么人类的任何过去的、任何意识行为和意识生产的意向意义和超越论意义,都应该能够被本原地理解。"正如我们在此要提出的,几何学的起源问题……不是文献学的、历史学的表面问题,它不是要查明那些实际上(*wirklich*)② 提出纯粹几何学的命题、证明、理论的事实上(*faktisch*)最早的几何学家们,它也不是要查明他们发现的特定命题。与

---

① 这个文本的标题全称是《作为历史-意向的疑难的几何学的起源问题》。
② 此书为译著,原文为斜体时,本书依应保留。下同。——中译注

此相反,我们的兴趣毋宁是对最原初意义的一种'回问',按照这种意义,作为千年传统的几何学过去存在(在其持续的工作中被生动地把握),而且对于我们来说现在仍然存在。我们'探询'几何学在历史上最初据以产生(必然据以产生)的那种意义,尽管我们关于几何学最初的创始者一无所知,而且对之不感兴趣。从我们就作为科学传统的几何学所知道的东西……出发,一种对于几何学——如它们作为原初创立的几何学曾经必然所是的那样——的淹没了的原初起源的'回问',原则上总是可能的。"①

因此,这又一次涉及通过超越论还原的方法重新找回原初的意义;还原不再具有单纯唯我论的意义,而是经常从一个超越论的共同体出发被实行。人们对历史被构成的事实性进行"中立化",并从超越论的主体性出发,让意义生产的行为本身显现出来。同时,这种操作也揭示了几何学的超越论基础。全部发生性的运动都是从意识的这些奠基性的生产出发被创建起来的;而正是通过对这全部发生性运动的自觉,人们才能借助于一种向主体性的彻底回归而重新激活目的论的观念,并克服自然主义的客观主义的诸种危机。胡塞尔说,"文化的所有特殊形式,都是从人类活动中诞生";正是在这个意义上,如果人们忽略文化的全部实际的实在性(réalité),就应该能够重新激活意义本身。经验的、历史的"不知"(non-savoir)本质上包含着一种知的可能性,这种知的明见性是不可还原的。比如,举一个最明显的事实,我们从一种绝对的知那里知道:任何传统都是从人类活动中诞生。就此而言,"传统允许追问"(*läßt sich befragen*)②。作为"传统的成就,几何学肯定是从一种最早的生产、最早的创造活动中生成的"③。

发生从这种创造性起源开始,它并不是由一种因果链条组成,无论这种链条是归纳的还是演绎的。它与那种从在先的环节中创造出的或演绎出

---

① 《作为历史-意向的问题的几何学的起源问题》(下简称《几何学起源》)(*Revue intern. De Philosophie*,n°2,janvier 1939,p. 207 – 225),第 207 页。强调为胡塞尔所加 [下文我们在括号里引用的页码依次是《胡塞尔全集》第六卷(下文简称 H.,Ⅵ)的页码和德里达翻译的法译本(*Edmund Husserl:L'Origine de la Géométrie,Traduction et Introduction*,Presses Universitaires de France,1962. 下文简称 *Origine*)的相应页码。这里是:H.,Ⅵ,第 365 – 366 页;参见 *Origine*,第 174 – 175 页]。

② 同上(参见 *Origine*,第 176 页)。

③ 《几何学起源》,第 208 页(H.,Ⅵ,第 367 页;参见 *Origine*,第 177 页)。

的诸环节的历史联结（connexion historique）无关；相反，它更涉及一种"连续的综合"（synthèse continuelle）：在这种"连续的综合"中，所有那些获得物都当下在场并且有效，它们形成一个整体。通过这种方式，可以说在每一个现在，那"获得物整体"（*Totalerwerb*）都是更高阶段的生产的总前提。这个（连续综合的）运动就是任何科学的运动，就是那为了重新找回任何科学的和任何意向历史的超越论本源（originarité）而必须一再重建的运动。

但是，如果这个本源既是历史的最初时刻的本源，也是科学的绝对基础的本源，那么，"当面对如几何学这样的科学的巨大发展时，那关于'重新激活'的假定和可能性的情况又如何呢？"① 任何要证明一个命题的研究者，都必须通观"那由诸基础构成的巨大链条总体、直到最初的前提，并且将这个总体现实地重新激活吗？"② 这会使科学的发展变得不可能。事实上，在单纯的科学活动层次上，在无需对这种活动做总体的哲学"把握"时，一种"间接的和隐含的"重新激活就已足够。

在此，重新激活的那种先天的或原则上的可能性，就转变成了先天的或原则上的不可能性，或至少与这种不可能性辩证地结合在一起。首先，人们很难发现什么东西，能把由"素朴的"学者（他自发且自然地体验着其学者活动）所进行的那种隐含和间接的重新激活，与现象学家所进行的那种绝对的重新激活严格地区别开来。从哪一刻开始，重新激活就被完全、直接地阐明了？无疑，这与回问无关，因为这种回问只有通过一系列的间接基础才能达到终点，而在这些间接基础的层次上，重新激活始终是隐含的。经由一种完全的态度转变，重新激活可以说应该先天就是直接的和彻底的。这种态度就是还原的态度，它应当把所有间接的和被构成的科学因素悬搁起来。换言之，几何学的全部传统、学者的全部活动，甚至全部隐含的回问，都应当被置入括号。然而，这种传统和"传统性一般"又是重新激活的先天可能性的条件。一方面，为了使我们能够返回到原初基础，这些传统的积淀应当被还原；但是同时，正是因为有了积淀和传统，这种返回才是可能的。胡塞尔说："正是从我们所知道的作为科学传统的几何学出发，一种向着原初起源的回问，才是原则上可能的。"同样，胡

---

① 《几何学起源》，第 214 页（H.，Ⅵ，第 373 页；参见 *Origine*，第 189 页）。
② 同上。强调为我所加。德里达。

第一部分　现象学与第一哲学

塞尔在《危机》第二部分中承认："我们处于一种循环论证之中。对诸开端的充分理解，只有从在其现时形式中被给定的科学出发，凭借对其发展的追溯式考察，才是可能的。但是，没有对诸开端①的理解，这种发展作为意义的发展也就是沉默无语的。因此我们别无选择，只能沿'之'字形道路前进和回溯：在这种交替往返中，对开端的理解与对发展的理解相互促进。"② 如果这种沿着之字形道路的方法是本质的和不可避免的，那这就是说，在我们触及最原初的构造性根源（la source constituante）的那一刻，被构造者总已经在那儿了。所谓重新现时化（réactualisation）的那种先天可能性，将总是预设一种不管什么形式的被构造的传统。此外，这也恰好与时间构造的辩证法相符合：在这里，"现在"（maintenant）与"活的当下"（Présent vivant）的本源性（originarité），在其原本的与创造性的显现中，奠基于预先被构造的时刻的滞留（rétention）之上。然而，就此而言的这种"传统性"总是被胡塞尔定义为一种经验现象，比如各种技术的获得，借助于这些技术，观念的传递与继承变得越来越容易。③ 虽然胡塞尔没有向我们表明这种技术的发生是如何进行的，我们仍然知道它是奠基于所有构造的时间连续性之上。意义创造的任何原初时刻，都必须以"传统"，就是说，一个在实际性中已被构成的存在为前提。说到底，如果这种纯粹的实际性（facticité）不是由人类活动构造的，那么这种活动的第一个环节就是被构造的意义与前构造的（préconstitué）事实（fait）的原初综合。这种综合是解不开的。然则那纯粹的本源（originarité）又是什么？它是超越论的还是实际性的？如果超越论之物与实际性之间的综合是原初的，那么沿着之字形道路的回问方法所具有的必要性，不就是不确定的吗？

这是一个人们无法在《几何学起源》的层次上提出的问题。后者最终还是没有达到先行的构造分析之中，胡塞尔的全部历史哲学也都如此。这里涉及几何学的构造，此构造由一个超越论的主体从世界出发进行：此超

---

① "诸开端"原文为 débats（讨论、争论），疑是 débuts（开始、开端）之误。——中译注
② 《欧洲科学的危机与超越论的现象学》，Gerrer 译，in *Les études philosophiques*，1949 年，第 256 页（H.，Ⅵ，第 59 页；另见 *La crise*，第 67–68 页）。中译采用王炳文中译本，见《欧洲科学的危机与超越论的现象学》，王炳文译，商务印书馆 2001 年版，第 74–75 页，有改动。
③ 《几何学起源》，第 212–216 页（H.，Ⅵ，第 372 页以下；参见 *Origine*，第 186 页以下）。

越论主体的发生是被设定为已完成的，而世界的存在论结构则时而带着其本己的意义已经在那儿，时而作为前谓词的基质，与一种在理论规定之可能性的无限视域中被构造的先天混合在一起。当几何学开始的时候，如此这般的主体与世界已经在那儿了。总之，我们处于意向相关项的（noématique）的意义构造的本质领域中，或胡塞尔在《几何学起源》中所谓的观念对象的构造的本质领域中。这种构造是在意向活动-意向相关项的相关性层次上进行，在这种相关性中，我们看到它一方面是静态的，同时它自身又是奠基于发生构造的基础之上。因而，像这里被主题化了的那样的几何学构造，尽管要求具有本源性，但显然仍是后发生性的（postgénétique）。

唯有发生性的说明，可以绝对地为实项分析与意向分析之间的区别奠定基础：为了知道在什么情况下以及从什么时刻开始一种纯粹意向的分析是可能的，首先就要知道从什么时刻开始，主体——这里是几何学家——的意向性就如此这般地显现出来。是从这种意向性变为自我的正题（thétique de soi）的那一刻，也就是说，开始主动地形成它自身的那一刻开始的？还是说主体的被动发生已经是意向性的了？① 如果情况确如后者，那么就必须扩大意向性概念，直到使之成为一种目的论的运动，这种运动不再只是超越论的，而且也是广义上存在论的。因此，人的超越论活动，尤其是欧洲人的超越论活动，就只会是这种目的论之原初实现的一个间接与变形的时刻。这涉及某种中介与使命，它们的意义可能不会是由人之为人的那种超越论的或理论的志向（vocation）原初地产生出来。由于这种目的论-宇宙论的意向性，意向分析与实项分析之间的区别值最终就达成了和解。这一区别值存在于两种可能性之中：即发问或者是纯粹本质的，或者暗中指向一种超越论的发生。

事实上，这两种视角在《几何学起源》中是混合在一起的。因此，尽管一个极富诱惑力的计划使其中的几页充满活力，但其实际内容与分析结果，却最令人失望。胡塞尔完全认识到，"几何学的全部意义……不可能从一开始就作为计划（projet）存在"，就是说，它总是在历史中产生；然而胡塞尔又试图达到它在其原初明见性中的显现——所谓原初明见性，就

---

① 这使我们回到了发生问题的另一种难以解决的形式：意向的与超越论的被动发生如何与一个实项的和经验的主体处于连续性之中？它如何能与实际的发生具有同样的"内容"？

是"更原始的意义形成"①的明见性。说人们能够辨认出几何学的原初意义，这不就是在假定，几何学的全部意义已被认识和完成了吗？我不是从现时的明见性出发而发现原初明见性的吗？而且这不总是按照"之字形"的辩证方法吗？如果我承认几何学计划的绝对意义还没有被完全实现，那么我如何能够确定这就是那发端于主体性的这样一种行为的几何学？还是说这种行为本身并不拥有先行构造的含义？如果我把几何学的实际的、传统的和现时的内容完全清空，那么它就什么也没有留下，或者说只剩下被构造的或派生的几何学的形式概念自身。而我正是试图根据这种形式概念，来定义几何学的原本的或原初的意义。如是，我就将达到这样一种描述，它将摇摆于一种先天的形式主义和绝对的经验主义之间，而这又要视我把这个概念看作是绝对的还是本身是由一种主体性的行为构造的而定。

这就是事实上所发生的一切。时而，上述那种如此这般的原初的明见性被理解为："在对存在者之亲身在此（être-là-en-personne）的意识中把握存在者。"②对在其固有规定性中的几何学存在者的直观或生产（意向性就是这种双重运动），就是对"超时间的"③和普遍有效的（für jedermann）"观念对象"的直观或生产。人们如何从原初的、绝对前述谓的个体状态（正如我们在《经验与判断》中已看到的那样）过渡到在其观念对象性中的几何学存在的实存？如果观念性是前述谓存在者的逻辑述谓，那么它就是由一种逻辑的发生产生出来，关于后者，我们这里还没有涉及。④如果相反，观念对象性被如其本身那样原初地理解，那么它作为先天观念形式在超越论主体性所做的任何阐明前就总已经在那里了。

时而相反，这又与对几何学本质之实际发生的说明有关。对观念化过程的描述只允许摆脱形式逻辑范畴的先天明见性。⑤于是乎这就需要回到前科学的境域，回到从"生活周围世界（Lebensumwelt）的前科学的被给予物"出发的、原初观念之物（Uridealitäten）的生产。因此，意向的超越论分析似乎就下降到了这样一种出人意料的阐释，它的贫乏以某种有点可笑的方式，将解释性的大胆假设、模糊不清的或然论，以及前哲学的经验

---

① 《几何学起源》，第 208 页（H.，Ⅵ，第 367 页；参见 Origine，第 178 页）。
② 《几何学起源》，第 209 页（同上）。
③ 《几何学起源》，第 209 页（H.，Ⅵ，第 368–369 页；参见 Origine，第 179 页）。
④ 《几何学起源》，第 209 页（同上）。
⑤ 《几何学起源》，第 216 页（H.，Ⅵ，374 页；参见 Origine，第 192 页）。

主义的所有不足都汇集在一起:"在早期几何学家们进行最初的口头合作时,当然产生了这样的需要:即把对前科学的原材料的描述精确地确定下来;于是,最初的几何学观念之物及其'公理性的'命题据以产生的那些方法就这样诞生了。"① 这种技术性的解释与胡塞尔所利用的彻底的经验主义和彻底的"相对主义"这两类形象相类似;人们在胡塞尔那里一直没少看到过的下面两种形象给人造成了极大的麻烦:一种形象是"理念的外衣,披在直观与直接经验世界和生活世界上的理念外衣"②;另一种形象是"有其市场真理的市场上的商人"的形象。胡塞尔补充道:"在其相对性中,这种市场真理不是能服务于商人较好的甚至最好的真理吗?那么,它因此也是一种表面真理吗?——因为学者凭借另外一种相对性,带着另外的观念与另外的目的进行判断,寻找其他的真理,通过这些真理,人们恰恰可以在市场需求之外做更多的事情。"③ 这并不是说,这样一种解释,或者更恰当地说,这样一种看法是错的。这只是说,我们必须要认识到,它把我们封闭在我们恰恰要"悬搁"的纯粹经验的事实领域中。完全有可能,"事物"就是这样发生的,"事件"就是这样进行的。但是,在任何情况下——现象学的方案本身就是奠基于这种态度之上——像这样的经验事件都不能解释诸本质的发生。它们至多能帮助我们确定概念的结构或演变。这一点不仅是胡塞尔哲学的持续主题,而且在《几何学起源》(这是它的一条基本公设)中,胡塞尔还写道:"一切关于如此这般之事实的历史学都仍然是令人费解的。"④ 任何历史事实都有其"内在的意义结构",而正是从这种动机引发(motivations)⑤链条和意义蕴涵出发,历史才是

---

① 《几何学起源》,第218页(H.,Ⅵ,第377页;参见 *Origine*,第197-198页)。[这是根据此处法文译文的翻译。此句法文译文与德文原文有较大差异,意思甚至相反,如据德文翻译,此句当为:"在早期几何学家们最初的口头合作中,当然不需要将对前科学的原材料的描述,对几何学的观念性与这些原材料相关联的方式的描述,以及对这些观念性的最初'公理性的'命题产生出来的方式的描述,精确地确定下来。"参照王炳文中译本,稍有改动,见《欧洲科学的危机与超越论的现象学》,王炳文译,第445页。——中译注]

② 胡塞尔:《经验与判断》(德文版,Ludwig Landgrebe 编辑出版,Prag,academia,1969)第10节,第42页(参见法译本,Paris,PUF,1970,第52页)。

③ 胡塞尔:《形式的与超越论的逻辑》(德文版,1929)第105节,第245页(参见法译本,Paris,PUF,1957,第369页)。

④ 《几何学起源》,第221页(H.,Ⅵ,第380页;参见 *Origine*,第203页)。

⑤ 对于胡塞尔来说,似乎当代心理学借用了动机引发的概念,这种概念使心理学的和自然的古典"因果性"重新获得了动力学的和意向的意义。至少胡塞尔这样说过,见《观念Ⅰ》。

可理解的。只有求助于"历史的先天",人们一般才能理解我们提问的意义。为了至少能作为问题得到展开,几何学起源的问题必须由对这样一些首要结构的认识来引导,这些结构即:原初创造(fondement originaire; Urstiftung)、原初质料(matériel originaire; Urmaterial)、原初明见性(évidence originaire; Urevidenz)、积淀、重新激活,等等。①

我们承认,我们没有意识到在这种先天主义与上面提到的技术性的解释之间的那种连续性。无疑,这种解释没有被作为技术性的解释提出来。而这会否定整个现象学的最初运动。就(现象学运动的)主观意图看,更重要的无疑是一种绝对原本的描述,在这种描述中,先天在一种经验的原初明见性中被把握。在某种意义上,胡塞尔总是表现为经验主义者。因此没必要系统地、从胡塞尔总是拒绝的康德的角度,把每一个被描述的经验(expérience)都划分为先天的、形式的、非时间的因素和经验的(empirique,在康德的意义上)因素;前者与纯粹的认识论相关,后者与历史学和心理学相关。如此这般的两种视角都只是经验的(在胡塞尔的意义上),就是说,"世间的"(mondains)。胡塞尔在这里坚持:"关于历史的阐明与认识论的阐明之间……认识论的起源与发生学的起源之间的根本区分的流行教条,只要人们不对通常意义上的历史、历史的阐明与发生的概念做出限制,就是根本颠倒的。"②

但是,再一次求助于对先天本质的具体直观,又会使我们遇到两个问题。首先且最重要的问题属于超越论的范畴。本质直观对一个超越论的自我而言才是可能的,而后者又通过发生(genèse)而产生自身。因此,这种直观只有在被构造的主体的层次上才是先天可能的。所以它就不是原初的,这样我们又被重新引回到前面已经提到的那些困难,对此,我们这里不再讨论。其次,另一个问题(人们知道它无法就其自身而被绝对地解决)是在《几何学起源》的层次上提出来的:如果观念对象性的可能性同时是先天的又是经验的,如果它是在一种原初明见性的时间性中被给予的,那么,为什么这些观念只在某种客观时刻才在其严格的精确性中显现?这种严格性或精确性为什么以及如何从不精确性中产生出来?人们一再思考,何种经验能够把持续的时间性与对绝对先天的生产或直观协调起

---

① 参见《几何学起源》第 221 页(H., Ⅵ, 第 380–381 页;参见 Origine,第 203–205 页)。
② 《几何学起源》,第 220 页(H., Ⅵ, 第 379 页;参见 Origine,第 201 页)。

来。然而胡塞尔的描述一再违背了他自己的原则。严格的"可测量性"诞生于由空间-时间性的事物组成的世界。它在人类活动中的起源纯粹是技术性的①;是"抛光"技术给予我们关于表面的纯粹观念;是从这些"或多或少纯粹的"线和点出发才出现了几何学的线和点。同样,"比较"这种经验的、技术的和心理的行为导致了同一性的诞生。所有这些令人奇怪的分析细节②,都描述了一种纯粹技术性的发生。就此而言,这种发生是不可理解的,并把我们带回到心理主义与逻辑主义之间的那种早已被超越了的争论的水平:即或者经验的操作为观念意义奠基,后者因此缺乏客观性和严格性;或者观念的客观性是先天可能的,人们不再从它们的历史生成中理解其意义或必然性。

由于没有从一种存在论的和非现象学(它最终变成形式的)的先天出发,由于没有把存在与时间综合地和辩证地统一起来(这本来能使他理解先天的发生和发生的先天),胡塞尔被迫把经验主义与形而上学(这两个现象学的幽灵)混合地结合在一起。

事实上,由于未能把握技术性发生的先天的具体意义,胡塞尔打算求助于一种隐藏于历史中的理性③,对发生的全部重新激活将会揭示出这种理性。但是,人们于整个发生性起源中重新发现的、在其纯粹性中的这种理性,本身并不是生产出来的。从这种观点(从胡塞尔自己的角度出发,人们应该将之视作形而上学的和形式的观点)来看,发生只是隐藏着历史之原初意义的事实沉积物的分层化(stratification)。然而,历史并不只是对原初明见性的重新覆盖。这种重新覆盖的运动如何同时又是揭示的运动?胡塞尔求助于作为"理性的动物"④ 而自我理解、自我认识着的人的永恒本性。

因此,在这个历史-意向的分析之尝试的终点,我们未能为这样一种

---

① 关于这种技术的发生,请参阅下列三处重要且极其明确的文本,由于其篇幅过长,我们此处无法引述。《危机》第二部分,第150–151页、第230页以及第246页(H.,Ⅵ,第24–25页、第32页以及第49页)。

② 参见《几何学起源》,第224页(H.,Ⅵ,第383–384页;参见 Origine,第209–211页)。

③ 参见《几何学起源》,第221页(H.,Ⅵ,第379页;参见德里达为 Origine 法译本写的"导论",Origine,第161页)。

④ 《几何学起源》,第225页(H.,Ⅵ,第385页;参见 Origine,第213页)。

意向分析奠定基础：这种意向分析本来单独就能使关于历史的纯粹哲学得以可能。同样，当我们看到胡塞尔在求助于隐藏于历史中的理性之后，将其历史哲学方案与哲学史方案混淆在一起，也就并不使我们感到惊奇。这种哲学史方案重新描绘了哲学观念的历程，而这种哲学的发生性起源还没有被认识，而且将永不被认识。现在我们知道，什么是这种事业的不足；我们下面将不再谈这些不足，而只专注于这种哲学史的内在困难。

在场与线迹①

——对《存在与时间》里的一条注释的注释②

[法] J. 德里达

> 如果我们考虑到，不在场也是，而且恰恰是由一种偶尔被提升入阴森可怕之境（das Unheimliche）的在场规定的，那么，在场的范围就会纠缠不休地向我们显示出来。
>
> 海德格尔：《时间与存在》③

---

① 本文原标题为"Ousia et grammè: Note sur une note de *Sein und Zeit*"，选自 Jacques Derrida, *Marges de la philosophie*, Les Éditions de Minuit, 1972. 标题中的"ousia"与"grammè"都是在亚里士多德文本的语境中使用。一般哲学史将亚里士多德的"ousia"翻译为"substance"，译成中文即实体或本体。但海德格尔认为"ousia"应在"parousia"的意义上理解，因此应翻译为"在场"（Anwesenheit），意即"作为在场的存在"。grammè 兼有"线（line）"与"踪迹（trace）"的意思。亚里士多德在《物理学》中用它来描述时间和运动。在"ousia et grammè"这篇文章中，德里达也恰恰有意在这两种意义上使用"grammè"这个词：当作"线"使用时，"grammè"就是一个形而上学的概念；但当作"踪迹"使用时，恰恰又是一个解构的术语。德里达有意同时在这两重意义上使用，意在表明形而上学与解构并不是截然对立的关系，毋宁是你中有我、我中有你的共生、共谋关系。我们把"grammè"翻译成"线迹"，意在同时兼顾这两种含义。关于德里达之对 grammè 的使用，也可参见 *Marges de La Philosophie* 一书的英译本的译者注，见 Jacques Derrida, *Margins of Philosophy*, translated, with additional notes, by Alan Bass, Chicago: University of Chicago Press, 1982, 第 34 页, 注释 9。中译文曾发表于德里达《解构与思想的未来》，夏可君编校，吉林人民出版社 2006 年版。

② 首先发表于向让·波弗勒（Jean Beaufret）表达敬意的论文集《孜孜于思》（*L'endurance de la pensée*），Plon，1968。——原注（下文注释中如不特别注明者，皆为原注。——中译注）

③ 此段引文原为德文：Am bedrängendsten zeigt sich uns das Weitreichende des Anwesens dann, wenn wir bedenken, dass auch und gerade das Abwesen duch ein bisweilen ins Unheimliche gesteigertes Anwesen bestimmt bleibt. ——Heidegger, *Zeit und Sein*. 此处中译文引自海德格尔：《面向思的事情》（增补修订译本），陈小文、孙周兴译，孙周兴修订，商务印书馆 2014 年版，第 12 页。——中译注

为了处理存在的意义问题，对古典存在论的"拆解"（destruction）首先应该动摇时间的"流俗概念"。这是对 Dasein① 进行分析的条件：在存在意义问题的开口处，在对存在的前理解中，Dasein 始终是在那里；时间性构成了"理解着存在的 Dasein 的存在"，它是作为 Dasein 之结构的"操心的存在论意义"。这就是何以单单时间性就能给存在问题提供境域的原因。人们也是如此理解那被赋予给《存在与时间》的任务的。这一任务同时既是预备性的又是急迫的。不仅要把对时间性的阐明从那些统治着日常语言和从亚里士多德到柏格森的存在论历史的传统概念中解放出来，而且还要思考这种流俗概念性的可能性，承认它的"固有的权利"（p.18）②。

因此，要想摧毁传统存在论，唯有通过重复并探索它与时间问题的关系。在哲学史中，以何种方式，某种时间规定已暗中统治了对存在意义的规定？海德格尔从《存在与时间》的第六节开始表明此点。但他也仅是宣告此点；而且是从某种他仍在考虑，但只是作为一个符号、一个参照点、一个"外部证据"（p.25）的东西出发。这就是"存在的意义被规定为 parousia 或 ousia，这在存在论时间性上的涵义就是'在场'（présence）（Anwesenheit）③。存在者在其存在中被把握为'在场'，这就是说，存在者是就一定的时间样式即'当前'（/当场，présent）（Gegenwart）而得到领

---

① Dasein，德文，海德格尔哲学术语，一般译为"此在""亲在""缘在"等。德里达没有把它译为法文，而是直接用德文，这里也直接用德文原文。——中译注
② 括号里的页码为德里达所标，系全集版《存在与时间》的边码。——中译注
③ 括号里的德文皆为原文所有。——中译注

会的。"①

当前的优先性在巴门尼德的《诗篇》中就已经被突出出来了。[在那里，]② Le *legein*（说）③ 和 le *noein*（思）必定是对这样一个当前者（/当场者，un présent）的把捉：这个当前者属于持延（demeure）、持续（persiste）④ 一类的事物，切近且随手可得，被暴露于注视之前或被放置于手边，是一个处于 *Vorhandenheit*（现成状态）形式之中的当前者。这种在场（présence）自身呈现（se présente），它按照一定的程序在 le *legein*（说）或 le *noein*（思）中被把握，这种程序的"时间结构"就是"纯粹的当前化"（pure présentation）、"纯粹的当下保持"（reinen '*Gegenwärtigens*'）。

---

① 第25页。同样的问题以同样的形式也出现在了《康德与形而上学疑难》一书的中心。人们不必对此感到惊奇，因为这部著作包含了《存在与时间》：作为1925—1926年的讲课稿的结果，它在内容上也应当对应于《存在与时间》未发表的第二部分。因此例如，在阐述"基础存在论的目标"、此在分析的必要性和对"作为时间性的操心进行阐明"的必要性时，海德格尔写道："古代形而上学把 *l'ontôs on*——即那般存在着的存在者，如同它只能那般存在着的那样——规定为 *aiei on*，这意味着什么呢？存在者的存在此处显然被理解为持驻性（permanence）和驻立性（persistance）（*Beständigkeit*）。在这一存在之领悟中有着怎样的筹划呢？涉及时间的筹划；因为甚至是以某种方式被理解作'nunc stans'的'永恒'，也只有从时间出发才能作为'现在'（maintenant）和'持久'（persistant）而是完全可把握的。将本真的存在者（*das eigentlich Seiend*）在一种根本上意味着'在场'（*das 'Anwesen'*），意味着直接且总是当前居有（*gegenwärtigen Besitz*）和'拥有'的意义上理解为 ousia、parousia，这又说明了什么？这一筹划透露出：存在意味着在场中的持驻性。时间的规定性难道不就是这样积聚起来的，而且是在对存在的自发领悟中积聚起来的？……围绕着存在的战斗难道不是从一开始就活动于时间的境域中吗？……对此，时间的本质（*Wesen*）——诸如亚里士多德以一种对后世形而上学历史来说决定性的方式所规定的那样——并没有提供任何答案。相反它却显示出：这一时间之分析恰恰受到某种存在之领悟的引导，而这种在其行止中掩蔽了自身的存在之领悟则把存在领会为持驻的在场（*Gegenwart*）（译者按：此处德文原文为 *Anwesenkeit*，即'在场'，不知德里达何故将此处德文原文注为 *Gegenwart*），并因此从'现在'（*Jetzt*）出发来规定时间的存在，就是说从时间的这一特征出发：它就其自身而言总是且一直是在场着的（*anwesend*），就是说，它真正地是（ist, est），就该词的古代意义而言。"（*Kant et le problem de la métaphysique*, tr. Alphonse De Waelhens et Walter Biemel, Gallimard, 1953, §44, 第230-231页）（中译文参见海德格尔《康德与形而上学疑难》，王庆节译，商务印书馆2018年版，第260-262页，译文稍有改动——中译注）。关于 *Anwesen* 与 *Gegenwaertigen* 之间的关系，也可参阅 *Sein und Zeit*，第326页。（凡文中所引《存在与时间》的引文，在翻译时皆参照了现有的中译，见海德格尔《存在与时间》，陈嘉映、王庆节译，熊伟校，陈嘉映修订，生活·读书·新知三联书店1999年版。但个别之处根据德文原文和德里达所引法文译文进行校改。下文不一一注明。——中译注）

② 方括号中的文字为译者补充的文字。下同。——中译注
③ 小括号中的中文是对括号前文字的翻译。下同。——中译注
④ 小括号中的外文是括号前相应词语的原文。下同。——中译注

"这个在当前化中并为了当前化而自身显示的存在者,这个被理解为本己意义上的存在者(*das eigentliche Seiende*)的存在者,因此就从当－前(*Gegen-wart*)这一维度获得了解释,就是说,它被把握为在场(*Anwesenheit*)(*ousia*)。"(p. 26)

这条相互依赖的概念之链(*ousia*,*parousia*,*Anwesenheit*,*Gegenwart*,*gegenwärtigen*,*Vorhandenheit*)就这样被置于(*déposée*)① 《存在与时间》的入口处:既被放置同时又被临时弃置。如果说,*Vorhandenheit*(现成状态)这个范畴,以及在实体性的和可自由处置的对象形式中的存在者的范畴,实际上一直在起作用而且具有一种主题价值的话,那么其他概念却被一直隐藏起来,直到该书的结尾。必须要等到《存在与时间》(它的仅发表的第一部分)的最后几页,这条概念之链才重新出现。这一次它没有省略,而且是作为存在论历史的联结本身出现。这是因为那里涉及对流俗时间概念(从亚里士多德到黑格尔为止)之发生的明确的分析。不过,尽管黑格尔的时间概念在那里得到了分析,尽管海德格尔为此也花了几页篇幅,但是,他仍只是用一条注释来勾勒那些相关的轮廓,这些轮廓给这个时间概念指定了一个希腊的起源——确切地说,亚里士多德的起源。这条注释邀请我们进行反复的阅读。但这里我们并不着手进行这些阅读,甚至也不勾勒它们的轮廓。我们将仅仅标画出它的一些指示,借此打开海德格尔所指出的那些文本,并标明它们的篇章。在评论这条注释时,我们将——这是我们仅有的野心——根据以下两个动机对它稍作展开。

---

① 德里达此处是同时利用 déposer 这个词的双重含义:"放置"与"弃置"。——中译注

第一，为了在其中读出（正如它以高度确定的形式在其中①被宣布出来的那样）这样一个海德格尔式的问题，即作为对存在意义之存在－神学

---

① 人们可以把接下来的几页读作一个关于翻译疑难的羞怯的引言。但是有谁能比海德格尔更好地教导我们去思考这样一个疑难之所卷入者？在此问题会如下：当我们把由古希腊语和德语的诸多词汇组成的整个差异化系统、整个的翻译系统——海德格尔的语言（*ousia*, *parousia*, *Gegenwaertigkeit*, *Anwesen*, *Anwesenheit*, *Vorhandenheit*, etc.?）就产生于其中——都摆渡（faisons passer）到在场（*présence*）这个唯一的拉丁词中时，我们如何进行这一摆渡？或不如说，什么将进行这一摆渡？而所有这些都要考虑到，那两个古希腊词以及那些与之密切相关的词，在法语中已经有一些载有历史重负的翻译（本质 < essence, substance, etc.>）。尤其是，如何在在场（*présence*）这个唯一的词中——它既过于丰富同时又过于贫乏——摆渡出海德格尔文本的历史，这段历史在其跨越近四十年的历程中以一种既微妙又规则的方式把这些概念联结在一起或分离开。如何在法语中翻译出这个诸种替换的游戏或把法语翻译到这个游戏中来？姑举一例——但此例凭借其优先性而让我们对其有特别的兴趣——《阿那克西曼德之箴言》（1946）把那些同样意味着在场的概念严格地区分开了，而它们在我们刚刚引用的《存在与时间》的文本中却被当作同义词排在一起，或者说在所有情况下，它们之间的差异的任何相关特征都不曾被标出来。让我们从《阿那克西曼德之箴言》中截取一页；我们将从法译本（*Chemins*, 第 282 页）引用这一页，并在其中插入——法译者本人并没有被迫这样做——那些带有这种困难的德语词："我们从诗人的这段话中得出的第一点乃是：*ta eonta*［存在者］是与 *ta essomena*［将来存在者］和 *proeonta*［过去存在者］相区别的。据此看来，*ta eonta* 指的是当前事物意义上的存在者（*das Seiende im Sinne des Gegenwärtigen*）。而我们这些现代人，当我们谈论'当前的'（*gegenwärtig*）时，我们或者是指现在事物（*qui est maintenant*）（*das Jetzige*），并把它设想为某种'在'时间'内'的事物（*etwas innerzeitiges*），现在则被当作时间过程中的一个阶段。或者，我们把'当前的'与对象事物（*zum Gegenständigen*）联系起来。对象事物作为客观事物（*das Objective*）则被联系于具有表象作用的主体。然而，当我们把'当前的'（*das 'gegenwätrig'*）这个词用于对 *eonta* 的更切近规定时，我们还是坚持从 *eonta* 的本质（*Wesen*）方面来理解'当前的'，而不是相反。但 *eonta* 也是过去的东西和将来的东西。此两者都是在场者的（*des Anwesenden*）一种方式，也就是非－当前在场者的（*des ungegenwärtig Anwesenden*）一种方式。希腊人把当前在场者（*das gegenwärtig Anwesenden*）也明白地命名为 *ta pareonta*；*para* 意味着'寓于……'，也即伴随着进入无蔽状态（*Unverborgenheit*）之中。*Gegenwärtig* 中的 *gegen*（*contre*）并不意味着与某个主体的对立，而是指无蔽状态之敞开地带（*die offene Gegend der Unverborgenheit*），*les pareonta*（*das Beigekommene*）［伴随着到来的东西］进入其中并在其中逗留（*verweilt*）。因此，*gegenwärtig*（'当前的'）作为 *eonta* 的特性，其意思无非是：已经到达而在无蔽状态之地带内逗留。那首先得到言说，从而得到强调言说的 *eonta*，因此特别地与 *proeonta* 和 *essomena* 区别开来了；对希腊人来说，它指的是在场者（*das Anwesende*）——在上面已有所阐释的意义上入于无蔽状态之地带内的逗留而已经到达的在场者。这种已经到达状态乃是真正的到达，是真正在场的东西的在场（*Solche Angekommenheit ist die eigentliche Ankunft, ist das Anwesen des eigentlich Anwesenden*）。连过去的东西和将来的东西也是在场者（*Anwesendes*），不过是在无蔽状态之地带之外。非当前在场的东西乃是不在场者（*Das ungegenwärtig Anwesende ist das Ab-wesende*）。作为不在场者，它本质上依然关联于当前在场者（*das gegenwärtig Anwesende*），因为它或者入于无蔽状态之地带而出现，或者出于无蔽状态之地带而离去。连不在场者也是在场者（*Auch das Abwesende ist Anwesendes*），而且作为出于无蔽状态的不在场者，它入于无蔽状态而在场着（*anwesend*）。即使过去的东西和未来的东西也是 *eonta*。因此，*eon* 就意味着：入于无蔽状态而在场（*Anwesend in die Unverborgenheit*）。从以上关于 *eonta* 的解释可知，即便在希腊理解中，在场者（*das Anwesende*）也是有歧义的，而且必然是有歧义的。一方面，*ta eonta* 意指当前在场者（*das gegenwärtig Anwesende*）；而另一方面，它也意指所有的在场者（*alles Anwesende*）：当前的和非当前的现身事物（*das gegenwärtig und das ungegenwärtig Wesende*）。"（海德格尔这段文字的中译引自海德格尔《林中路》，孙周兴译，上海译文出版社 2014 年版，第 336－337 页，个别地方稍有改动。——中译注）

规定的在场的问题。对海德格尔所理解意义上的形而上学的违反，难道不是展开一个重又回到这奇特的存在界限、存在时代（epokhè）的问题？此存在不是隐藏于它的当前化（或在场化）的运动本身之中？隐藏于它的在场和它的意识（在场的变更）之中，隐藏于再现或向自身的在场之中？从巴门尼德到胡塞尔，当前的优先性从来没有被质疑过。它不能被质疑。它是明见性本身，离开了它的因素，没有任何思想显得可能。非在场总是在在场的形式中（简单地说在形式①中就足够了）或作为在场的模态化而被思考。过去与将来总是被规定为过去的当前和将来的当前。

第二，为了从远处且以一种还相当不明确的方式指出一个方向，一个没有被海德格尔的沉思打开的方向：那使在场的疑难和被书写的踪迹的疑难相连通的隐秘的通道。②凭借这条既隐秘又必须的通道，这两个疑难互相给予，互相敞开。这就是那在亚里士多德与黑格尔的文本中既显现然而又逃避的东西。尽管海德格尔激发我们重新阅读这些文本，但是他仍然把某些概念从他的主题中剥离出来，而这些概念在我们看来今后需要给予更大的关注。那种对于线迹（grammè）的参照既把我们领回到亚里士多德关于时间的文本（《物理学》第四章）的中心，又把我们领回到它的边缘。奇特的参照，奇特的形势。这种参照与形势，已经被那些概念——海德格尔把它们确定为亚里士多德文本中的决定性的概念——所包括、蕴含、支配了吗？我们对此还不能确信，而我们的阅读确实也正沿着这种不确定性本身进行。

一、那条注释

这仅是一条注释，但却绝对是《存在与时间》中最长的一条注释。它蕴含了一些被预告了的却又被扣留了的、必要的却又推迟了的发展。我们看到，它已经允诺了《存在与时间》的第二卷，但是我们可以说，它是通过对第二卷的预留（réservant）来进行允诺的，既把它作为有待展开的东西，又把它作为最终的总括。

---

① 参见本书（指这篇文章所出自的原著，即《哲学的边缘》——中译注）收录的《形式与意义》。

② 参见本书（指这篇文章所出自的原著，即《哲学的边缘》——中译注）收录的《人的终结》。

这条注释属于《存在与时间》的最后一章"时间性以及作为流俗时间概念源头的时间内状态"的倒数第二节。人们通常将时间思考为这样一种东西：存在者在它之中产生出来。时间内状态成了日常实存在其中得以思考和组织的那种同质的介质。时间中介的这种同质性可能是"对源始时间进行敉平"（*Nivellierung der ursprünglichen Zeit*）的结果。它也许构成了比客体更客观、比主体更主观的世界时间。在断言历史——就是说，唯有精神才有历史——跌落入时间之中（……*fällt die Entwicklung der Geschichte in die Zeit*①）时，黑格尔难道不是在根据这种流俗的时间概念进行思考的吗？就这个命题的结果（*im Resultat*）而言，海德格尔声称他与黑格尔在这个命题上保持一致，因为这个命题关涉 *Dasein* 的时间性以及那把 *Dasein* 联系到世界时间上的共属性（la co-appartenance）。②但也仅是就这个命题的结果而言。至于这个结果，黑格尔已经告诉我们：没有它的变易，离开了一种路线或方法赋予它的那个位置，它就什么也不是。然而海德格尔想要表明，他的基础存在论的筹划以何种方式置换了这一结果的意义，因此使得黑格尔的这个命题表现为流俗时间概念的"最彻底的"形态。他并不关心"批判"黑格尔，而是通过恢复一个"人们从来都没有注意过的"［概念］形态的彻底性，通过展示这个概念形态在起作用而且处于形而上学的最深刻、最具批判性和最无所不包的思想的核心，而使得基础存在论与古典或流俗存在论之间的差异尖锐化。这一节包括两个小节，它的部分内容围绕着下面几个命题展开。

第一，黑格尔对时间与精神之关系的阐释是从《哲学全书》的第二部分（亦即《自然哲学》）中所阐明的时间概念出发。这个概念属于自然存在论，它与亚里士多德的时间概念（后者是亚里士多德在《物理学》第四章中反思空间与运动的过程中形成的）有着相同的地位与特征。

---

① 黑格尔：《历史中的理性，世界历史哲学导论》（*Die Vernunft in der Geschichte, Einleitung in die Philosophie der Weltgeschichte*），G. Lasson，1917，第133页。

② 第405页。我们将有机会询问，是否这种在"结果"（就它致力于描述一种"堕落的时间性"而言）上的一致并没有使海德格尔走到此处想标明的界限之外。尽管有对"沉沦"的重新解释（比如在第82节的结尾处），人们仍然要问：在本己的时间性与非本己的时间性之间的，本真的、源始的时间性与非源始的时间性之间的那个唯一的区别——无论其如何重组与源始——是否本身不求助于黑格尔主义？不求助于"降落"到时间中这个观念？以及最终，不求助于"流俗的"时间概念？

第二,"敉平"在此处取决于"现在"(maintenant)与"点"(point)这一形式的过度的优先性;一如黑格尔自己所说:"现在有一个惊人的权利(*ein ungeheures Recht*)——它作为个别的现在就是无;但是一旦当我把它说出来,这个具有独一无二优先性的重要的现在就立刻溶解、消散和分解了。"(《哲学全书》§258附释)。

第三,黑格尔关于时间的基本论断是:时间是概念的实存(Dasein),是在其自动显现(automanifestation)中的绝对精神、在其作为否定之否定的绝对不安之中的绝对精神;围绕黑格尔的这一基本论断而组织起来的整个概念系统都依赖于对时间的流俗规定,因此依赖于从敉平之现在出发的 *Dasein* 本身,就是说,依赖于在 *Vorhandenheit* 形式中的、被维持①在手边的在场形式中的 *Dasein*。

这条注释切断了这两个小节。它被插入在讨论黑格尔自然哲学中的时间概念那一节的结尾,以及"黑格尔对时间与精神的关联的阐释"那一节的前面。翻译如下:

> 黑格尔从被敉平了的现在的优先地位出发,由此我们就很清楚,他对时间的概念规定也遵循于流俗的时间领会,亦即,同时也遵循传统的时间概念。这就表明,黑格尔的时间概念几乎直接从亚里士多德的《物理学》而来。在黑格尔担任大学讲师时所作的《耶拿时期的逻辑学》(参见拉松版,1923年)一书中,《哲学全书》中关于时间分析的所有根本性的观点都已形成了。只要粗略地考察一下就可看出,关于时间的章节(第202页及以下)就是在转述亚里士多德关于时间的论述。在《耶拿时期的逻辑学》中,黑格尔就已经发展出了他后来在自然哲学框架中对时间的看法(第186页),其第一部分的标题就是"太阳系"(第195页)。黑格尔是在讨论了以太和运动的概念规定之后来讨论时间概念的。在这里,对空间的分析还列在更后面。这时已经冒出了辩证法,但它还没有后来那种僵固的、程式化的形式,还能让我们较为松快地领会现象。在康德到黑格尔的成形体系的转变过程中,亚里士多德存在论和逻辑学又一次施加了决定性的影响。虽然这一事实早已众所周知,但这一影响的途径、方式和界限至

---

① 法文的"被维持"(maintenue)与"现在"(maintenant)之间有呼应关系。——中译注

今都还晦而不明。对黑格尔的《耶拿时期的逻辑学》与亚里士多德的《物理学》和《形而上学》之间的某种具体的比较哲学方面的阐释将会给我们洒下新的光线。对于上述考察我们可能需要某些粗略的指引。

亚里士多德将时间的本质视作 nun，而黑格尔视为"现在"（Jetzt）；亚里士多德将 nun 把捉为［h］oros，而黑格尔将"现在"视为"界限"（Grenze）；亚里士多德将 nun 领会为 stigmè，而黑格尔将现在解释为"点"；亚里士多德将 nun 标明为 tode ti，而黑格尔则将"现在"称为"绝对的这"（das "absolute Dieses"）；亚里士多德依据流传下来的说法将 khronos（时间）和 sphaira（环围）联系起来，而黑格尔则强调时间的"循环过程"。不过，黑格尔却错失了亚里士多德时间分析的中心倾向，即在 nun、oros、stigmè、tode ti 之中揭露出某种基础性的联系（akolouthein）。而黑格尔的命题则是空间"是"时间。虽然柏格森在论理方面和黑格尔颇不相同，但他的结论却和黑格尔的命题是一致的。只不过柏格森倒过来说：时间（在文本中用的是法语 temps［时间］，以便使 temps［时间］与绵延［durée］对立——德里达按）是空间。就连柏格森对时间的看法显然也是从亚里士多德的时间论文的阐释中生长出来的。柏格森在《论意识的直接与料》中曾剖析时间与绵延的问题，他同时也出版了以"亚里士多德论运动感觉"为题的论文，这不会仅仅是某种外在的、文献上的联系。有鉴于亚里士多德将时间规定为 arithoms kineseôs［运动的数］，柏格森在分析时间之前就先对数作了一番分析。作为空间的时间（参见《论意识的直接与料》第 69 页）是量的接续。而他就逆着这种作为量的接续积聚的时间概念来描述绵延。这里不是对柏格森的时间概念和当今其他诸时间观念进行批判性剖析的地方。若说今天的时间分析超出了亚里士多德和康德而获得了某种本质性的东西，那就是更多地涉及对时间的把捉和"时间意识"。指出黑格尔的时间概念同亚里士多德的时间分析之间的直接关联，并非想数落黑格尔的某种"依赖性"，而是要引起人们去注意这一联系从存在论根本上对黑格尔逻辑学的重大影响。①

这里，一个巨大的任务就提出来了。以上提到的文本无疑属于哲学史上最困难和最具决定性的文本之列。然而，海德格尔关于这些参照点所指出者不是那最简单的东西吗？不仅是一种明见性，而且是介质、是思想离开了它似乎就要窒息的明见性的元素吗？整个哲学史不是以当前（/当场，le présent）的这种"不可置信的权利"为权威的吗？意义、理性、"好的"意识（le "bon" sens）② 难道不是在这种权利内产生的吗？难道不是这种权利把日常话语与思辨话语，尤其是黑格尔的思辨话语联结在一起的吗？人们如何能够不从当前出发，即不在当前的形式中、某种现在一般（maintenant en général）的形式（根据定义，任何一种经验都无法摆脱这种一般现在）中，而别样地（autrement）思考存在与时间？思想的经验与对经验的思想，从来都只与在场（présence）打交道。因此，海德格尔并不是要我们进行别样的思考，如果这里说的是思考别样的事物（autre chose）的话。毋宁说，这里涉及的是思考这样一种东西，它不能别样地存在，也不能被别样地思考。在这种关于别样的不可能性的思想当中，在这种非－别样当中，产生了某种差异、某种震颤、某种去中心，而去中心又并不是设立另一个中心。另一个中心就会是另一个现在；相反，这种移位（déplacement）并不会面对不在场，即另一种在场；它不会替换任何东西。因此，我们必须——而在这样说的时候，我们已经看到我们的问题了，我们已经在我们的问题上站稳脚跟了——以有别于辩证否定的风格来思考我们与（整个过去的）哲学史的关系；这种辩证否定——它求助于流俗的时间概念——设定了另一个当前作为对 *Aufhebung*（扬弃）所扬弃－保留了的－过去的当前的否定，它在这种 *Aufhebung* 中拯救了它的真理。这里涉及的恰好是完全别样的事情：必须思考的是真理与当前之间的关联——对这样一种思想进行思考，这种思想或许既不再是真的也不再是当前的，对于它来说，真理的意义与价值都要受到质疑，如同从来没有任何

---

① 中译文参见海德格尔《存在与时间》（中文修订第二版），陈嘉映、王庆节译，熊伟校，陈嘉映修订，商务印书馆2015年版，第518－519页。稍有改动。——中译注

② bon sens 在法文中原是一固定用语，意思指"见识、道理、情理、常识等"。德里达这里特地在"bon"（好的）上打引号，意在强调它与"当前"的优先性的关系。——中译注

哲学内的因素（尤其是怀疑论以及所有那些伴有怀疑论的成体系的东西）能够进行这种质疑一般。辩证否定曾经赋予黑格尔的思辨如此多的深刻的重新开始；因此这样一种辩证否定就会保持在在场形而上学和现在形而上学的内部，保持在流俗时间概念的形而上学的内部。它只会把对这种形而上学的叙述重新聚集在它的真理之中。而且，黑格尔曾经希望做别的事情吗？他不是常常宣布他是在把辩证法交还给仍被柏拉图和康德隐藏了（尽管已被揭示了）的真理吗？

在形而上学的主题之内，从亚里士多德到黑格尔，就时间概念来说，没有任何东西有机会改变。实体、原因这些奠基性的概念，以及它们相互联系的整个概念系统（无论它们可能有多大的差异和多少内在问题），足以向我们保证形而上学、物理学、逻辑学的所有因素——通过伦理学——之间的过渡和从未中断的连续性，无论它们有多大的区分。如果不认识到这种强大的、系统的真理，那么，当人们自称在中断、超越、超出"形而上学""哲学"时，人们根本就不知道他们在说些什么。而且，如果对这种系统缺少严格的、批判的和解构的认识，那么对于差异、断裂、转变、跳跃和重建的如此必要的关注，就会桎梏于口号、教条的蠢话和经验主义的仓促之中——或者同时桎梏于所有这些之中——而动弹不得，在背后（*a tergo*）就会重又被它们自以为在反对的那些话语本身所统治。确实，人们在这么做（在重复中）时可能获得的快乐最终不能在任何法律的裁决面前出庭。但恰恰是这种裁决的界限——哲学——在这里受到了质疑。

二、显白的内容（L'exotérique）

首先让我们重建联系。在"流俗的时间概念"这个表达式中的流俗性概念与被宣布为出发点的亚里士多德的［时间］解释之间的联系。恰恰是与其显白内容之要点之间的联系。

在《物理学》第四章（217b）中，亚里士多德一开始就提出一个疑难。他以一种显白论证的形式（*dia tôn exoterikôn logôn*）[①] 将之提出。问

[①] "显白论证"在《物理学》中译本中译为"一般地论证"。见亚里士多德《物理学》，张竹明译，商务印书馆1982年版，第121页。——中译注

题首先在于，时间是存在着的事物呢，还是非存在的事物（des non-étants）①呢？其次，它的本性（*physis*）是怎样的？*Prôton de kalôs ekhei diaporesai peri autou［khronou］kai dia tôn exoterikôn logon, poteron tôn ontôn estin è tôn mè ontôn, eita tis è physis autou.*

疑难是显白的（exotérique）。它自行敞开并自行封闭于这条绝路之上：时间是那"不存在"者或"几乎不存在的、勉强存在的"东西（*olôs ouk estin è molis kai amudrôs*）。然而，如何思考时间是那不存在者？依从于这样一个明显之事：时间存在（是），时间具有作为其本质的 *nun*（现在），*nun* 最常见的是被翻译为瞬间（*instant*），但是它在古希腊语中更多地是作为我们的"现在"（maintenant）这个词起作用。*Nun* 是时间从来不能脱离开的形式，是时间在其中不能不被给予的形式；然而 *nun* 在某种意义上却并不存在。如果人们以现在为基础思考时间，人们必然得出结论说时间不存在。现在同时既作为那不再存在者又作为那尚未存在者而被给予。它是它所不是者，又不是它所是者。*To men gar autou gegone kai ouk esti, to dè mellei kai oupo estin.* "在一种意义上，它已经存在且不再存在，在另一种意义上，它将存在而尚未存在"。时间因此是由非存在者组成的。然而，包含某种不-［现在］存在（né-ant②）的东西，由非-［现在］存在状态（non-étantité）组成的东西就不可能分有在场、实体、存在状态本身（*ousia*）。

疑难的第一方面涉及在时间的可分性中思考时间。时间能被分为部分，然而没有任何部分、没有任何现在当前存在。在考虑疑难的另一方面——它涉及时间的存在状态或非存在状态——之前让我们在此稍作停留。在这里亚里士多德将主张一个相反的假设：现在不是部分，时间不是由 *nun* 组成。

我们从第一个假设中得出的结论是：时间是根据它与一个最基本的部分——现在——的关系而被确定的。但是现在却深受——仿佛它本身已经

---

① 在本文中，我们一般把 non-étant 译为"非存在的"（形容词）或"非存在者（的东西）"（名词）。而把 né-ant 译为"不存在的"（形容词）或"不存在者（的东西）"（名词）。——中译注

② Néant 是"无、不存在"之义，ant 是 être（是、存在）的现在分词（étant）的词尾。德里达将此词改写为 né-ant 是为了突出它与 être（是、存在）的现在分词（étant）之间的联系，表明"无、不存在"即"不现在存在"。中译无法表达出这层含义。——中译注

不是时间性的——时间的影响：时间把它规定为过去的现在或将来的现在，并由此拒绝承认它。*Nun*，时间的元素，不会自在地就是时间性的。它只有在变为时间性的时候，即在停止存在、过渡为在过去存在者或将来存在者形式中的不－［现在］存在状态（né-antité）的时候，它才是时间性的。但即使它被设想为非－存在的（过去或将来），现在还是被规定为时间的非时间的核、时间变化的不变的核、时间化的不变的形式。时间就是那种当不－存在（né-ant）影响这个核之际而突然发生在它身上的东西。但是，为了存在，为了是一个存在者，现在就必须不受时间影响，必须不变化（为过去或将来）。因此，分有存在状态（étantité），分有 *ousia*，就是分有当前－存在（l'étant-présent），分有当前的在场（la presence du présent），或当前状态（／当场性，la présentité），如果人们愿意这么说的话。存在者（l'étant）就是那现在是［或存在］者（ce qui *est*）。① *ousia* 因此就被从 *esti* 出发来思考。② 第三人称现在时直陈式的形式的特权在这里产生了它全部的历史意义。存在者、当前、现在、实体、本质，在它们的意义中就都被连接到了现在分词的形式上。人们可以证明，它向名词的过渡以向第三人称的求助为前提。下面将会看到，对于意识的这种在场形式来说也同样如此。

三、转述（La paraphrase）：点、线、面

至少两次，海德格尔提醒我们，黑格尔在"自然哲学"中分析时间时是在转述亚里士多德《物理学》的第四章。实际上，上述显白内容（l'exotérique）的第一方面在《耶拿的逻辑学》的"自然哲学"中就得到了再现。用来讨论"太阳系"的"自然哲学"的第一部分，就是在展开"运动概念"的过程中规定时间的。尽管亚里士多德在这里从来没有被提起过——这些基本的事实无须指出——人们在这一段中还是能发现对上述

---

① étant（存在者）原是"是动词"être 的现在分词，而 est 也是"是动词"être 的单数第三人称现在时，原文中的这种呼应关系在译文中无法体现。同时，由于汉语动词"存在"或"是"本身并不能反映出 est 所随身携带的"现在"的意义，所以我们在翻译时加上了"现在"。——中译注

② 在《形而上学导论》中，海德格尔从另外一个角度强调了"是"动词第三人称单数现在时直陈式的历史统治地位。见该书法译本第 102－103 页。关于这个问题，也可参见《哲学的边缘》中的《系词的替补》（Le supplement de copule）一文。

显白内容之第一方面加以评论的文字。比如："界限（*Grenze*），或者当前（*Gegenwart*）的环节，时间的绝对的这一个（*das absolute Dieses der Zeit*），或者现在（*das Jetzt*），是绝对否定的单纯性，从它自身中完全排除了所有的复多性，因此被绝对地规定……作为否定的行动（*als Negieren*），它也与它的相反者绝对地相关联，它的活动、它的单纯的否定行动，与它的相反者相关联，现在立刻是它自身的相反者，是自己否定自身的行动……现在在其自身中具有它的非存在（*Nichtsein*），并立刻变为一个有别于它自身的东西，但是，这个他者，当前转变［转移、变形］到其中的这个将来，又立刻是别－于－它自身的－他者（*autre-que-soi-même*），因为它现在是当前（*denn sie ist jetzt Gegenwart*）……这个是其自身的本质（*Dieses sein Wesen*）是它的非存在（*Nichtsein*）。"

但是，对于亚里士多德之［时间］疑难的辩证的重复或许在《哲学全书》（《自然哲学》§257）中才得到一种既更为严格又更为僵硬的表达。这仍是在"力学"部分的开头，在第一部分。在这里，空间与时间被认为是自然的基本范畴，就是说，被认为是作为外在性、并列或分离、已外存在（*Aussereinander，Aussersichsein*）的理念的基本范畴。空间与时间是这种作为直接的，就是说，作为抽象的和未被规定的外在性（*das ganz abstrakte Aussereinander*）的基本的范畴。

自然是外于自身的理念。就自然自身是外于自身的自身而言，就是说，就它还没有与自身相关联而言，就它还不是自为的而言，空间是这种已外存在，是这种自然。空间是这种已外存在的抽象的普遍性。自然，作为"绝对的空间"（这是《耶拿的逻辑学》中的表述，由于一些可能是本质的原因它没有在《哲学全书》中重新出现），并不处在与自身的关系中，不知道任何中介、任何区别、任何规定、任何间断性。它相应于《耶拿的逻辑学》中所说的以太：理想的透明性的元素，绝对无区别的元素，未规定的连续性的元素，绝对并列的元素，就是说，没有内在关系的元素。在它之中，无尚没有与任何东西发生关联。这就是自然的起源。

只是在这个起源的基础上，我们才可以问下面的问题：空间、自然，在它们无区别的（*indifférencée*）直接性中，如何接受区别、规定和性质？区分（*différenciation*）、规定和定性（*qualification*），只有作为对这种原初的纯粹性和这种抽象无区别性的最初状态（空间的空间性正在于此）的否定才能发生在纯粹空间上。纯粹的空间性是通过对构成它的无规定性的本己的否定，就是说，通过自行否定本身（en se niant soi-même）而被规定。通过自行否定自己本身（soi-même）：这种否定必须是一种被规定的否定，一种由空间对空间的否定。对空间的第一个空间性的否定是**点**①。"但是空间的区别（Unterschied）② 本质上是一种有规定的、质的区别。作为这样的区别，它首先是对空间本身的否定，因为空间是直接的、无区别的（unterschiedlose）已外存在：点。"（《哲学全书》§256）③ 点是并不占有空间的空间，是并不具有位置的位置；它取消和取代位置，它代替它所否定和保存的空间。它从空间上否定空间。它是空间的第一个规定。作为空间的第一个规定和第一个否定，点空间化或自身间距化。它在对自身的关系中，就是说，在对另一个点的关系中，自行否定自己本身。否定的否定，对于点的空间性的否定，就是线。点否定并保留自身，延展并维持自身，将自身扬弃（经由 Aufhebung）到线中，后者因此构成了它的真理。但是，其次，这种否定是一种空间之否定，就是说，这种否定本身是空间性的；就它本质上是这种关系而言，就是说，就它在自身取消中保留自身而言（als sich aufhebend），点是线，那第一个他在（être-autre），就是说，是点的空间性的存在（同上）。

根据同样的进程，通过 Aufhebung 和否定之否定，线的真理就是面："但是他在的真理是否定之否定。因此线过渡到面，面一方面是一种与线和点相对立的规定性，因而构成一般的平面；但另一方面，它又是得到扬弃的空间的否定（die aufgehobene Negation des Raumes），因而是空间性总体的恢复（Wiederherstellung），这时空间性总体就在自身包含着否定的环节……"（同上）。④

由于在自身内保留了否定，空间因此已经变得具体了。在它丧失自身之际，在它规定自身之际，在它否定它的起源的纯粹性、绝对的无区别性和外在性（它们在它的空间性中构成了它）之际，空间就已经变成了空

---

① 原文中的字母大写单词我们用黑体字表示。——中译注

② Unterschied 及其对应的法文 différence 我们在不同的语境中将分别译为"区别"和"差异"。两种译法的意思基本是一样的，之所以采取不同译法只是出于汉语表达的习惯，以及为了照顾德里达从这个词中引出的 différance（我们译为"延异"）。——中译注

③ 中译文参见黑格尔《自然哲学》，梁志学等译，商务印书馆1980年版，第43页。稍有改动。——中译注

④ 中译文参见黑格尔《自然哲学》，梁志学等译，第43页。稍有改动。——中译注

间。空间化，空间性的本质的完成，是一种去空间化，反之亦然。反之，这种作为空间之具体总体性的面的产生运动也是循环的和可逆的。沿着相反的方向，人们也能证明线不是由点组成的，因为它是由被否定的点、在自身外的点构成的；由于同样的原因，面也不是由线组成。因此，空间的具体的总体性将被认为是处于开端处，面被认为是它的第一个否定的规定，线是第二个，点是最后一个。无区别的抽象不加区别地处于圆圈的开端和终点。等等。

在一系列说明中与这种论证交织在一起的对康德的概念的讨论必须被搁置一旁，尽管它很重要。现在我们必须要来处理时间问题。

还需要提出时间问题吗？还需要问时间如何在空间的起源的基础上出现的吗？在某种意义上，提出时间问题总是太迟了。时间已经出现了。把线与点相关联和把面与线相关联的不再存在和仍在——这种在 *Aufhebung* 结构中的否定性已经是时间了。在否定的每一个阶段上，每当 *Aufhebung* 产生出前一个规定的真理时，就需要时间。作为在空间中起作用或作为空间而起作用的否定，作为空间的空间性的否定，时间是空间的真理。就空间存在而言，就是说，就它变化和自身产生而言，就它在其本质中自身显示而言，就它在与自身相关联之际、就是说自行否定之际而自身间距化而言，空间是时间。空间时间化，它与它自身相关联并作为时间而中介自身。时间是空间化。它是空间与自身的关系，是空间的自为。"然而，这种作为点使自身与空间相关联，并作为线和面在空间内部发展出自己的各个规定性的否定性，也同样在己外存在的领域中是自为的，它的各个规定性也同样如此（亦即，在否定性的自为的存在中）……否定性就这样被自为地设定起来，就是时间。"（《哲学全书》§257）① 时间扬弃空间。

在回顾这个展开过程时，海德格尔强调说，空间因此只被思考为时间（第430页）。空间是时间，就空间在点的（第一个或最后一个）否定性的基础上自身规定而言。"根据黑格尔，这种作为点性的否定之否定，乃是时间。"（第430页）因此，时间就是从点出发或为了点而被思考；点就是从时间出发或为了时间而被思考。点与时间在这种把它们相互关联起来的环形中得到思考。而思辨的否定性（*l'Aufhebung*）的概念本身，则只有经由这种无限的相相关性或反思（*réflexion*）才有可能。*Stigmè*，点性，因此

---

① 中译文参见黑格尔《自然哲学》，梁志学等译，第46页。稍有改动。——中译注

就是（在黑格尔那里一如在亚里士多德那里）规定着现在（nun，jetzt）的概念。所以毫不奇怪，《物理学》第四章中的第一个疑难方面已经预告或预构了黑格尔《自然哲学》中的第一种时间形象。同时，它也预示了精神与时间的关系：自然是精神的己外存在，时间是自然对于自身的第一个关系，是它的自为的第一个涌现，精神只有通过否定自身并跌落到自身之外才能与自身发生关联。

在这里，亚里士多德的疑难在一种真正辩证的东西中得到理解、思考和吸收。为了得出黑格尔的辩证法只是对［亚里士多德的］显白的疑难的重复、转述式的重编和对一种流俗悖论的辉煌表述这样一个结论①，只需在另外一个意义上并从另外一个方面考虑这些事情就足够了，当然这样做也是必要的。为了使人们相信这一点，我们只需同时考虑已经引证过的亚里士多德《物理学》的段落（218a）和［黑格尔］在《哲学全书》第258节中的这一时间定义。黑格尔该处的定义如下："作为己外存在的否定性统一，时间同样也是纯粹抽象的、观念的东西。——时间是那种存在的时候不存在、不存在的时候存在的存在，是被直观的变易（das angeschaute Werden）；就是说，时间的各种确实完全瞬间的、即直接自身扬弃的区别（unmittelbar sich aufhebenden Unterschiede），被规定为外在的、即毕竟对其自身外在的区别。"②

在被认是对亚里士多德之转述的黑格尔的文本中，这个定义至少有三个直接后果。

---

① 黑格尔是用一个完全不同于海德格尔所提及的"转述"的另外一个范畴来思考他与亚里士多德的显白的内容或埃利亚学派的悖论的关系。至少，他是在那些涉及逻各斯的本质本身的概念的基础上来思考"转述"的可能性的。他对时间思想的"重复"并没有落入转述这个特定的和修辞的范畴中（什么是哲学中的转述？）对于黑格尔来说，过去既是对思辨辩证法的天才的预测，又是他将在其《逻辑学》中加以展开的东西的"已经-尚-未"的目的论的必然性；在其《逻辑学》中，比如人们在下面这些段落（它必须全文引用）中能够读到："古代埃利亚学派辩证法的例子，尤其是关于运动的，比起方才看到的康德的二律背反，意义是无比地丰富得多，深刻地多……亚里士多德对这些辩证形态所作的解决，应当得到很高的赞扬，这些解决就包含在他的空间、时间、运动等真正思辨的概念之中。……亚里士多德就知性的敏锐说，诚然是无匹的，可是敏锐的知性并不足以把握和判断亚里士多德的思辨的概念；用前面引证过的粗劣的感性表象来反驳芝诺的论证也同样不行。……"（《逻辑学》法文本第一卷，第210-212页，有改动）（此处译文采用杨一之中译，见黑格尔《逻辑学》（上卷），杨一之译，商务印书馆1966年版，第208-210页。——中译注）也可参见感性确定性的全部难题。

② 中译文参见黑格尔《自然哲学》，梁志学等译，第47页。译文稍有改动。——中译注

第一部分 现象学与第一哲学

第一，康德的时间概念在其中被重新生产出来。或毋宁说被从其中推演出来。因此这样一种推演的必然性会表明，康德的革命并没有搬动亚里士多德的住所，相反仍是置身其中，仍是在它里面整理布置。下文我们将从另外一个角度显示这一点。实际上，没有经验性感性内容的"被直观的变易"本身就是纯粹的感性，就是摆脱了所有感性质料的形式的感性；没有对它的发现，任何哥白尼式的革命都不会发生。康德所发现的，就是此处对亚里士多德的"转述"所重新生产出来的这一"非感性的感性"："时间如同空间一样，是感性或直观的纯粹形式，是非感性的感性（*das unsinnliche Sinnliche*）。"（《哲学全书》§258，说明）① 在提到这种"非感性的感性"② 的时候，海德格尔并没有把黑格尔的概念与它在康德那里的对应物联系起来；众所周知，他认为黑格尔在许多方面掩盖和抹消了康德的勇敢大胆。与海德格尔相反，我们这里不可以认为康德处于从亚里士多德到黑格尔（根据海德格尔）的这条路线中吗？

第二，根据一种和《康德与形而上学疑难》（因此也是《存在与时间》）中的运动相似的运动，黑格尔从他的定义中推断出：

其一，"时间同纯粹自我意识的我＝我是同一个原则"（同上）。③ 我们将不得不——但我们此处还不能这样做——把《哲学全书》第258节的整个说明（它对这最后一个命题做了阐述）与比如海德格尔的《康德与形而上学疑难》第34节，即专门讨论"时间作为纯粹的自身触发（*Selbstaffektion*）和自身（*Selbst*）的时间性特征"的那一节联系起来。当海德格尔写下比如下面这段话的时候，他难道没有在重复黑格尔的姿态吗？这段话即："时间与'我思'不再是互不相容或异质反对的东西，它们是同一种东西。在康德的形而上学奠基中，他通过激进主义的方式，第一次既对向来自为的时间又对向来自为的'我思'进行超越论的阐明。这样，康德就将两者一起带到了它们源初的自身同一性（*ursprüngliche Selbigkeit*）上去，——当然，他自己并没有明确地看到这一自身同一性本身。"④

其二，"一切事物并不是在时间中（*in der Zeit*）产生和消逝的，反

---

① 中译文参见黑格尔《自然哲学》，梁志学等译，第47页，译文稍有改动。——中译注
② 《存在与时间》德文本第428页。
③ 中译文参见黑格尔《自然哲学》，梁志学等译，第47页。——中译注
④ 中译文参见海德格尔《康德与形而上学疑难》，王庆节译，商务印书馆2018年版，第208页。译文稍有改动。——中译注

· 31 ·

之，时间本身就是这种变易，即产生和消逝。"(《哲学全书》§258)① 黑格尔反复提出这种警告。把这些警告与所有那些提及"跌落"入时间的隐喻的表述（而且并不是要拒绝这些隐喻表述的整个重要性）相对立起来，人们就能展示出一种完全黑格尔式的对于时间内状态（Innerzeitigkeit）的批评。这种批评不会仅仅与《存在与时间》中所展开的内容相类似，它应当还会（一如在《存在与时间》中那样）与跌落或沉沦、Verfallen 的主题相妥协。我们将会回到跌落或沉沦这个概念上来，没有任何警告——黑格尔并没有比海德格尔在《存在与时间》中采取更少的警告——能将它从伦理神学的轨道中抽离出来。除非所说轨道的终点本身又在虚空中被导向一个更为分化的坠落点。②

第三，根据一种基本上是希腊的态度，黑格尔对时间的这种规定允许我们把当前——时间的形式本身——思考为永恒。永恒不是对时间的否定的抽象，不是非时间，不是在-时间-之外。如果时间的基本形式是当前，永恒就只能通过将其自身保持在在场之外，才能在时间之外。它不会是在场，它会在时间之前或时间之后到来，但是由于这一事实，它又会重新变为时间性的变更。人们又会使永恒成为时间的环节。因此在黑格尔主义中，所有接受了永恒这个述谓的东西（理念、精神、真理等），都不应当在时间之外被思考（与不能在时间内被思考一样）。③ 作为在场的永恒，既不是时间性的，也不是非时间性的。在场是时间中的非时间性，或非时

---

① 中译文参见黑格尔《自然哲学》，梁志学等译，第48页。——中译注
② 参见《播撒》(La dissémination) 中的《双重场次》(La double séance) 一文。
③ 这里我们只能引用和插入一些应当耐心探索的段落。比如："实在的东西 (das Reelle) 虽然与时间有区别，但同样在本质上是与时间同一的。实在的东西是有限制的 (beschränkt)，而且相对于这种否定的他物是在实在东西之外的。因此，规定性是外在于实在东西的，所以是这种东西的存在中的矛盾；其矛盾的这种外在性和不安状态 (Unruhe) 的抽象就是时间本身。有限的东西都是非永久性的和时间性的，因为它不像概念那样，在其自身是完整的否定性……可是，概念在其自由自为地存在着的自相同一性中，作为我=我，却自在自为地是绝对的否定性和自由，因此，时间不是支配概念的力量，概念也不存在于时间中，不是某种时间性的东西 (ein Zeitliches)；相反地，概念是支配时间的力量 (die Macht der Zeit)，时间只不过是这种作为外在性的否定性。只有自然的东西，由于是有限的，才服从于时间；而真实的东西，即理念、精神，则是永恒的。然而永恒这个概念不应当被消极地理解为与时间的分离，好像它是存在于它（时间）之外，也不应当被理解为它是在时间之后才到来，因为这会把永恒性弄成未来，弄成时间的一个环节。"（§258）（中译文参见黑格尔《自然哲学》，梁志学等译，第48页，译文稍有改动。——中译注）

间性中的时间;或许,这就是使任何像源始时间性之类的东西不可能的东西。永恒是当前之在场的别名。这种在场,黑格尔也将之与作为现在(maintenant)之当前区分开。这是一个与海德格尔提出的区分类似而非同一的区分,因为它求助于有限与无限之间的区别。① 海德格尔会说,这是存在者内部的区分;而事实上,这是全部问题都应当逗留之处。

四、问题之所回避者

至此为止,我们以某种方式还处在亚里士多德的时间疑难的第一个假设之内。这一假设把时间规定为 *nun*,把 *nun* 规定为 *meros*(部分);在这样做时它就自身瘫痪了,它就从这种自身瘫痪开始。

我们的问题是:在颠倒这个假设后,在证明现在并不是时间的部分

---

① 有限与无限之间的区别(或差异)在这里是作为现在(*Jetzt*)与当前(*Gegenwart*)之间的区别提出来的。于是,按照黑格尔的观点,纯粹在场、无限的显现(la parousie),就不会由现在统治;而海德格尔告诉我们,从亚里士多德的《物理学》到黑格尔的《哲学全书》,正是这种现在限制着和规定着 la parousia。但是,既然海德格尔也在质疑 Gegenwart(当前)的优先性,我们这里也就必须深入探索 Jetzt(现在)、Gegenwart(当前)与 Anwesenheit(在场状态)之间的差异。由于始终是以准备的名义,我们这里只能满足于翻译黑格尔的文本:"当前(*Gegenwart*)、将来和过去这些时间维度,是外在性本身的变易,是这种变易之分解(*Auflösung*)为向无过渡的存在和向存在过渡的无这样的区别。这样的区别之直接消逝为个别性,就是作为现在的当前(*die Gegenwart als Jetzt*),现在作为个别性既与其他环节有排斥作用,同时又是完全与其他环节连续的,现在本身仅仅是从其存在到无和从无到其存在的这种消逝。有限的当前(*die endliche Gegenwart*)是被固定为存在者(*étant*)的现在,作为具体的统一,从而作为肯定的东西,它不同于否定的东西,即不同于过去和将来这些抽象的环节;然而,这种存在本身纯粹是抽象的、消逝于无的存在。此外,在自然界中,时间总是现在,这些维度之间的区别最终并不能达到持续存在;只有在主观的表象(*Vorstellung*)中,在回忆中,以及在恐惧或希望中,这些维度才是必不可少的。但是时间的过去和将来,当它们在自然界中存在时,就是空间,因为空间是被否定的时间;同样反过来说,被扬弃的(*aufgehobene*)空间最初是点,自为地得到发展,就是时间。"(中译文参见黑格尔《自然哲学》,梁志学等译,第 51—52 页,§259,译文参照法译文有改动。——中译注)这些文本——及其他文本——看起来既证实了《存在与时间》中的阐释,同时又构成了对它的挑战。证实是自明的。挑战则在这一点上使事情复杂了:当前被区别于现在,现在在其纯粹性中只属于自然,还不是时间,等等。一言以蔽之,说黑格尔的时间概念是从一种"物理学"或"自然哲学"中借来,然后又在没有任何本质变化的情况下进入"精神哲学"或"历史哲学"中,这是过于匆忙和过于简单化了。时间也是这种进入的通道本身。对亚里士多德的阅读已经会激发类似的问题。所有认为一个概念在黑格尔那里属于自然哲学(或者一般地说,属于黑格尔文本的一个确定的、专门的位置)的断言(在这里就是海德格尔的断言),都被思辨辩证法中的自然与非自然之间之关系的扬弃了的结构先天地限制在它的恰当性中。自然外在于精神,但是作为精神自身,作为精神自己的外-于-自身-存在的状况。

后，亚里士多德就能使时间难题摆脱部分与全体这些"空间的"概念吗？就能使它摆脱把 *nun* 作为 *meros* 甚至作为 *stigmè*（点）的前规定吗？

让我们回顾亚里士多德的两个问题。（1）时间属于还是不属于 *onta*（存在）？（2）除去这些与属于时间的性质（*peri tôn uparkhontôn*）有关的疑难之外，人们还追问什么是时间以及时间的本性是什么（*ti d'estin o khronos kai tis autou è physis*）。第一个问题被提出的方式确实显示出，人们是在现在的基础上并从作为部分的现在出发预知时间的存在的。而这一点又是在这样一个时刻发生的，此时亚里士多德似乎推翻了第一个假设并使之与这样一个观点相对立：现在不是部分或时间不是由现在组成的（*to de nun ou meros…o de khronos ou dokei sungkeisthai ek tôn nun*——218a）。

这第二系列的命题属于一连串常识性的假设，这些常识倾向于使人认为时间既不属于存在者，也完全不属于存在状态（*ousia*）。这些最初的显白假设从不会在另外一个层次上、在非显白的层次上遭到质疑。① 在回顾了为什么人们可能会认为时间不是一个存在者后，亚里士多德又让这个问题处于悬而未决之中。自此以后，人们就将探问这样一种是否属于存在者仍然未定的东西的本性。正如有人已指出的那样②，这里有一个"或许被亚里士多德部分地回避了的形而上学疑难"，即使他"尽管已清楚地提出了它"。被回避的问题是真正形而上学的问题，这一点可以在另一种意义上理解。或许，不是被回避的问题而是被回避的问题才是形而上学的。于是，形而上学就会被这种遗漏提出来。在时间的超越论视域中重复存在问题之际，《存在与时间》也会把这种遗漏带到光亮之中。凭借这种遗漏，形而上学相信，它能够从在其与时间关系中已被默默地预先规定的存在者出发来思考时间。如果全部形而上学都被卷入到这种姿态中，那么至少在这一方面，《存在与时间》就构成了超逾或未及（au-delà ou en deça de）形而上学的关键的一步。此问题之被回避，是因为它是根据［时间］属于存在者（l'étant）还是属于非存在者（le non-étant）而被提出的，而存在者（l'étant）又已经被规定为当前存在者（étant-présent）。从《存在与时

---

① 这就是《物理学》第四章中关于位置的论述和关于时间的论述之间的差异。只有前者才在显白阐述的基础上增加了一种批判的阐述，并对它的表达做了清晰的阐明（210b）。

② 参见 J. 莫罗（J. Moreau）《亚里士多德那里的空间与时间》（*L'espace et le temps selon Aristote*），Padoue，1965，第92页。

间》第一部分以来,海德格尔使之重新发挥作用的正是此问题之所回避者。于是,时间就将是这样一种东西:存在者之存在正是从它出发而自身显示;而非那样一种东西:人们试图从一个已被构造(在时间上被秘密地预先规定)为当前存在者(指示性的说法,作为 Vorhandenheit)的存在者出发而引申出它的可能性,无论这个当前存在者是作为实体还是作为客体。

问题之所回避者的后果延展至形而上学的全部历史,或者毋宁说,将历史构造为如此这般的历史,构造为这一回避之后果——这一点,人们将不仅从以下无比自明的事实中认识到:直到康德,形而上学一直把时间当作本质或真理的虚无或外在的偶性;以及,全部形而上学都可以说深陷于《物理学》第四章的那种显白论述的开口之中或(如果你愿意说)瘫痪于它的疑难之中,这一点在康德那里依然可见。也不仅从以下事实中认识到:康德把时间的可能性同 intuitus derivativus(派生的直观)和派生的有限性概念或被动性概念联系起来;而且尤其在以下事实中认识到:康德的时间思想中有最多的革命性和最少的形而上学性。正如人们愿意做的那样,人们要么将之归于康德的被动,要么将之归于亚里士多德的主动。在这两种情形中几乎都没有意义。

实际上,时间之所以必须被说成是感性的纯粹形式(或非感性的感性),这是因为,正如亚里士多德所说,时间既不属于存在者,也不是它们的一部分和它们的规定,因为时间不属于存在一般(现象的或自在的存在)。这种深刻的形而上学的忠诚被组织得与下述突破协调一致:这种突破认识到时间乃是存在者在(有限)经验中显现的可能性条件;就是说,这种忠诚也被组织得与那种来自康德、将被海德格尔重复的东西协调一致。因此原则上,人们将总是能够让亚里士多德的文本经受所谓"丰富的重复":康德就从这种[被]重复中受益良多,但这种重复却被拒绝施诸亚里士多德和黑格尔,至少是在海德格尔的《存在与时间》时期是如此。① 在某个程度上,对形而上学的拆解仍居于形而上学的内部,只是把它的动机明晰化了。必须探索这个范例,并必须把它的规则形式化,这是

---

① 德里达这里的意思是说:康德关于时间的思想在海德格尔那里得到了"丰富的重复",因此康德客观上受益于海德格尔对他的这种重复工作;但海德格尔(至少在《存在与时间》时期)却拒绝对亚里士多德与黑格尔的相关思想进行同样的重复工作。——中译注

一种必然性。在这里，康德的突破已经由《物理学》第四章准备好了；就海德格尔在《存在与时间》和《康德与形而上学疑难》中对康德的"重演"而言，我们同样可以这么说。

事实上，如果人们把"对时间概念的超越论阐明"和《物理学》第四章做比较，就能立刻注意到那个共同的和决定性的特征："时间不是自为［自在］存在的东西，也不是附属于物的客观规定，因而不是抽掉物的直观的一切主观条件仍然还会留存下来的东西。"① 也许人们会说，这种特征——时间的这种自在的非存在性——是非常普通的，因此康德与亚里士多德之间的意图的共同性是极其有限的。那么，让我们来考虑"超越论阐明"中关于时间的更狭窄的定义，既不是作为非独立自存的时间，也不是作为"一切一般现象（无论是内在的还是外在的）的形式条件"的时间，而是作为"内部感官形式的时间"。这种定义的全部突破力量看起来也在《物理学》第四章中严格地规定好了。在探索时间的本性时，亚里士多德问到，既然那既非变化也非运动的时间与变化和运动有关联（因此这也恰恰是"超越论阐明"的开始），*ti tes kineseôs estin*（219a），那么时间是运动的什么？他的评论不像人们通常地和模糊地翻译的那样，即"我们是同时感觉到运动和感觉到时间的"②，而是 *ama gar kineseôs aisthanometha kai khronou*："我们一道（d'ensemble）③ 具有运动和时间的感觉。"当我们在黑暗之中，且没有被任何物体触动（*meden dia tou somatôs paskhomen*），如果在心灵中（*en tè psykhè*）产生了某种运动，那么看起来某段时间就过去了；与之一起（du même coup），某种运动看起来也一道（*ama*）过去了。亚里士多德正是在 *l'aisthesis*（感觉）中将时间和运动统一了起来。而这一点无需任何外在感性内容和任何客观运动。时间是那只能 *en tè psykhè*［在心灵中］发生的东西的形式。内部感官的形式也是一切一般现象的形式。时间的超越论阐明使这个概念与运动和变化处于一种本质的关系之

---

① 中译文参见康德《纯粹理性批判》，邓晓芒译，杨祖陶校，人民出版社2004年版，第36页。译文稍有改动。——中译注
② 参见亚里士多德《物理学》(219a)，张竹明译，第124页。——中译注
③ d'ensemble 一般被译为"同时"，但德里达这里是通过它及其对应的希腊文"［h］ama"来追问时间的起源或发生，它比时间中的同时（en même temps, at the same time）还要"本源"，因此我们这里不将之译为"同时"，而译为"一道"。——中译注

第一部分 现象学与第一哲学

中，尽管也把它从它们中严格地区分开来；① 而正如《物理学》第四章所做的那样，我们将看到，这一阐明开始于这样一种类比的可能性：即被规定为线迹（*ligne*）（*grammè*，*Linie*）的 *tracé* 所构成的那一类比。②

因此，这一亚里士多德的处所，既是传统的形而上学的安全性的处所，但同时，在其最初的两可性中，又是对这种安全性的本己批判的处所。由于预示了非感性的感性概念，亚里士多德就提供了不再会单纯由（在 *Vorhandenheit* 和 *Gegenwärtigkeit* 的形式中被给予的存在者的）当前支配的时间思想的诸种前提。在这里，既有一种不稳定性又有些许翻转的可能性，但我们可以追问，是否《存在与时间》并没有以某种方式把握住它们。超越论想象中的那种看起来摆脱了在 *Vorhandenheit* 和 *Gegenwärtigkeit* 形式中被给予的当前之统治的因素，很可能都已经被《物理学》第四章预示了。因此就会有下面的悖论：康德的突破的原创性，如海德格尔在《康

---

① 也可参见223ab。亚里士多德也认为时间与运动（*kinesis*）和变化（*metabolè*）有关联，尽管他以证明时间既非运动也非变化开始。这也是时间概念的超越论阐明的第一个环节。"在此我再补充一点：变化（*Veränderung*）的概念以及和它一起的运动（*Bewegung*）（作为位置的变化）的概念只有通过时间表象并在时间表象之中才是可能的；而假如这个表象不是先天的（内）直观的话，那么任何概念，不论它是什么概念，都不能使一个变化的可能性，即把矛盾对立着的谓词结合在同一个客体（*Objecte*）中的可能性（如同一个事物在某处存在又在同一处不存在），成为可理解的。只有在时间里，两个矛盾对立的规定才会在一个事物中被发现，即前后相继地被发现。所以，我们的时间概念解释了像卓有成效的普遍运动学说所阐述的那么多的先天综合知识的可能性。"（译文见康德《纯粹理性批判》，邓晓芒译，杨祖陶校，第35－36页。——中译注）

② "时间不过是内部感官的形式，即我们自己的直观活动和我们内部状态的形式。因为时间不可能是外部现象的任何规定；它既不属于形状，又不属于位置等，相反，它规定着我们内部状态中诸表象的关系。而正因为这种内部直观没有任何形状，我们也就试图通过类比来补足这一缺陷，用一条延伸至无限的线来表象时间序列（*und stellen die Zeitfolge durch eine ins Unendliche forgehende Linie vor*），在其中，杂多构成了一个只具有一维的系列，我们从这条线的属性推想到时间的一切属性，只除了一个属性，即这条线的各部分是同时存在的，而时间的各部分却总是前后相继的。由此也表明了，时间本身的表象是直观，因为时间的一切关系都能够在一个外部直观上面表达出来。"（译文见康德《纯粹理性批判》，邓晓芒译，杨祖陶校，第36－37页。——中译注）

德与形而上学疑难》中重复的那样①，只是通过把《物理学》第四章隐含的东西明晰化，才得以超越流俗的时间概念。对被回避的问题的澄清，总是且必然处于所回避者的系统之内。从 le nun 出发的对于时间的预先规定如何回避了问题？在某种意义上，亚里士多德在他的显白论证中恢复了芝诺［的论证］。在承认这种论证没有澄清任何事情的同时（《物理学》218a），亚里士多德只是重复了这个［时间］疑难而没有解构它。时间不存在（于存在者中间）。它是无，因为它是时间，就是说，它是过去的或未来的现在。此处，这个就是说假定了我某种程度上已经预知了时间是什么，即，在过去的现在或将来的现在之形式中的非当前（／非当场）。现时的现在不是时间，因为它是当前的；就它不是（当前的）而言，时间不是（存在的）。这意味着，如果表面上人们能够证明时间是不-存在的（néant）（非存在的，non-étant），这是因为人们已经把不-存在的本原和本质规定为时间了，即在"尚未"和"已不"名义下的非当前（／非当场）。

---

① 比如，该书第 32 节（"超越论想象力以及它与时间的关系"）就表明了时间的纯粹直观（正如在"超越论的感性论"中所描述的那样）是如何摆脱当前与现在的特权的。我们必须翻译一长段引文，它澄清了《存在与时间》中的所有概念，这些概念是我们现在尤其感兴趣的："超越论想象力曾作为纯粹感性直观的本原得到过阐释。这样就在根本上表明，时间，作为纯粹直观，是从超越论想象力源生出来的。然而还需要在方式和方法上有一种真正的分析，用以揭示，时间现在怎样恰好就建基在超越论想象力之上。时间，作为现在序列之纯粹的先后相续（Nacheinander der Jetztfolge），'经久不息地流逝'。纯粹直观非对象性地（ungegenständtlich）直观着这种先后相续。直观意味着接受那自身给出者。在接受可接受者的行为中，纯粹直观给出自己本身。接受（Recevoir），在通常被理解的意义上，就是接收（accueillir）某个被给予物（donné）（Vorhandenen）、某个［当前］在场者（Anwesenden）。但是，这种狭窄的、仍旧从经验直观的角度来把握的接受概念，必须被与纯粹直观及其独特的接受性特征分离开。很容易就可以看到，对现在之纯粹相续的纯粹直观不可能是对某个［当前］在场者（un présent）（Anwesenden）的接受。如果它是这种接受，那它至多只能'直观'那在其现在中的现在（das jetzige Jetzt），但决不能直观那现在序列本身以及在它之中构造起来的域境。严格地说，在对当前（Gegenwärtigen）的单纯接受中，我们甚至无法直观到一个现在（Jetzt），因为每一个现在都不间断地延展到它的刚刚和即将之中（in sein Soeben und Sogleich）。纯粹直观的接受行为必定在自身中给出对现在的一瞥（den Anblick des Jetzt），只有这样，它才可以前瞻（vorblickt）其即将和后顾（rückblickt）其刚刚。超越论感性论所涉及的纯粹直观，从一开始就不可能是对某个当前（Gegenwärtigen）的接受，这一点以及它在何种程度上不是如此，现在第一次得到了较为具体的揭露。从根本上说，那接受着的自身给出，在纯粹直观中根本就不与某种仅仅［当前］在场的东西（ein nur Anwesendes）相关涉，也完全不与现成存在者（vorhandenes seiendes）相关联。"（参见 Heidegger, GA, Band 3, 第 173 – 174 页；中译文参见海德格尔《康德与形而上学疑难》，王庆节译，第 188 – 189 页，译文稍有改动。——中译注）

因此，为了述说时间的不-存在性（né-antité），人们必须已经求助于时间，求助于对时间的前理解——而在话语中，就是求助于动词时态的明见性和作用。为了思考作为非-当前的非-存在者和作为当前的存在者，人们已经在时间意义的视域内操作了，但却并没有发现此视域。为了能够把时间规定为非-当前的和非-存在的，人们已经从时间上把存在者规定为当前-存在的。

实际上，*dia tôn exoterikon logôn* 说了什么？"它（时间）或者根本不存在，或者虽然存在，但也只不过是勉强地模糊地似乎存在着罢了。它的一部分已经存在过，现在已不再存在（*gegone kai ouk esti*），它的另一部分有待产生，现在尚未存在（*mellei kai oupo estin*）。并且，无论是无限的（*apeiros*）时间，还是被认为是不断返回的（*aei lambanomenos*）时间，都是由这两部分合成的。而由非存在的事物合成的事物看起来是不可能分有［现在］存在状态（*l'étantité*）（*ousia*）的。"①

时间的不-存在（le né-ant），*le me on*，因此只能从时间的存在出发才可以理解。除非根据时间的样式——过去与未来，否则人无法把时间思考为不存在的。就存在（l'étant）已经被秘密地规定为当前，存在状态（l'étantité）（*ousia*）已经被秘密地规定为在场而言，存在是非-时间，时间是非-存在。只要存在和当前是同义的，那么说不-存在（né-ant）和说时间就是一回事。时间确实是否定性的推论的表现，而黑格尔只是——*mutates mutandis*（伴随着必要的变化）——把作为在场的 *ousia* 所言说的内容明晰化了。

甚至在进入到数——进行数的数（nombrant）或被数的数（nombré）——的分析的诸种困难之前，亚里士多德的时间-运动这一对子就已经是从作为在场的 *ousia* 出发而被思考了。与 la *dynamis*（运动，潜能）相对立的作为 *energeia*（实现）的 *l'ousia*，是在场。而包含着已不和尚未的时间，是一个复合体。在其中，实现和潜能结合在一起。这就是为

---

① 中译文参见亚里士多德《物理学》（217b-218a），张竹明译，译文稍有改动。——中译注

什么它不是——如果人们愿意的话①——"在现实中"（en acte）的原因，以及为什么它不是 ousia（持续地或实体性地存在着，如果人们愿意的话）的原因。因此，把存在状态（ousia）规定为 energeia（实现）或者 entelekheia（隐德来希），规定为运动的实现和终点，就与时间的规定密不可分。人们从作为非-时间的当前出发来思考时间的意义。从来就不可能是别样的；任何意义（无论人们在何种意义上理解它：理解为本质、话语的含义，还是在开端与 télos［终极目的］之间的运动的定向），除非从在场出发，并且作为在场，否则从来不可能在形而上学的历史中被思考。意义概念是由我们这里指出的整个规定系统统治的，并且每当意义问题被提出，它都只有在形而上学的范围内才能被提出。因此，极而言之，任何想把意义问题本身（无论是时间的意义还是任何其他的意义）从形而上学或所谓"流俗"概念的系统中抽离出来的努力，都会是徒劳的。这对于会被规定为存在的意义问题的存在问题（一如它在《存在与时间》的开端处被规定的那样）来说也会同样如此，无论这样一种问题的力量、必要性和价值具有怎样的突破性和根本性。海德格尔很可能会承认，正是作为意义问题，存在问题在其起点处就已经与它要着手拆解的形而上学的话语（词汇和语法）结合在一起了。某种意义上，正如巴塔耶（Bataille）促使我们思考的那样：意义问题以及守护意义的计划，正是"流俗的"。这也正是他（海德格尔）的用语。

因此，说到时间的意义，它的据在场而来的规定就像它被规定的那样去进行规定：这一规定告诉我们时间是什么（作为"不再"或"尚未"的非-存在状态），但它能这样做只是为了让下面这一点被时间与存在之关系中的一个隐藏的概念道出：时间只能是一个存在者（un étant）（是存在着的，en étant），② 就是说，按照这个现在分词③，是一个当前。因而，

---

① "如果人们愿意的话，在现实中……"，因为这个翻译提出了一些问题。这一翻译是多么的并非不言而喻，这并不是我们这里能触及的问题。这里我们一方面可以提及《阿那克西曼德之箴言》（《林中路》法译本第 286 页），它标示出了亚里士多德的 energeia 与中世纪经院哲学的 l'-actualitas 或 l'actus purus 之间的距离；另一方面，我们可以参照奥邦克（P. Aubenque），他强调"对 acte 的现代翻译并非是一种对原本意义的遗忘，而是对它保持——仅此一次——忠诚"。（《亚里士多德那里的存在疑难》，第 441 页，注释 1）。

② 此句原文为："le temps ne pourrait être qu'un（qu'en）étant……" ——中译注

③ 存在者（étant）是"是"动词 être 的现在分词。——中译注

时间只有在它不是它所是，就是说，是当前-存在（étant-présent）时，才能是一个存在者（是存在着的）。因此，正是因为时间在其存在（être）中是被从当前出发思考的，所以时间才被奇怪地认为是非-存在的（non-étant）（或不纯粹的、复合的存在）。正是因为人们相信知道时间就其本性而言是什么，因为人们已经暗中回答了那个后来才会被提出来的问题，所以人们才能在那个显白的疑难中推断出时间的较少的实存，甚至它的非-实存。为了能够推断出时间的较少的实存或非-实存，人们必须已经知道——即使只会在话语的朴素实践中——时间应当是什么，过去（gegone）或将来（mellei）意味着什么。人们把过去与将来视为减少在场的消磨作用，而在场又被视为那当下所是者（存在者）的意义或本质。这就是那从亚里士多德到黑格尔一以贯之、未曾改变的东西。作为"纯粹现实"（energeia è kath'auten）的第一推动者是纯粹的在场。作为第一推动者，它通过它所激发起的欲望而引发一切运动。它就是善，是最高的可欲望者。欲望就是对在场的欲望。爱欲（L'érôs）也是从在场出发被思考的。正如运动。那使运动处于运动之中、使变易以它本身为定向的终极目的（le télos），被黑格尔称为绝对概念或主体。那种从显现（parousie）到自身在场的转变，从最高存在者到一个思考自身、在知识中自行聚集到自身身边的主体的转变，并没有中断亚里士多德主义的基本传统。作为绝对主体性的概念自己思考着自己，它是自为的并居于自身旁边，它没有外部，它在自身在场中将它自己的时间与差异聚集起来并抹消之。① 人们可以用亚里士多德的语言说：*noēsis noēseōs*，思想的思想，纯粹的现实，第一推动者，主人，它自己思考自己，不屈服于任何客观性和外在性，在圆圈和返回自身的无限运动中保持不动。

五、本质的枢纽

因此，在讨论时间本性的问题时，亚里士多德首先评论道：传统从来就没有回答过这个问题（这种态度从此以后将一直被不厌其烦地重复下去，直到黑格尔与海德格尔）。但是，亚里士多德紧接着也只是在这个疑难的固有术语中，就是说，在这样一些概念中展开了这个疑难——海德格

---

① 时间是圆圈（或译"循环"，下同。——中译注）的实存，是《逻辑学》的结尾所说的诸圆圈的圆圈的实存。时间是圆形的，但它也是那在圆圈运动中掩盖圆性的东西。就它把它的本己的总体性隐藏到它自身那里而言，就它在它的差异中丧失了它的开端与它的终结的统一性而言，它是圆圈。"但是与圆圈如此交织在一起的方法，就不能在时间性的发展中预期到开端本身已经是派生的。"因此，"自身理解自身的纯粹概念"就是时间，不过它将自身实现为时间的抹消。它包含时间。如果时间有一种意义一般，人们就很难明白如何能够将时间从（比如黑格尔的）存在 - 神学 - 目的论中摆脱出来。不是对于时间意义的任何一种规定属于这种存在 - 神学 - 目的论，而是对于意义的预就就已经属于存在 - 神学 - 目的论了。一旦人们提出时间的意义问题，一旦人们把时间置入与显现、真理、在场、本质一般之关系中，时间就已经被取消了。于是，如此提出的问题就是时间的实现的问题。这就是为什么对于时间的意义问题或存在问题来说或许没有其他的可能回答，除去《精神现象学》的结尾给出的回答之外：时间就是那抹消（*tilgt*）时间者本身。但是这个抹消也是一种书写，它给出时间以供阅读并在取消它之际又保存它。Le Tilgen（抹消）也是一种 *Aufheben*（扬弃）。因此比如："时间是在那里存在着的（*der da ist*）并作为空洞的直观而呈现在意识面前的概念自身；所以精神必然地表现在时间中，而且只要它没有把握到它的纯粹概念，这就是说，没有把时间消灭（*nicht die Zeit tilgt*），它就会一直表现在时间中。时间是外在的、被直观的、没有被自我所把握的纯粹的自我，是仅仅被直观的概念；在概念把握住自身时，它就扬弃它的时间形式（*hebt er seine Zeitform auf*），就对直观作概念的理解，并且就是被理解的和进行着理解的直观。因此，时间是作为自身尚未完成的精神的命运（*Schicksal*）和必然性而出现的……"（黑格尔：《精神现象学》，下卷，贺麟、王玖兴译，商务印书馆1979年版，第268页，译文稍有改动。——中译注）无论它的规定如何，黑格尔的存在都只能像它离开时间而完全进入显现（*parousie*）那样落入时间，一如落入它的 Da - sein。圆圈在亚里士多德那里已经是时间与线由之出发而被思考的运动的模型了，这一点是如此自明以至于无须提醒。我们仅须强调，在《物理学》第四章中它被极其明确地阐明了："这就是为什么时间是天球的运动，因为别的运动皆由这个运动计量，时间也由这个运动计量。也因为此，产生了一个惯常的说法，即人们常说的：人类的事情以及一切其他具有自然运动和生灭过程的事物的现象都是一个圆圈，……实际上时间本身也显现为一种圆圈……等等。"（223b）也可参见 P. Aubenque, *op. cit.*, 第426页。（中译文参见亚里士多德《物理学》，张竹明译，第137页，有改动。——中译注）

尔后来对这些概念的结构配置进行了重构（*nun*, *oros*——或 *peras*, ——*stigmè*, *sphaira*, 我们还应当加上 *olon*, 整体, *meros*, 部分, 以及 *grammè*）。但问题的传统形式却从来没有受到根本的质疑。这一形式是怎样的？

让我们回想一下。疑难双方的第一方（时间的任何一个部分都不是——当前的，因此时间在总体上不存在——这意味着"不是当前的"，"不分有 *ousia*"）设定了时间是由部分组成，就是说，是由现在（*nun*）组成。而这个预设又正是疑难双方的第二方所反对的，这第二方即：现在不是一个部分，时间不是由现在组成，现在的统一性与同一性是成问题的。"如果现在实际上是永远不同的一个又一个，而在时间里没有哪两个不同的组成部分是同时（*ama*）并存的……又，以前存在如今已非存在的现在必然在某一个时候已经消失了，那么就不能有几个现在彼此同时（*ama*）存在，前一个现在必然总是已经消失了的"（218a）。①

为了在同一个系统中重整同一个概念性，数（被数的数和计量的数）的概念与线的概念要如何交织在一起？

以一种严格的辩证法的方式：不是在狭义的亚里士多德的意义上，而是已经在黑格尔的意义上。亚里士多德肯定对立双方，或不如说，把时间规定为对立双方的辩证法和依据空间而出现的诸矛盾的解决。正如在《哲学全书》中一样，时间是线，是点（非空间的空间性）的矛盾的解决。然而它不是线，等等。为了确定时间的本性，难题中矛盾的双方只是被简单地一起采纳和肯定了。在某种意义上，我们可以说，辩证法只是通过肯定疑难、通过使时间成为对难题的肯定而一再重复那个显白的疑难。

因此，亚里士多德就断言现在在一种意义上是相同者，在另一种意义上又是不相同者（*to de nun esti men ôs to auto esti d'ôs ou to auto*——219b）；断言时间根据现在既是连续的又是分离的（*kai sunekhes te de o khronos tô nun, kai dieretai kata to nun*—— 220a②）。所有这些矛盾的断言都集中在一种对线的概念的辩证的处理中。这种处理已经——正如它将总是的那样——受潜能与实现之间的区分所支配；只要人们考虑到这些矛盾于其中被思考的那种关系，这些矛盾就得到了解决：或者是潜在地或者是现实

---

① 中译文参见亚里士多德《物理学》，张竹明译，第121－122页。——中译注
② 也可参见《物理学》222a。

地。潜能与实现的这种区分并不必然是对称的，它自身被一种在场目的论统治着，被作为在场（*ousia*，*parousia*）的实现（*energeia*）统治着。

初看起来，亚里士多德拒绝用线，即用一道在空间中的线形铭刻来表象时间，正如他拒绝把现在与点同一起来一样。他的论证已经是传统的，而且始终如此。它诉诸于时间之诸组成部分的非共存。时间之区别于空间乃在于：一如莱布尼兹所说，时间不是"共存的范畴"，而是"连续的范畴"。点与点之间的关系不可能等同于现在与现在之间的关系。点并不互相消灭。然而如果当前的现在不被接着的现在消灭，它就会与之共存，而这是不可能的。即使它只被一个离它非常远的现在消灭，它也必将与所有那些在数量上是无限的（不定的：*apeiros*）中间的现在共存，这也是不可能的（218a）。一个现在作为现时的和当前的现在，不能与另一个如此这般的现在共存。共－存（co-existence）只有在一个唯一的和同一的现在之统一体中才有意义。这是在那把意义与在场统一起来的东西中的意义本身。人们甚至不能说，两个不同的和同样当前的现在的共－存是不可能的或不可思议的：这种限制已经把对共－存或在场的意指本身构造起来了。不能与（和自身相同的）另一个共－存，不能与另一个现在共－存，这并非是现在的一个述谓，而是其作为在场的本质。现在，当前的现实中的在场，被构造为与另一个现在的共存的不可能性，亦即，与一个与－自身－相同的－他者共存的不可能性。现在，就是（以现在直陈式的方式）与自身共存的不可能性：与自身，即，与另一个自身、另一个现在、另一个相同者、一个复本。

但是人们也已经指出，这种被勉强构造起来的不可能性，又自相矛盾，又被经验为不可能者的可能性。这种不可能性为了成其为不可能性，在其本质中又隐含着这样一回事情：此现在不可能与之共存的另外一个现在，以某种方式也是一个相同者，也是一个如此这般的现在，并与那不可能与它共存的现在共存。共存的不可能性只有从某种共存出发，从非－同时者的（le non-simultané）某种同时性（*simultanéité*）出发才能被如此这般地设定。在这种非同时者的同时性中，现在的他异性与同一性在某个同一者的被区分了的因素中被维系在一起。用拉丁语说，*cum* 或共－存的共（*co-*）只有从其不可能性出发才有意义，反之亦然。不可能（两个现在的共存）只显现在一种综合中（我们以某种中性的方式理解综合这个词：它并不意味着任何设定、任何主动性、任何施动者）；让我们说：这种不可能只显现在某种共谋性（complicité）或共－牵连（co-implication）中，这种共谋性或共牵连把许多现时的现在（它们分别被说成是过去和将来）维系（maintenant）在一起。对许多当前的现在的不可能的共维持（comaintenance），是作为对许多当前现在的维持而是可能的。时间就是这种不可能的可能性的名字。

反之，可能的共存之空间，也就是人们认为恰恰在空间（espace）之名下所知的东西，那共－存的可能性，乃是不可能的共存之空间。实际上，同时性只有在一种综合中，在一种共谋性——时间上的共谋性——中，才能够作为同时性显现，才能够是同时性，就是说，把两个点置于关系之中。没有时间化，人们就不能说一个点与（avec）另一个点一起；没有时间化，一个点，无论人们言说与否，也不能与另一个点共在（être avec），也就不能有另一个点与它在一起。时间化把两个不同的现在维系在一起。空间性的共存的与只能从时间化的与中生发出来。黑格尔表明了这一点。有一种使空间的与得以可能的时间的与，但是如果没有空间的可能性，这种时间之与也不能作为与产生出来。（在纯粹的 Aussersichsein [已外存在] 中，既没有确定的空间也没有确定的时间）。

老实说，当我们如此叙述这些命题时，我们仍处于素朴性之中。我们这样做时，似乎空间和时间之间的差异乃是作为一种明见的、已构造起来的差异而被给予我们。然而，黑格尔和海德格尔提醒我们，我们不能把空间和（et）时间当作两个概念和主题来讨论。每当我们把空间和时间作为两种人们必定会加以比较和联系的可能性给予我们自己时，我们就在素朴地言说。尤其当我们这样做时，我们每次都相信我们知道空间或时间是什么，本质一般是什么，在此本质的视域内我们相信我们能够提出关于空间和时间的问题。因此，我们假定关于空间和时间之本质的问题是可能的，而没有追问，本质在此处是否能够成为这一问题的形式的境域，本质的本质是否没有被——从一种涉及时间和空间的"决定"出发——秘密地预先规定为在场，恰好是在场。因此，我们并不必须把空间和时间置入关系之中，它们中的每一个都只是其所不是，而且首先只是由比－较（com-paraison）本身构成。

然而，如果亚里士多德把时间和空间之间的差异（比如在 nun 和 stigmè 之区别中的差异）作为一种被构造的差异给予自己，那么，这种差异的谜一般的分环勾连（articulation）就被安置、隐藏、遮蔽在他的文本中，但同时又在这种共谋性中起作用：作为与（avec）、一道（ensemble）或共（simul）之内部的同一者（le même）与他者的共谋性。在与、一道或共之中，一道－存在（être-ensemble）并不是存在的一个规定，而就是存在的产生本身。亚里士多德文本的全部重量都由一个小词支撑，此小词几乎难以见到，因为它的显现如此自明，如此不引人注目，一如那不言而行①者；它自我抹消，由于逃避主题而更有效地发挥着作用。这个不言而行并如此使话语在其分环钩连中游戏者，这个从此将构成形而上学之枢纽（clavis）者，这个在关键处同时既打开又关闭形而上学之历史的小钥匙，这个使亚里士多德之话语的全部的概念裁决都依赖其上并结合于其中的锁骨，就是那个小词：ama。它在《物理学》的218a那一节共出现了五次。在希腊语中，ama 意味着"一道"（ensemble）、"同一次"（tout à la fois）②，二者都意味着"同时"（en même temps）。这个说法首先既不是空间的也不是时间的。它指向的是 simul 的双重性，这种双重性在它自身中既还没有聚集点，也还没有聚集现在；既还没有聚集位置，也还没有聚集阶段。它说的是时间与空间的共谋性和共同的本原，是作为存在之全部显现（apparaître）的条件的共－显（com-paraître）。③ 在某种意义上，它说的是作为最小单元的二元。但亚里士多德并没有说出这一点。他在 ama 这个说法所言说之物的未被注意到的明见性中展开他的论证。他在未说之中言说这一作为最小单元的二元，让它自己说，或毋宁说，它让他说了他所说的。

　　让我们证实这一点。在疑难的第一个假设中，如果时间看起来并不分有纯粹的 l'ousia 本身，这是因为它是由现在（它的部分）组成，而若干个现在：（1）不能通过相互之间的立刻的毁灭而前后相连，因为在这种情形下就将不会有时间；（2）不能通过间隔的方式相互毁灭而前后相连，因

---

①　va de soi，原义为"不消说，不言而喻"。德里达下文要单独突出其中的"va"（aller——进展、进行、行走——的第三人称现在时直陈式），所以此处从字面将其译为"不言而行"。——中译注

②　一般也是"同时"的意思，此处为了同下面的"en même temps"（同时）区分开，按其字面义译为"同一次"。——中译注

③　comparaître 一般指"到庭、出庭、到案"，德里达这里将其拆写为 com-paraître，是为了突出其前缀"com-"（共）的含义，并使其词根 paraître 与前面的 apparaître（显现）相呼应。故此处译为"共－显"或"共－显现"。——中译注

为在这种情形下诸多有间隔的现在就会是同时的，而这将更会没有时间；(3) 不能保持（在）同一个现在（中），因为在这种情形下相隔一万年的事情就会是一道、同时发生的，而这是荒谬的。正是这种由"同时"之明见性所宣告出来的荒谬性，构成了作为疑难的疑难。

因此，这三个假设使得时间的 ousia 成为不可思议的。然而，它们自身却只有根据时间性的 – 非时间性的副词 ama 才能够被思考和言说。实际上，让我们考虑现在的序列。据说，先行的现在必须被紧接着的现在消灭。但是亚里士多德接着指出，它不能"在其自身中"（en eautô）——就是说，在它是（现在、在现实中）的时候——被消灭。它更不能在另外一个现在中（en allô）被消灭：因为这样它就不会是作为现在、自身而被消灭，而且作为已经存在的现在，它对于紧接着的现在来说是（保持为）无法接近的。"现在是不能彼此一个接在另一个后面的，就像点不能一个接一个那样。因此，如果现在不是立刻（en tô ephexes）消失，而是消失在另一个现在里的话，那么它就会与无数个中间的现在同时（ama）并存；这是不可能的。但是现在又不可能永远保持为（diamenein）同一个；因为对于任何受划分限制的事物来说，无论它是在一维还是在多维延伸，都不会只有唯一的界限；现在是一种界限，并且人们可以认为时间是有限的。又，如果时间上在同一时间存在（to ama einai），如果既不在先存在也不在后存在，那么这就是在同一者中存在，就是在现在中存在；如果以前的事物和以后的事物都存在于这同一个现在里，那么一万年前发生的事情就会和今天发生的事情是在同时，也就没有任何事物先于或后于别的任何事物了。"(218a)①

六、线与数

因此，这就是疑难（/绝境）。它已经排除了那种将时间与表象着运动的线等同起来的反思（尽管它的出发点是运动学的），尤其是当这个表象具有数学的本性时：因为现在不是像点那样是"在同一时刻的"（218a）；因为时间不是运动（218b）；因为《物理学》第四章区分了线一般（le gramme en général）与数学的线（ligne mathématique）（见 222a；亚里士多德在此处谈到了那种 epi tôn mathematikôn grammôn 而消逝的东西，在那些

---

① 中译文参见亚里士多德《物理学》，张竹明译，第122页，稍有改动。——中译注

数学的线中点总是相同者);最后是因为,如我们将要看到的那样,作为运动的被计数的数,时间内在地不具有代数的性质。由于所有这些理由,已经显而易见的是,我们将不与柏格森所严格揭示出来的电影式的时间概念打交道,更不与单纯的数学主义或代数主义打交道。相反,在某种不同于海德格尔所提及的意义上,柏格森显得比他自己所相信的更是亚里士多德的信徒。①

在《物理学》中,时间如何进入线中?

第一,时间既不是运动(*kinesis*)也不是变化(*metabolè*)。运动与变化只存在于被推动的存在或变化着的存在中,并且或多或少地是慢或快。时间不可能是这样。相反,正是时间使运动、变化得以可能,使它们的测量和速度的差异得以可能。在这里,时间是规定者而非被规定者(218b)。

第二,然而,没有运动也就没有时间。正是在这里②,亚里士多德将时间与经验或显现(*dianoia*,*psyche*,*aisthesis*)联系起来。虽然时间不是运动,但我们仍然只有通过感觉和确定一个变化或运动,才能经验到时间(亚里士多德此处认为运动与变化之间的差异无关紧要且无需注意——218b)。"因此显然,时间既不是运动也不能脱离运动。"(219a)

因此是什么使时间与那它所不是者、亦即运动相关联?是运动的什么在规定时间?必须在时间中寻找 *ti tes kineseôs estin*,就是说,总之,寻找那使时间与空间、与位移发生关联的东西。必须寻找这种关系的概念。

这些基本的范畴——它们是不引人注目的、无需要求就已进行了的、似乎是不言而喻的——在这里就是类比与相符(*correspondance*)范畴。它

---

① 比如,让我们在众多其他段落中——为了集中焦点——回想一下下面这些段落:"这样我们就被引到时间观念面前。那里有一种惊异一直在等待着我们。实际上,我们非常震惊地看到,在任何关于进化的哲学中都起到首要作用的实在的时间,是如何逃避了数学。它的本质属于过去,它的任何一个部分都已不在,当另一段时间出现的时候……在时间情形中,重叠的观念会意味着荒谬性,因为可自身重叠并因此可测量的绵延(*durée*)的全部后果将会以不绵延为其本质……人们所测量的线是不动的,而时间则是流动性。线属于既成事实,而时间则是那自身生成者,甚至是那使任何自身生成者得以生成者。"以及下面这段评论,它本会与海德格尔注释中的那一段相符,如果后者不恰好宣布了柏格森的革命的局限的话:"在整个哲学史中,时间与空间都被置于同一个层次上,被作为同一类的事物来处理。于是人们先研究空间,确定它的本性和功能,接着把这样获得的结论转移到时间上。这样空间理论与时间理论就是相对称的。只要改变一个词,即用'相继'取代'并存',人们就能从空间过渡到时间。"参见《思想与运动》(*La pensée et le mouvant*),Paris: Presses Universitaires de France, 1946,第2、3、5页,及其下。

② 亦可参见《物理学》223a。

们用其他的、并几乎将之替代的术语又把我们重新领回到这个"同时"之谜,这个谜同时既命名了又回避了、既陈述了又遮蔽了疑难。

量是连续的。这是这里论述的公理。运动遵循着量的秩序,并与之相符(akolouthei tô megethei è kinesis)。因此它就是连续的。此外,前与后是位置的状况(en topô)。既然如此,它们也就处于量之中,因此,根据量与运动的相符或类比(219a),它们也就处于运动之中。因此它们也在时间中,既然"时间与运动总是相符"(dia to akolouthein aei thaterô thateron autôn)。那么最后就得出:通过与运动和量的类比,时间也是连续的。

这就导致把时间规定为按照前后顺序的运动的数这一定义(219ab)。① 正如人们所知,通过区分被数的(nombré)数和计数的(nombrant)数,这个定义变得更为明确。数被以两种方式(dikhôs)述说:计数的数和被数的数(219b)。时间是被计数的数(ouk ô arithmoumen all'o arithmou menos)。这意味着——充满悖论地——如果时间被置于数学或代数之下,那它也并非自在地、在其本性中就是一种数学的存在。它也不同于数本身和计数的数,一如马和人区别于计数它们的数、并互相区别一样。互相区别,这使我们自由地想到,时间并不是其他存在者中的一种,并不是人和马中的一种。"一百匹马和一百个人的数目是同一的,但具有数目的事物是不同的,马和人是不同的。"(220b)

只有在运动具有数的情况下才有时间,但时间在严格的意义上既不是运动也不是数。只是就它根据前与后而与运动具有关系而言,它才让它自身被计数。如此被计数的时间的测量单位就是现在,它使对前和后的辨别得以可能。正是因为运动是根据前与后来确定的,所以亚里士多德才同时既需要又拒绝把时间表象为一条被刻画的线。实际上,这种根据前与后而来的规定"以某种方式"是"与点相符"的(akolouthei de kai touto pôs te stigmè)。"点"给予长度以其连续性和界限。"线"是点的连续性。每一个点对于每一个部分来说都同时既是终点也是起点(arkhè kai teleutè)。因此人们能够相信现在之于时间就是点之于线。时间的本质能够完整无损地进入线的表象之中,进入点性之连续的、延展的展开之中。

但亚里士多德坚定地指出,事情并非如此。空间的点与线的表象——

---

① 亚里士多德:《物理学》(中译本)第125页:"……时间正是这个——关于前后的运动的数。"——中译注

至少在这种形式下——是不充分的。由此而受到批评的并不是时间与运动的关系，也不是时间的被计数的或可计数的存在，而是它与线的某种结构之间的类比。

如果人们实际上使用点与线来表象运动，那就是在运用点的复多性，这些点同时既是起源又是界限，既是起点又是终点；这种不动的复多性，这种连续停顿的系列——如果能够这么说的话——并不给出时间。当亚里士多德提醒这一点的时候，人们很难将他的语言与柏格森的语言区分开来："因为点既延续长度，又限定长度，因为它是一段的起始，同时是另一段的终结。但是人们这样地一物二用的时候，就必然会有停顿，因为同一个点就会既是起点又是终点。"（220a）①

在这个意义上，现在不是点，因为它并不中止时间，它既不是时间的起源、终点，也不是它的界限。至少在它属于时间的程度上，它不是时间的界限。在……程度上的重要性将会不断地明晰起来。

因此被拒绝的，并不是线本身，而是作为点之系列的线，作为部分之组合体的线，这些部分每一个都会是固定不变的界限。但是如果现在人们认为，作为界限的点并不现实存在，并不（当前）存在，只是潜在地、偶然地存在，只是从现实的线中获得其实存，那么在下面这个条件下保留线的类比就并非不可能，这个条件即：人们不把线看作一个由潜在的界限组成的系列，而是看作一条现实的线，一条从它的那些终点（*ta eskhata* 而非从其部分，220a）出发被思考的线。这很可能使我们在以下两方面做出区分：一方面是时间和运动，另一方面是在空间中展开的、作为点-界限之同质系列的线。但这同时也意味着从这样一条线的终极目的（*télos*）出发来思考时间与运动：这条线是已经完成了的、实现了的和完全在场（/当前）的，是把它的画线活动（/迹化活动，*tracement*）重新聚集起来，就是说，抹消在一个圆圈之中了的。除非那些端点（*extrémités*）相互接触，除非圆的有限运动不定限地自我再生，除非终点在起点中、起点在终点中不定地重新生产出来，否则点就会不停地使运动静止，就会不停地同时既是起点又是终点。在这个意义上，圆只是通过展开点的潜能，才能去除它

---

① 中译文参见亚里士多德《物理学》（中译本）第127页。稍有改动。——中译注

的界限。线已经被形而上学理解 - 含括（compris）① 在点与圆之间、潜能与实现（在场）之间，等等；从亚里士多德到柏格森以来，所有对时间空间化的批评都处于这种理解的界限之内。于是，时间就只会是那些界限的名字，正是在这些界限内，线（gramme），以及与之一道，踪迹一般（la trace en général）的可能性，才得到如是理解 - 含括。在时间的名下，人们从未思考过别的东西。时间是人们从作为在场的存在出发而思考的东西，如果某种东西——它与时间有关系但却不是时间——必须超出这种作为在场的存在的规定之外而得到思考，那它就与人们仍称为时间的东西无关了。力量与潜能，动力学，总是以时间的名义在末世学（eshatologie）或目的论（téléologie）的视域内被思考为一条未完成的线，而根据圆圈（/循环），它又指向一种考古学（archéologie）。在场（parousie）就是在所有这些概念的系统性运动中被思考的。从这个系统内部出发对这些概念中的任何一个概念的使用或规定做出的批评，总是回②——假设人们理解这个表达此处所能负载的全部含义——到圆圈式的循环：根据另外一种配置重建起同一个系统。这种运动——没必要过于匆忙地宣布它为反复述说的虚妄，而且它与思想的运动有某种本质的关联——能够既与形而上学或存在神学的黑格尔式的圆圈区分开，同时又与海德格尔常常告诉我们的、我们必须学着以某种方式进入的那个圆圈区分开吗？

关于这个圆圈以及诸圆圈的圆圈，无论情况怎样，人们都可以先天地、以最形式化的方式期待在"过去的"文本中辨认出那种对界限的"批判"——或毋宁说对界限的检举式的规定，即分（/去） - 界（dé-marcation）③——那种在任一时刻都被认为是可以施加在"过去"文本上的划/去 - 界（dé-limitation）。更简单地说，每一个形而上学的文本都在它自身中既带有比如所谓"流俗的"时间概念，又带有人们为了批判这个概

---

① compris 是 comprendre 的过去分词，在此处及下文，该词似都同时含有"理解"与"含括"双重含义，故此处及下文相关处都将之处理为"理解 - 含括"。——中译注

② 此处的这个"回"（revenir）与破折号后面的"到"（à）作为一个固定的表达，常常表示"意味着、等同于、相等于"等意思。德里达这里特地将这个表达式拆开并在中间加上一句"假设人们理解这个表达此处所能负载的全部含义"，恐怕是想强调 revenir 的本义即"回"的意思，意即在这个系统或体系内部所做的任何批评总是回到这个系统本身。——中译注

③ démarcation 原为"分界、划界"之义，德里达这里将其改写为 dé-marcation，意在突出其前缀 dé - 的"去掉、解除"之义。故译为"分/去 - 界"。下文的 dé-limitation 以同样方式处理为"划/去 - 界"。——中译注

念而将向形而上学系统借用的资源。而自从"时间"符号（语词与概念的统一体，能指和所指即"时间"一般（le temps *en général*）的统一体，无论它是否被形而上学的"流俗性"所限制）在话语中起作用以来，这些资源就是必需的。正是从这种形式的必要性出发，才必须要反思先于形而上学的话语，假定这样一种话语是可能的，或显示于某个边缘的细微处。

因此，为了能使我们保持在亚里士多德的抛锚地，《物理学》第四章很可能证实了海德格尔的划/去－界。毫无疑问，亚里士多德是从作为 *parousia* 的 l'*ousia* 出发、从现在出发、从点出发来思考时间的。然而，[对《物理学》第四章的] 整个阅读可以这样组织起来，即它在亚里士多德的文本中既会重复这种界限（limitation），① 也会重复它的对立面。而这就会表明，划/去－界仍被那些与界限相同的概念统治着。

让我们概括一下这个论证。在我们遵循前行的道路中，已好多次着手展开它了。

[一方面，] 正如点之于线，如果现在被认作界限（*peras*），那么它之于时间就是偶然的。它并不是时间，但却是它的偶性（*É men oun peras to nun, où khronos, alla sumbebeken*——220a）。因此，现在（Gegenwart）、当前并没有规定时间的本质。时间并不是从现在出发被思考。正是由于这个原因，时间的数学化是有限度的。让我们就其全部的意义来理解这一点。正是在时间需要界限、需要类似于点的现在这个程度上，正是在界限总是偶性和潜在性这个程度上，时间才不能被完全数学化，它的数学化才是有限度的，而且始终是——相对于它的本质来说——偶然的。现在是作为界限的时间之偶性。严格的黑格尔式命题：让我们回想一下当前（/当场，présent）与现在（maintenant）之间的差异。

另一方面，现在作为界限，也被用来进行测量和计数。亚里士多德说，就它进行计数而言，它是数，*é d'arithmei arithmos*。然而数不属于被计数的事物。如果有 10 匹马，那么 10 并不就是马的，它不属于马的本质，它是其他的东西（*allothi*）。同理，现在也不属于时间的本质，它是其他的东西。就是说，它在时间之外，陌异于时间。但却是作为时间的偶

---

① 注意此处的"界限"（limitation）与上文的"划/去－界"（dé-limitation）之间的呼应。——中译注

性而陌异于它。而这种或许会使亚里士多德的文本脱离海德格尔式的划/去 – 界的陌异性又被含括在形而上学的奠基性的对立系统中：陌异性被思考为偶性、潜在性、潜能、圆圈的未完成状态、微弱的在场，等等。

因此现在就是：（1）时间的构成性部分和陌异于时间的数；（2）时间的构成性部分和时间的偶然的部分。人们可以把它作为此或作为彼（en tant que tel ou en tant que tel）思考。现在之谜被掌控于现实与潜能、本质与偶性的差异之中，被掌控在与它们休戚相关的对立面的全部系统中。"作为"（en tant que）的发散，含义的多元，随着人们进入下面的文本而愈益明确并逐渐得到证实。这些文本尤其指 220a，在那里亚里士多德重新聚拢了现在所能采取的各种观点的整个系统以及"作为"的整个体系，根据它们，"同样的事物既可以根据潜能也可以根据现实加以说明"①（《物理学》第一章，191b，27 – 29）。

于是，在这里构成含义之多元和分布的东西，就是作为"潜能的事物（作为潜能者）之实现"的运动的定义，正如它在《物理学》第三章（201ab）的决定性分析中被提出的那样。就时间来说，运动的两可性（ambiguïté），作为潜能的潜能的实现必然具有双重后果。一方面，时间作为运动的数，是在非 – 存在、质料、潜能和未完成者这一边。现实的存在、实现（égergie），并不是时间而是永恒的在场。亚里士多德在《物理学》第四章中指出了这一点："因此显然，永恒的事物（ta aei onta）作为永恒者不存在于时间里。"（221b）但是另一方面，时间并不是非 – 存在，非存在的事物不存在于时间里。为了能在时间里，［事物］必须已经开始存在，并像所有的潜能一样趋向于现实和形式②："因此显然，非存在的事物总不在时间里……"（221b）

尽管运动与时间是从作为现实的在场的存在出发被理解的，它们仍既不是存在者（当前者或在场者）（présents）也不是非存在者（非在场者或非当前者）（absents）。因此，作为如此这般的欲望或运动的范畴，作为如

---

① 此句在《物理学》（中译本）中被译为："同一事物有潜能的和现实的区别"。见《物理学》（中译本）第 40 页。——中译注

② 尽管柏格森批评作为可能的可能的概念，尽管他既没有使绵延（durée）甚至也没有使趋向成为可能者之运动，尽管一切在他眼中都是"现时的"，他的绵延和冲动的概念，以及由一个终极目的进行定向的生命之物的存在论上的紧张概念，都仍保存着某种属于亚里士多德的时间存在论的东西。

此这般的时间的范畴,在亚里士多德的文本中已经或仍然既服从于又摆脱了作为关于当前之思想的形而上学的划/去－界,同样也既服从于又摆脱了形而上学的颠倒。

如果人们想要阅读形而上学历史的文本,就必须在这种服从与摆脱之游戏的形式规则中思考这种游戏。阅读这些文本,当然要处于海德格尔的突破的开口中(这种突破是唯一被思考的、对形而上学本身的超出);但是经常也要忠实地超越某些命题或结论,海德格尔的这种突破必定已经止步于这些命题和结论中了,也必定已经在呼唤它们或从其中获得支持。比如,在《存在与时间》时期对亚里士多德与黑格尔的阅读。这种形式的规则也必须能在对全部海德格尔文本本身的阅读①中指导我们。它必须尤其能使我们提出《存在与时间》时期在海德格尔全部文本中的铭写(inscription)问题。

七、线的终结与差异的踪迹

总之,所有这些都是为了提示出:

第一,也许并没有"流俗的时间概念"。时间概念全部都属于形而上学。它命名的是在场的统治。因此我们只能得出结论说,整个形而上学的概念体系在其全部历史中都是对这个概念的所谓"流俗性"的展开(海德格尔大概不会反对这一点);而且人们也不可能提出其他的时间概念与它相对立,既然时间一般属于形而上学的概念性。如果想引进这个其他的时间概念,人们马上就会发现它只是用形而上学或存在－神学的其他谓词构造而成。

这难道不是海德格尔在《存在与时间》中的经验?古典存在论所遭受的超乎寻常的震动仍保持在形而上学的语法与词汇之中。用来拆解存在论的所有概念对立都被围绕着一条基轴组织起来:这条轴把本真与非本真分离开,并最终把源始的时间性与沉沦的时间性分离开。然而,正如我们已

---

① 对于我们来说,只有这样一种阅读,在它并不赋予安全感和问题的结构性封闭以权威的条件下,才显得能够——在今天、在法国——拆解开一种深刻的共谋性:这种共谋性在对阅读的同一种拒绝中,在对问题、文本和文本的问题的同一种否认中,在同一种重说或同一种盲目的沉默中,把崇拜海德格尔的阵营和反－海德格尔主义的阵营重新聚集在一起。政治的"抵制"经常被用作为另一种"抵制"的高度道德的借口;比如哲学的抵制,但还有其他的抵制,而且它的政治含义(尽管更为遥远)也没被更少地确定。

第一部分　现象学与第一哲学

经尝试指出的那样，把"精神降落（chute）入时间"这个命题简单地归之于黑格尔不仅是困难的，而且，在我们能够这样做的程度上，我们也许还得必须去置换这个去/划-界。很可能，形而上学或存在-神学的界限并不在于思考（从一种非时间或一种在任何意义上都不属于黑格尔的无时间的永恒）向时间的降落，而在于思考降落一般，甚至是从源始的时间到派生的时间的降落，如《存在与时间》作为其基本主题、在其最为强调的地方所提出的那种降落。例如海德格尔在《存在与时间》第 82 节的结尾就写道（针对黑格尔）："精神"并不跌落入时间之中，而是：实际的生存作为沉沦着的［生存］（"*fällt*" als verfallende）从源始的时间性、从本真的时间性（aus *der ursprünglichen, eigentlichen Zeitlichkeit*）中"跌落"（tombe）。但是这种"沉沦"（"*déchoir*"）（"*Fallen*"）在其时间化的样式——这种样式属于时间性——中有其本己的生存论的可能性……而正是从这种源始的时间性出发，海德格尔在《存在与时间》的结尾处问道，是否它构成了存在的境域，如果它通往存在的意义的话。

然而，源始的与派生的这种对立不仍是形而上学的吗？对于起源［或本原、开端］（*l'archie*）一般（对这个概念无论抱有多少警惕）的寻求，不仍是形而上学的"本质性"操作吗？假定人们能够使 *Verfallen* 摆脱（尽管带有很强的推测）所有其他的来源，在它之中难道至少就没有某种柏拉图主义吗？为什么要把从一种时间性到另一种时间性的过渡称为降落（chute）？在把所有伦理的先入之见悬置起来之后，为什么还要把时间性称为本真的和非本真的——或本己的（*eigentlich*）和非本己的？围绕着有限性概念，围绕着对 *Dasein* 进行的生存论分析的出发点——提问者对于自身的谜一般的贴近①或自身同一对这一出发点进行了辩护（§5）——人们可以反复提出这样的问题。如果我们已经选择对这种构建了时间性概念的对立进行考问，那是因为全部的生存论分析都返回到那里。

---

① 源始的（/本源的，originaire）、本真的（authentique）被规定为本己的（propre）（*eigentlich*），就是说，切近的（proche）（propre, proprius）、在自身在场之贴近性中的当前。人们可以表明，在《存在与时间》的开头和其他地方，这种贴近性和自身在场的价值是如何渗透到了这样一种决定之中：即从对 *Dasein* 的生存论分析出发去追问存在的意义问题。人们也能够表明这样一种决定的形而上学的分量，以及此处承认自身在场之价值这种信念的形而上学的分量。这种追问可以把它的范围扩展到所有那些暗含了"本己"的价值的概念（Eigen, eigens, ereignen, Er-eignis, eigentümlich, Eignen, 等等）。

第二，我们提出的问题位于海德格尔思想的内部。海德格尔对"源始的时间性"是否通往存在的意义这一问题的追问，并不是在《存在与时间》的终结处，而是中断了它。这并非一个有计划的安排，而是一个问题、一个悬念。这种置换、某种程度上的偏侧（latéralisation），如果不是对时间主题以及《存在与时间》中与之紧密结合在一起的所有其他东西的简单抹消的话，它就会使人想到：不需要重新质疑形而上学中某个出发点的必然性，也不需要质疑对 Dasein 的分析所实行的"拆解"的效率，而是必须——为了一些本质的原因——另辟蹊径，严格地说，就是必须改变境域。

从此，与时间主题一道，《存在与时间》中所有那些依赖于它的主题（尤其是 Dasein、有限性、历史性等主题）都将不再构成存在问题的超越论的境域，而是被从存在的时代性（l'époqualité）这一主题出发沿途重构。

然则在场又如何？在拉丁语词 présence 中，我们无法轻而易举地思考在海德格尔的文本中所产生的差异化的运动。此处的任务无比艰巨。我们只能指出一些参照点。在《存在与时间》和《康德与形而上学疑难》中，严格地区分作为 Anwesenheit 和作为 Gegenwärtigkeit（在持存这一时间意义上的在场）的在场（la présence）是相当困难的，我们甚至会说，是不可能的。我们已经引用的文本明确地把它们看作相似的。因此形而上学一直意味着同时在这两种意义上把存在的意义规定为在场。

在《存在与时间》之后，Gegenwärtigkeit（ousia 的基本规定）自身越来越只是成为 Anwesenheit 的一种窄化，后者使得海德格尔能够在《阿那克西曼德之箴言》中呼唤一种"ungegenwärtig Anwesende"（非当前的在场者）。而拉丁词的"présence"（Präsenz）则将在主观性和表象（或再现）的领域里表示另一种更狭窄的意义。作为古希腊人对存在意义的最初的规定，在场（Anwesenheit）的这一连串的规定，明确了海德格尔对形而上学文本的阅读的问题，以及我们对海德格尔的文本的阅读的问题。海德格尔的划/去-界时而在于从一种对于在场的更为狭窄的规定出发呼唤一种对于在场的不怎么狭窄的规定，因而是从当前出发去追溯一种关于作为在场（Anwesenheit）之存在的更源始的思想；时而在于质疑这种源始规定本身，在于把这种规定思为封闭（clôture），希腊-西方-哲学的那一封闭。根据这后一种姿态，它总之或者会涉及对 Wesen 的思考，或者经由 Wesen

第一部分　现象学与第一哲学

（它甚至还不会是 Anwesen）而使得思想骚动不安。在第一种情况中，置换仍会处于一般（在场）形而上学之内；而任务的急迫或广度解释了为什么这些形而上学内的置换占据了几乎海德格尔的所有文本，并将自身奉献于这一任务，而这已经是很稀少的了。另一种姿态，最困难的、最闻所未闻的、最具追问性的姿态，对于它来说，我们准备得最不充分。它只允许勾勒自身，在形而上学文本的某些被计算的缝隙中显示自身。

两种文本、两种手势、两种目光、两种倾听。同时聚集又分离。

第三，这两种文本之间的关系，在场（Anwesenheit）一般与那超出于它、位于希腊之前或超逾希腊之后的事物的关系，这样一种关系，在在场形式中没有任何一种方式能够将它给出以供阅读，假定某物曾经能够在这样一种形式中给出自身以供阅读。然而那被给予我们以在终结之外予以思考者，又并不单纯就是不在场的（absent）。不在场，或者不会给我们任何东西以供思考，或者仍会是在场的否定方式。因此，这种超出（excès）的符号，就应该同时既绝对地超出于全部可能的在场－不在场、一般存在者的全部的产生或消失，然而又仍要以某种方式具有意义：以形而上学本身不可能提出的方式具有意义。为了超出形而上学，就必须有某种踪迹被铭刻在形而上学的文本之中，这种踪迹继续充当符号，但已不再指向另外一种在场或在场的另外一种形式，而是指向完全另外的文本。这样一种踪迹不能被更加形而上学地（more metaphysico）思考了。还没有任何一种哲学因素（philosophème）准备好去把握它。它（就是）那必须逃避把握的东西本身。只有在场才能被把握。

这样一种踪迹被铭刻在形而上学文本中的方式是如此地不可思议，以至于必须把它描述为对踪迹本身的抹消。踪迹作为它自己的抹消而自行产生。抹消踪迹本身、逃避会将它保持在在场之中的踪迹本身，这一点恰属于踪迹。踪迹既非可知觉的，也非不可知觉的。

因此这就是说：存在与存在者之间的那个差异，那个在把存在规定为在场、把在场规定为当前之际被"遗忘"的差异本身，这个差异已被埋藏到如此地步，以至于甚至连它的踪迹也没有留下。差异的踪迹被抹去了。如果人们想到踪迹（是）有别于不在场与在场的它本身，（是）踪迹（它本身），那么这就的确是那在对存在与存在者之差异的遗忘中已消失了的踪迹的踪迹。

这难道不是《阿那克西曼德之箴言》看起来首先告诉我们的？"对存

· 57 ·

在的遗忘就是对存在与存在者的差异的遗忘……""差异脱落了。它始终被遗忘了。唯差异双方，即在场者与在场（*das Anwesende und das Anwesen*），才自行解蔽，但并非作为有差异的东西自行解蔽。相反，就连差异的早先的踪迹（*die frühe Spur*）也被抹消了，因为在场如同一个在场者那样显现出来（*das Anwesen wie ein Anwewendes erscheint*），并且在一个至高的在场者那里（*in einem höchsten Anwesenden*）找到了它的渊源。"①

但是同时，这种对踪迹的抹消应当在形而上学的文本中已经自行留下踪迹了。因此，在场就远非如人们通常认为的那样，是这个符号所意指的那种东西，是踪迹所指向的东西；于是，在场就是踪迹的踪迹，抹消踪迹的踪迹。对于我们而言，这就是形而上学的文本，这就是我们所说的语言。正是在这个唯一的条件下，形而上学与我们的语言才能成为指向它们固有的僭越的符号。② 这就是为什么一道思考踪迹的消除（*l'effacé*）和踪迹的轨迹（*le tracé*）而不矛盾的原因。这也是为什么在对差异的"早先踪迹"的绝对抹消与那将差异作为在在场中被庇护和照看的踪迹保留起来的东西之间没有矛盾的原因。这样，当海德格尔进一步写下下面这段话的时候也就不自相矛盾了："惟当存在与存在者之差异已经随着在场者之在场（*mit dem Anwesen des Anwewenden*）揭示自身，从而已经留下一条踪迹（*so eine Spur geprägt hat*），而这条踪迹始终被保护在存在所达到的语言中——这时，存在与存在者之差异作为一种被遗忘的差异才能进入一种经验之中。"③

因此必须认识到，对这样一种踪迹的所有规定——人们赋予它的所有名称——作为它们本身都属于那遮蔽了踪迹的形而上学文本而非属于踪迹本身。没有踪迹本身，没有本己的踪迹。海德格尔的确说，差异不会作为差异显现（*Lichtung des Unterschiedes kann deshalb auch nicht bedeuten, dass der Unterschied als der Unterschied erscheint*，因此差异的澄明也并不意味着，

---

① 中译文参见海德格尔《林中路》，孙周兴译，上海译文出版社 2004 年版，第 386 页。稍有改动。——中译注

② 因此普罗丁（Plotin）（如果人们遵照海德格尔的阅读，那么普罗丁在形而上学历史上以及在"柏拉图主义的"时代将处于何种位置？）也说到在场，就是说，也说到形态（*morphè*）——作为非在场和非形态的踪迹（*to gar ikhnos tou amorphou morphè*）。踪迹，既不是在场也不是不在场；也不是任何方式的第二等的妥协。

③ 中译文参见海德格尔《林中路》，孙周兴译，第 387 页。稍有改动。——中译注

差异作为差异显现)。这种(是)差异的踪迹的踪迹尤其不会作为本身(*comme telle*),就是说在它的在场中显现,也不会被如此命名。那明确地和作为本身永远自行逃避者的,正是这个作为本身(le *comme tel*)。同样,命名差异的那些规定也总是属于形而上学的范畴。不仅是那把在场与在场者之间(*Anwesen/Anwesend*)的差异规定为差异的规定是如此,而且把存在与存在者之间的差异规定为差异的规定也已经如此。如果存在根据古希腊的遗忘(它已经会是存在之到来的形式本身)只是意味着存在者,那么差异或许就比存在本身还要古老。比起存在与存在者的差异,就会有一种还更未被思的差异。很可能,在我们的语言中,我们更加不能就其本身命名它。超越于存在与存在者之外,这种不停地(自行)延异着的差异,会(自行)踪迹化(它本身),这种延异(*différance*)会是起源和终点——如果这里还能这么说的话——的最初的和最后的踪迹。

这样一种延异已经会、还会促使我们想到一种没有在场也没有不在场、没有历史、没有原因、没有开端、没有终极目的的文字,一种绝对扰乱任何辩证法、任何神学、任何目的论和任何存在论的文字。这种文字超出了形而上学的历史在亚里士多德的线迹(*grammè*)的形式中、在他的点、线、圆、时间以及空间中所已经包含的一切。

被给予性的现象学与第一哲学①

[法] 让-吕克·马里翁②

一、论哲学中的首要

无论"第一哲学"的主题多么陈腐,这一主题都始终充满了重要性——既是实在上的也是象征上的重要性——甚至充满了论争与激情。对此也不必惊讶,因为对一种"第一哲学"的要求,对其同一性和其建立的决定,从来都不是可选择的,也从非外在于哲学之为哲学。实际上,哲学只有保持为有用的,因此只有显得是不可被任何科学替代——或者,如果它要求科学的角色,那么就是不可被任何其他科学替代——唯有这样,哲学才能始终是一种完全可能的知识。但是,当代科学凭什么仍然会向哲学要求最小的求助?那一把探求科学之"原则"和"基础"的角色赋予给哲学——作为第一哲学——的古代模型,早自"形而上学的终结"以来就显得过时了。

这至少有两个理由。首先当然是因为,每一门科学都已经在不同的时刻,但总是根据一种不可抑制的进步而获得一种相对于哲学的、显然是最终的自治;以至于对于哲学来说,不仅没有任何一门科学承认除去历史的亏欠外(科学在哲学的核心处开始,并遵照一种由诸门科学史日益精巧地建立起来的年代顺序而逐渐摆脱哲学)还有其他的亏欠,而且相反,问题毋宁在于:当所有实证的(positifs)领域都找到一个所属者③时,是否仍有一个本己的领域被保留给哲学本身。这一问题是在下述意义上提出的:

---

① 译自 Jean-Luc Marion, *De surcroît, études sur les phénomènes saturés*, Quadrige/PUF, 2010, 第一章。译文曾发表于《中国现象学与哲学评论》2019 年第二期(总第二十五辑)。——中译注

② 让-吕克·马里翁(Jean-Luc Marion),当今国际最著名的哲学家之一,法国现象学运动第三代领袖人物,国际上久负盛名的笛卡尔专家,法兰西学院院士,巴黎第四大学(巴黎索邦大学)教授,芝加哥大学宗教学系、哲学系客座教授。——中译注

③ 指科学。——中译注

当哲学或者被在下游重新定义为关于科学的第二层次的知识（认识论），或者被在上游重新定义为一种对语言正确用法之形式的单纯探究（"语言分析""语言学转向"，等等）时，哲学自身似乎就在怀疑何者才是第一性的。除此之外更是因为，当代各门科学根本不向哲学要求它们的"原则"——因为它们自己确定这些原则——完全不需要去认识甚至一般地去探究"原则"。众所周知，那在 20 世纪第一个 30 年中仍被人们标记为"基础的危机"的东西并没有阻止数学与粒子物理学大步向前。因为，在"形而上学的终结"——也正是这一终结本身在其他各种症候中刻画着形而上学的特征——这一状况下，无论是"原则"还是"基础"都不再为任何一门科学所需求。或者，毋宁说，每一门科学都根据其需要和假设自由地、临时地自己确定这些"原则"或"基础"，从不要求达到一种最终的绝然性，这种绝然性会确保它达到如其所是的"事物本身"，每一门科学也都不想达到"事物本身"。方法对于科学的支配①，在今天已经变为技术对于人们出于便利而坚持称为"科学"的东西的支配——实际上，这一点只会使科学不再去设想在其绝对真理中的基础的可能性，也不再对这一基础感兴趣；只要在现实中有一个结果发生，无论这个结果是什么，就远足以使真理问题能够被了结或毋宁说被放弃。

在这种情况下，哲学本身就会消失，因为它作为"第一哲学"——不是负责确保另外的科学，而是负责确保诸科学的"原则"与"基础"——会消失。因此对于哲学来说，以下这一点就变得至为重要：即使在今天，仍要保持对首要的要求，至少是对在其定义本身中的某种类型的首要的要求：没有这种首要，哲学就将消失，不仅是作为与那些不断地反驳这一要求的其他科学（比如在最近两个世纪的物理学、今天的生物学）相对而言的第一哲学而消失，而且完全是作为哲学而消失。唯有通过在本质上要求"第一哲学"的等级，哲学才能始终与其本己本质相符。因为，一种第二等级的哲学或者变成一种区域科学（这样就已经变成了亚里士多德的科学——$Φνσικη'$［物理学］），或者毋宁径直丧失其哲学的等级。实

---

① 尼采："刻画着我们19世纪之特征的，并不是科学的胜利，而是科学方法对科学的胜利。" *Wille zur Macht*（《权力意志》），第 466 节，P. Gast 编，Stuttgart, Kröner Verlag, 1964, p. 329 = Colli – Montinari 编，15［51］，载 *Nachgelasrene Fragmente 1888 – 1889*（《1888 – 1889 遗稿》），Bd. VIII, 3, Berlin, 1972, p. 236. 正当地说，这后一种胜利可能要追溯到笛卡尔和他那个时代。

际上，这两个术语①是等价的——没有形容词②，名词③也就消失了。我们不能责备哲学以无论何种甚至绝望的方式要求那种首要，没有这种首要，它本身就会消失。因此，如果哲学的首要预设了"第一哲学"，那么困难就不是在于这种对首要的要求的合法性，而将在于对首要的类型的规定。从而立刻，困难从本质上就改变了：从此问题就在于规定和建立首要，即哲学为了保持为自身而必须运用的那种首要。我们不再追问："第一哲学"是否是可思议的；而是追问：对首要的何种规定能够在这里得到合法的运用。

因此，问题变得更加让人生畏也更加简单：哲学是否拥有一个领域和一些操作，这些操作一方面对于哲学来说绝对会是本己的，以至于没有任何其他科学能够把它们从哲学那里据为己有，或者在哲学内部诞生以至于最终把它们从哲学那里剥夺掉；另一方面，它们也把自己确立为所有其他知识的可能性条件？显然，这一双重问题意味着人们同时要对首要的领域和可能性的范围加以重新定义。

二、两种最初的第一哲学

众所周知，"第一哲学"这个短语出自亚里士多德。他在一种发展过程中引入这个短语，而且在这一发展过程中，如我们所指出的那样，$\varphi\iota\lambda o\sigma o\varphi\iota\alpha$ 这一术语本身只提供出知识这一通常意义，更确切地说，是"研究……的知识"这一通常意义。因此，在著名的《形而上学》E 卷第一章中，关键就在于根据知识是研究……的而对它们的等级进行分类。它们可以研究三个领域：（1）自然，研究它的知识考虑的是运动中的（因而是未得到规定的）、但至少是分离的物体；（2）数学事物，研究它们的知识考虑的是不分离的（因此在存在上是不完整的）、但至少是不运动的（因此是可知的）实在；（3）最后，是 $\varphi\acute{v}\sigma\iota\varsigma\tau\iota\mu\acute{\alpha}$，神圣者，它——如果它能被发现的话——将同时是不动的（因此在知识上是完全可知的）和分离的（作为一种完满实体）。在这些条件下，首要就必须被赋予那考虑这一不动和分离之领域的 $\varphi\iota\lambda o\sigma o\varphi\iota\alpha$。我们知道，解释性的传统，不论古希

---

① 指"第一哲学"与"哲学"这两个术语。——中译注
② 指"第一哲学"这个术语中的"第一"这个形容词。——中译注
③ 指"第一哲学"这个术语中的"哲学"这个名词。——中译注

第一部分 现象学与第一哲学

腊的还是中世纪的抑或现代的（耶格尔［Jaeger］，海德格尔直到奥邦克［Aubenque］），在这里都赋予下述争论以特权，即：是否，与一种本质上独一无二的（分离的、不动的和神圣的）领域紧密连接在一起的这样一种第一哲学，可以根据一种至大无外的普遍性——比如对下面这个谜一样的表述的解释就为亚里士多德证成了神学的那种 καθόλου ούτως ότι πρώτη ［由此方式而普遍的］首要——而要求具有全部的哲学的首要，因为［它］是第一性的？即使这一争论毫无疑问是决定性的，就如它是著名的一样，它也绝不能掩盖另一个争论；因为 φιλοσοφία πρώτη ［第一哲学］的普遍化唯有当它首先满足一个预先的，而且还更为本质的条件时，它才变为争论的对象，这一条件即：对于第一哲学来说，不仅它所研究的 ούσία ［实体或本质］能够被普遍化或者将其权威普遍化，而且尤其是一种这样的 ούσία 被完全地给出了。实际上，亚里士多德也提出了第一哲学的这一条件：ει δ' έστι τις ούσία ακίνητος①，如果至少有这样一种不动的本质。

显然，这种保留并不应当被理解为一种无神论的暗示，这种理解在这里犯了时代错误，甚至是违背常理的。相反，这种保留可以以一种不同的方式理解，这种方式对于亚里士多德而言或许陌生，但就它这一方面来说，它对于我们的态度——现代的、因此必然是虚无主义的态度——而言，当然并不陌生。对我们来说，这样一种 ούσία ακίνητη ［不动的本质或实体］究竟意味着什么？在此我们并不考虑这样一种实体的存在可能会提出的这些疑难，也不考虑这样一种实体的不动的（因此神圣的）特征，这恰恰是因为，即使作为疑难，它们也永远远离我们的追问。② 让我们考虑那在其单纯的 ούσία 形象中的不动本质的困难：拉丁语的形而上学用法

---

① 《形而上学》，E卷第1章，1026 a 29-31 及其他一些地方，这些地方也不能与《形而上学》K卷第7章类似的地方分开（在这一点上，我追随 E. 马蒂诺 <E. Martineau> 的看法，见其 "De l'inauthenticité du livre E de la *Métaphysique* d'Aristote" ［《论亚里士多德 <形而上学> E卷的非真实性》］, *Conférence*, n°5, automne, 1997）。首要之模糊性早在《形而上学》Δ卷第11章对首要的定义中就显现出来了，在那里首要的列表正是由首要根据 l' ούσία 而完成的（1019 a 3 以下）；但是什么是最终的首要，是归根到底的首要？对于这些困难，可参见 P. 奥邦克（P. Aubenque）, *Le Problème de l'être chez Aristote. Essai sur la problématique aristotélicienne* (《亚里士多德那里的存在问题。论亚里士多德式的疑难》), Paris, 1962, p. 38 sq., 45-50, etc.。

② 正如布拉格（R. Brague）所强有力地证明的那样，见其 *La Sagesse du monde. Histoire de l'expérience humaine de l'univers* (《世界的智慧。宇宙的人类经验史》), Paris, 1999。

至少使用了两种翻译来解释这一［希腊］表达，由此这一用法把一对对偶词强加给了所有的现代哲学语言——或者是实体（/基质，substance），或者是本质（essence）。毫无疑问，这一双重化丧失了 οὐσία 在亚里士多德那里的关键所在：οὐσία 与基质（substrat）（因此与质料 < matérialité >）相对立，后者［即基质或质料——译者按］允许范畴性述谓（la prédication catégoriale），且通过从 la δύναμις［潜能］到 l' ἐνέργεια［现实］的过程而在一种非述谓的统一体中实现自身。这一二元翻译足以使亚里士多德在解决 Z 卷的那些首要困难时而不可分离地——如果不是统一地——思考的东西变得不可通达；他是通过在 Z 卷的最后几章尤其是在 Θ 卷中求助于 l' ἐνέργεια 来解决那些困难的。① 由于"实体"（/基质）这一译法最终将完全确立起来，以及实体概念由于受到笛卡尔的批评（这种批评中世纪已经有了）而赋予那种根据述谓进行的基质解释②以优先性，这一本原之疑难③显得更加有害了。但是，这样一种被敉平为实体的 οὐσία 所具有的最明显的疑难乃在于一种由笛卡尔做出的论证，笛卡尔已经从中世纪的作者那里获得了这一论证：若无其属性，则实体就无法设想；但是对于我们来说唯有属性才是直接可认识的（这里即广延和思想），以至于实体本身，"……并不作用于我们"④。实体本身对于我们保持为未知，除非根据它在认识论上依赖于它的属性和偶性。所以，没有什么比下述情形更合逻辑的了：因此休谟尤其是康德把实体只承认为知性的单纯功能（知性概念，而不再是存在者之范畴），因此把实体的有效性仅仅严格地限制在现象上，也就是恰恰限制在 οὐσία 必须溢出——对于亚里士多德来说——的东西上。尼采最终取消实体的资格就不言而喻了：就实体来说，它只涉

---

① 正如鲁道夫·伯姆（Rudolf Boehm）的出色著作 *Das Grundlegende und das Wesentlich*（《奠基者与本质之物》）（La Haye，1965，法译本：马蒂诺译，*La "Métaphysique" d'Aristote. Le fundamental et l'essential*，Paris，1976）所证明——并没有真正触及到这一神圣用法——的那样。

② 即把 οὐσία 解释为"基质"意义上的"实体"。——中译注

③ 即 οὐσία 是否该被译为 substance。——中译注

④ 《哲学原理》（*Principa philosophiae*）I，§52，这至少复述了邓·司各脱（J. Duns Scot），见 *Ordinatio*，I，d. 3，p. 1，q. 3，n. 139（*Opera Omnia*，éd. Balic，t. 3，p. 87）；F. Tolet，*Commentaria* [...] *in "De Anima"*，I，1，11，q. 6（éd. Venise，1574，in 吉尔松 < Gilson >：*Index scolastico-cartésien*，Paris，1913，p. 280）；以及 F. Suarez，*Disputationes Metaphysicae*，XXXVIII，s. 2，n. 8（*Opera Omnia*，éd. Berton，Paris，1856，t. 26，p. 503）。参见我的 *Questions cartésiennes II*（《笛卡尔问题II》），chap. III，§2，Paris，1996，p. 99 sq。

第一部分　现象学与第一哲学

及一个概念幻影，它适合与所有其他的形而上学偶像同时被消除。人们是否尝试不再把 ουσία 理解为实体（基质）而是理解为一种本质，从而避免这一疑难？但是，在笛卡尔拒绝实体性的形式（以及，不可分割地，拒绝目的因）之后，在洛克和休谟拒绝内在观念（把本质夷平为一般观念的抽象）之后，在关于含义的全部"柏拉图主义"于维特根斯坦后期哲学中被否认之后，本质概念今天还给我们留下什么呢？最终，在这一语境中，即使我们能够想象去维持住有关 ουσία 的原初亚里士多德式的含义的某种东西，我们仍然会面临反对这一含义的最强论证：在其与 παρουσία 的密切共鸣中，ουσία 因此就把存在者之存在还原为在场在存在中的优先性①，因此也就是还原为持存在存在中的优先性，也就是说，它为了那在存在中之持续者——现在存在[者]（l'étant）——而拒绝存在。由此，是 ουσία 自身在其假定的统一性中为了现在存在[者]的膨胀而启动了对存在的遗忘。"实体/本质学"（L'ousiologie）接替了对存在者的存在的追问，甚至并尤其在它实现出来的时候，它把那一首先要被集中于存在且充满尊严的优先性贬低为在场的单纯确定性。

因此，我们得出如下结论：凭借对 ουσία 的关注而进行的对"第一哲学"的证成看起来是脆弱的，这不仅是因为它要求落实到一个对亚里士多德来说甚至始终是假定的、不动且分离的（神圣的）机构上，而且纯粹是因为，它允许这样一种机构可以如此（单纯作为 ουσία）被规定和理解，却又没有达到这一点。因此，ουσία 既不能为哲学确保一种优先性，也不能为哲学确定这种优先性的性质。

人们可以很有理由地反对说："第一哲学"的理念，正如"形而上学"的理念一样，其实际创建不是来自亚里士多德，而是来自其后继者。既然我们在此甚至明显不要求勾勒出一部细节丰富的哲学史，我们就将直接考察托马斯·阿奎那的立场。或者，更确切地说，我们将限于追踪他的下述尝试，即重新定义人们在"形而上学"这一借来的、未曾断定的名称下归于亚里士多德的那门唯一科学的三种不同含义："就其考察据称预先存在的实体（praedictae substantiae）而言，它实际上被称为神的科学或神

---

① 马里翁这里似采纳了海德格尔对 ουσία、παρουσία 与"在场"（Anwesenheit）之间的关系的理解。参见海德格尔《存在与时间》（中文修订第二版），陈嘉映、王庆节译，熊伟校，陈嘉映修订，第33页；边码25。——中译注

学。就其考察现在存在［者］（l'étant）以及由之而来者，它也被称为形而上学。就其考察事物之原因而言，它也被称为第一哲学。"① 我们可以这样理解：神的科学建立在实体之上（而对于我们现代人来说，这一科学又深受 l' οὐσία 一般之不可行的折磨），可以而且应该得到其他两种科学支援。首先得到关于作为存在的存在的科学之支援，这一科学已经由亚里士多德在《形而上学》Γ1 中建立，但它在这里接受的是在受到限制的意义上的形而上学标题；这一创立本质上追溯到托马斯·阿奎那，我们知道，它将在两方面具有决定性的重要意义：首先，它将导致存在论科学（la science de l'*ontologia*）；其次，它在其自身中将聚焦于存在 – 神 – 学（l'onto-théo-logie）的两可性。但是很清楚，这两方面特征在今天都显得相当成问题：首先，只是在 17 世纪，存在论才作为一门关于并非作为存在的存在、而是作为被认知者的存在的科学得到历史地展开，因而作为与亚里士多德在《形而上学》Γ1 中的创建相反的科学得到展开；其次，因为那在此显露出来的存在 – 神 – 学远没有荣耀"第一哲学"的优先性，而是使其面临一种困难的兼容性，即与另一种优先性、神圣者的优先性的兼容性，以至于它远没有为哲学确保首要，而是分裂和弱化这种首要。作为补偿，剩下的是新科学中的第三种，这些此处被附加到神学上的新科学中的第二种，它不仅被明确地规定为一种 *philosophia prima*［第一哲学］，而且尤其在目的上令人惊讶地不同于 la φιλοσοφία πρώτη 的目的：它不再考虑 οὐσία，而是考虑事物的 *causae*［原因］、οὐσίαι 的 *causae*，而 οὐσίαι 则通过原因这一补充步骤从此与"第一哲学"分道扬镳。那么，既然神不仅造成（cause）被造的存在者（存在者层次上的因果性），而且还造成了它们的存在性（étantité）甚至它们的 *esse*（存在论层次上的因果性），那么由 *philosophia prima* 所进行的对原因的考察就将以一种另外的方式再次导向 la φιλοσοφία πρώτη 已经考察过的那种东西——神。然而，托马斯·阿奎那给这条进路画了一道界限：在神那里，原因不需要 οὐσία，而是作为（由）纯粹 *esse*（出发）发挥作用。然而对于我们来说，这一置换（déplacement）足以使"第一哲学"，或更准确地说，使一种对于哲学而言的首要生效吗？毫无疑问，人们可以质疑这一点：原因概念，正如此外

---

① *In duodecim libros Metaphysicorum Aristotelis expositio*, Prooemium, éd. Cathala, Rome, 1964, p. 2.

所有其他的形而上学范畴，必须从物自身那里回撤出来而转向单纯的"简单物"（natures simples）（笛卡尔）① 或"知性概念"（康德）②；随之而来的是它们在可能经验界限之外，具体地说是在感性直观的界限之外作超越运用所具有的非法性；因此，因果性既不能抵达神圣者，也因此不能确保"第一哲学"。更一般地说，自从人们已经显示出颠倒原因（它进行"解释"）与结果（它只是"证明"）之间的优先性是可能的——因此实际上实存先于原因是可能的，原因只是对实存进行注解（如笛卡尔和尼采已经判定的那样③），那么原因就不再允许确保任何首要了。此外，难道托马斯·阿奎那没有同意这一点吗，当他在按照因果性的引导线索抵达上帝之后，通过拒绝任何 causa sui［自因］的恰当性、通过放弃 incausatum［非受造的］神圣 esse 而强烈拒绝根据原因和在原因之下设想上帝本身时？④ 因此这里仍然必须得出如下结论：和 l'ούσία 一样，la causa 既不能保证一种对于哲学而言的首要，也不能为这种首要进行定性。

三、第三种第一哲学

不过，这两种对"第一哲学"的否认，难道不指示着——似乎不顾及它们自己——一种全然不同的结果，一条在相反方向上打开的道路？它们对首要的这两种最初含义做了驳斥，实际上，这种驳斥是从一种不同的在先性出发，从一种不同的首要出发，即心灵之物（la noétique）相对于原因和 l'ούσία 的首要；原因和 l'ούσία——恰恰——在知识的条件面前丧失

---

① 关于笛卡尔的"简单物"（natures simples）概念，可参见笛卡尔《探求真理的指导原则》，管震湖译，商务印书馆1991年版，"原则十二"，第 66—76 页。——中译注

② 参见我们的研究（"Konstanten der Kritischen Vernunft"）《批判理性的常量》，载于 H. Fulda und R. P. Hortsmann（hrg.），*Vernunftbegriffe in der Moderne*（《现代中的理性概念》），Stuttgart, Veröffentlichung der Internationalen Hegel—Vereinigung, 1994；以 "Constances de la raison critique-Descartes et Kant"（"批判理性的常量——笛卡尔与康德"）为题收录在 *Questions cartésiennes II*（《笛卡尔问题 II》），chap. VIII, §4, *op. cit.*, p. 298 及以下。

③ Descartes, *Discours de la méthode*（《谈谈方法》），AT VI, p. 76, 6–22；以及 Nietzsche, *Crépuscule des idoles*（《偶像的黄昏》），"四大谬误"，§1–5。

④ 至于托马斯，参见我们的研究 "Saint Thomas d'Aquin et l'onto-théo-logie"（"圣托马斯·阿奎那与存在-神-学"），*Revue thomiste*, 1995/1. 关于这一争论的一般情况，参见 A. Zimmermann, *Ontologie oder Metaphysik? Die Diskussion über den Gegenstand der Metaphysik im 13. und 14. Jahrhundert, Texte und Untersuchungen*（《存在论还是形而上学？关于十三与十四世纪中形而上学之对象的讨论、文本与研究》），Leiden/Köln, 1965。

了它们的首要，而知识的条件从此被视为永远在先的。因此，为什么不考虑直接用知识的优先性来定义首要，用心灵之物的首位（le primat）来代替存在之物的首位？难道不可能在这种新的首要之上建立"第一哲学"的第三种形态？由于这些假设定义着那被笛卡尔——就像康德——明确运用过的方法，所以它们更加得到了辩护。

当笛卡尔为他的"［……］第一哲学沉思集……"这个标题进行辩护时，他就没有任何模棱两可地确定了他的全新的"第一哲学"概念："［……］我根本没有专门探讨上帝与灵魂，而是一般地探讨人们能够通过哲学思考而认识的任何第一性的事物"；在另一封信里，他重复了同样的论题，甚至还加上："［……］通过秩序井然的哲学思考。"① 因此，他不再是从某些 ουσίαι 或在存在者层次上被赋予优先性的 αντίαι（分离的本质、现实的本质、神圣者，等等）出发去重新定义首要，而是按照一种纯粹心灵的在先性去重新定义：那按照认识行为的秩序、根据"理性的秩序"而被应用的在先性，它"……按照某种顺序安排所有的事物，当然这种顺序不是就所有事物都参照某种存在类型而言（ad aliquod genus entis），正如哲学家们按照它们的范畴对它们进行划分那样；而是就它们中的一些能够根据另一些加以认识而言（unae ex aliis cognosci possunt）"②。那肯定首先能被认识的东西（简单物）在哲学中是第一性的而无须预设任何东西，无论这唯一的真理（它们的结合）可能是什么——无论它涉及一种有限真理（*ego sum*）、抽象真理（*ego cogito*）、形式真理（方程、图形、相等，等等），甚至空洞的真理（*ego dubito* ［I doubt］），它都不是实存的、无限的或物理的真理等，后面这类真理应当通过从其他的真理中、从更为抽象和更为简单的真理中推演出来才能被认识；因为在诸第一项的等级化中，存在者层次上的卓越让位于心灵层次上的卓越：诸项只有作为可认识的才能变为第一位的，再也不能通过作为存在者而变为第一位的。

当康德——尽管他自己是个笛卡尔主义者——要求"［……］存在论——它自以为能在一个系统学说中提供出有关一般物的先天综合知识

---

① Descartes, *Lettres à Mersenne*（《给 Mersenne 的信》），1640 年 11 月 11 号，AT Ⅲ, p. 235, 15-18, 以及 239, 2-7。

② Descartes, *Regulae ad directionem ingenii*, Ⅵ, AT Ⅹ, p. 381, 10-14（法译本，*Règles utiles et claires...*, Nijhoff, La Haye, 1977, p. 17）.

（例如因果性原理）——这一傲慢的名称必须让位于一种纯粹知性的分析论"① 时，他当然就认可了两种古老的首要向知识的首要的过渡；但是事实上，他只是通过悖论性地重新发现他认为他摧毁了的近代 ontologia 的意义，才取消了 l'οὐσία 在存在者层次上的（以及原因学上的［aitiologique］）古老的首位。实际上，Clauberg——他在 Goclenius（于 1613 年）还尚不明确地引入存在论这个术语之后决定性地认可了形而上学中的这一术语——证成了这一新科学的被赋予优先性的对象：l'*intelligibile*［可理知者］而非 l'*aliquid*［某物］或实体；这一证成是通过下述论证进行的："［……］普遍哲学"必须"从可思的存在者开始，同样，以唯一之物为开端的第一哲学在思维着的思想之先不能考虑任何东西。"② 因此，

---

① 康德：《纯粹理性批判》，A 247/B 303。（中译文参见康德《纯粹理性批判》，邓晓芒译，杨祖陶校，人民出版社 2004 年版，第 223 页，译文根据法文稍有调整——中译按）

② Clauberg："最先，存在者有三个要加以区分的含义。因为它要么指的是可以被认知的那一切（出于区分的需要，有人也将之称为可理知者），而这就没有任何东西与它相对立；或者，它指的是没人认知到的某物，与它相对立的是无；或者，它又指借着自身存在的事物，比如实体（substantia），与它所对立的应为偶性。虽然存在者是在三种意义上被理解，它主要是在存在论中通过它的属性和划分得到阐释。然而，为了获得对它更好的认识，我们将部分略过它第一和第二含义，我们将从可认知的存在者开始讨论普遍哲学，因为即便第一哲学始于唯一之物，它所最先考虑的也是思维着的心灵。"这里引用的注释明确地指向笛卡尔："［第一哲学］并非就其所讨论的对象之普遍性而如此称谓，而是因为按做哲学的顺序，应从它开始。也就是从对自身和上帝的心灵之认知起始。此第一哲学包含在笛卡尔的六个沉思之中。它的第一部分阐述原理中的最高原理。"（*Metaphysica de Ente quae rectius Ontosophia*…［《论存在者之形而上学，或更恰当的说为存在智学……》］，Groningue，1647¹，Amsterdam，1663³，§ 4-5，根据 *Opera philosophica omnia*，Amsterdam，1691；Darmstadt 重印，1968，t. 1，p. 283）这里值得注意的是，那研究存在者（因此是亚里士多德式的计划）的"*potissimum*"存在论明确地与这样一种人的存在论相对立并服从于后者，这种人"严肃地进行哲学活动"（根据理性秩序）并且必定从可理知者开始，也就是从 la *Mens cogitans* 开始：因此，存在论概念一下子就在自身中分裂了，并在自身中排除出了 l'οὐσία。——康德将认可这一决定："存在论的首要的和最重要的问题是知道先天知识如何可能。［……］全部人类知识的最高概念是对象一般的概念，而不是存在的概念和非存在的概念。"（*Vorlesungen über Metaphysik und Rationaltheologie*〈《形而上学与理性神学讲座》〉，Pölitz 编，AK. A.，28. 2，1，Berlin，1970，p. 540，54；法译本：M. Castillo 翻译，Paris，Le livre de poche，1993，p. 133-135；强调为我们所加）。我们无法更清楚地说：形而上学意义上的存在论不是关于存在的科学，而是关于科学本身的科学。"第一哲学"的心灵的首要导向批判，绝没有导向作为存在的存在者（l'étant en tant qu'étant）。今天许多对于"存在论"的反应性的保卫忽视了这种本原的两可性，并且因此仍支持它们所摧毁的误解，或摧毁了它们以为维护的东西。参见 V. Carraud，"L'ontologie peut-elle être cartésienne?"（《存在论可以是笛卡尔式的吗?》），载：T. Verbeek 编，*Johannes Clauberg* (1622—1665) *and Cartesian Philosophy in the Seventeenth Century*（《Johannes Clauberg（1622—1665）与十七世纪的笛卡尔哲学》），Dordrecht，Kluwer，1999。

心灵的首要不仅允许为"第一哲学"重新奠基，而且允许把第一哲学与存在论重新连接起来，或毋宁说，把第一哲学与形而上学在其近代名称——关于存在者一般的知识的科学——下所一直理解到的东西重新连接起来；这种存在者一般被还原为可理知者，就是说，被还原为可思者，以至于它满足了它自己向一个本我我思（*ego cogito*）显现的先天条件。本我我思的首要最终为一种不可动摇的"第一哲学"奠基。

因此我们立刻看到，这一向唯一的心灵机构的转移和这种在唯一的心灵机构上为首要性的重新奠基，本身就完全建立在自我（*Je*）的首要之上。但是，自我能够以足够彻底的方式为其本身奠基，以便以其自身的首要确保"第一哲学"的首要吗？它能够证成它对一种如此开端性的首要的要求吗？这恰恰是哲学在其朝向虚无主义且处于虚无主义的步伐中不停地质疑的事情。在这一方面有两个主要论证在起作用。首先，自我只有通过承担一种超越论的身份才能合法地发挥其心灵的首要性——这一超越论的身份并不是其他对象中的一个对象的身份，即使后者是超越的对象；而是唯一一个非对象性的机构的身份，这一非对象性的机构确定了对象知识的可能性条件。然而，这一身份必然把超越论的自我与其经验状态（*empiricité*）分离开，并使它与我（moi）的敌对的对象性相对立；那在我（moi）中能够根据空间与时间被认识的东西变为一个对象，因此不能与作为超越论者的自我之所是相混淆。相反，我所是的这个自我本质上既不能也不应该作为一个对象被认识；因此，[超越论的]自我既不是我所认识的[对象性的]我（le *moi*），也不与之相符；我并不认识我所是的[超越论的]自我。在存在与自身认识之间，本我（l'ego）必须选择——而在这两种情形下，它都将丧失自己。这一二元对立，近代形而上学（后笛卡尔主义的）将永不会超出（甚至在胡塞尔那里也不会），因为近代形而上学最初就是由这一二元对立定义的。而且，正如这个真正第一性的——因为是超越论的——自我并不为我所知一样，它对我保持为普遍的；（在空间和时间中或以其他方式）对我进行个体化是不够的；因此，通过从我那里剥夺掉我的个体性，它就使我不适合以任何方式通达他人——除非把他人还原到对象的层次上，就像我的经验性的我。自我的超越论转向，一方面让自我没有任何存在者层次上的规定（自我并不是人），另一方面把经验性的我与它自身分离开（自我陌异于经验性的我）。人们甚至可以冒险说，这一分裂不能容忍任何例外，直至 *Dasein* 的非特定的普遍性。因此，心灵的首要具有一种代价：那在此发挥首要作用者消失了或被置入括号，缺乏存在。

假设这种首要甚至无需自我的存在者层次上的个体化也能实现出来，它仍然会面临一个第二性的、更严格的争论：心灵的首要，作为近代全部"第一哲学"的可能基础，也许并不包含任何在任意某个自我之中的主题化了的首要——而这只会意味着：据其自己的意见，它并不要求任何个体性、任何同一性、任何 haecceitas［this‑ness］。即使知识在没有在先者、没有除它自己之外的其他基础的情形下展开，它仍然能够这样展开，尽管（或因为）它沿着一个匿名的过程思考，既没有起源也没有可指定的主体。或者，如果人们可以绝对地主张，一个主体在思想自行思想的任何地方进行思想，那么为什么主体更多地是思想的作者而非思想的屏幕或其欢迎场所？有两个理由有利于这一假设。首先，把任意某种实体性归属于本我（ego）的不可能性，甚至无用性：康德已经在"［论纯粹理性的］谬误推理"中明确否认了把实体性归属于本我，但他在这样做时只是完成了笛卡尔、洛克和贝克莱已经认识到的那些疑难：实体概念不能毫无歧义地运用于面对无限的有限主体性，这恰恰因为有限主体性是从先于它的无限中推演出来的①。其次，即使有限主体性思考所有没有它就无法思考的可思考者，它也能够产生出，或不如说，以一种经验性的模式再生产出、再思考这一可思考者，而非激发起它；因为，比起依赖于其在历史时间和交互主体性时间中的成就来说，可思考者更原初地依赖于那被提出以供思考的、本质上合理的事物：那些逻辑的、形式的、甚至结构性的要求不仅决定着单独赋有意义的、构造完善的命题，而且也评估着日常话语之不精确性、近似性和拟‑公式化所具有的可接受的有效性（"语言的效果""大伙的饶舌"，等等）。经验性的我满足于对可思者的最常见是近似的重复，从没有从中提取一丁点的首要性，当然，既没有在存在者层次上提取最小首要性（很久都不再要求 $ουσία$ 的角色）②，甚至也不再在心灵层次上提取最

---

① 参见我们的 *Questions cartésiennes*（《笛卡尔问题》），chap. III，§4，*op. cit.*，p. 108 sq.，以及 *Sur le prisme métaphysique de Descartes*（《论笛卡尔的形而上学棱镜》），chap. III，§13，Paris，1986，p. 180 sq。

② 既然本我这一概念既没有超越论的有效性（康德）、也没有物理的功效（马勒伯朗士、海森堡），那么它就无法确保自己；在涉及放弃 $αιτία$ 的功能时，同样的论证可以毫无困难且无需参考其他论证而重复进行。

小首要性：它在我身上被思考，我暗中履行职责，既不开启思想也不掌控思想。我们没有强调这一论证，因为自尼采与福柯以来，它已被"人文科学"以及与之相连的意识形态没完没了地运用过。

这几个反思将至少足以提出如下不可避免的结论：今天对于我们来说，形而上学曾经能够——由 l'ουσία、原因和心灵——提出的任何类型的首要，都不能为哲学确保任意某种首要的合法性，简言之，"第一哲学"的合法性。①

四、现象学作为一种不同的第一哲学的可能性

然而，在虚无主义无可辩驳地降临这一历史性时刻，这一结论并没有阻止胡塞尔要求为现象学恢复"第一哲学"这一传统头衔。以此为标题的著名的 1923—1924 年课程一开始就解释了这一点："当我重新采纳亚里士多德这个表达方式时，我恰好就是从它不常使用这种情况中获得了很大的预期好处，即它在我们心里只唤起字面的意义，而不唤起历史上留传下来的东西的多种多样沉淀物，这些沉淀物作为形而上学的模糊概念，使人胡乱想起从前形形色色的形而上学体系。"奇怪的论证：正是由于人们不再从其实际实现（philosophia prima，φιλοσοφία πρώτη）中记得任何东西，人们才能更加坚持一种更是从形式上被重新定义为"关于开端的科学学科"的"第一哲学"的原则。如何理解？这会是由表达的完全的歧义造成的吗？但是胡塞尔通过提出下述论断而迅速排除了这一假设："通过新的超越论现象学的出现，就已经初步出现了一种真正的和正确的第一哲学"②；简言之，现象学重新采纳（或宣称重新采纳）"第一哲学"的全部计划，并因此将自己构造为必须处于开端位置的哲学，以便随后使第二哲学或区域哲学得以实施。因此我们就过渡到了另一个假设，对于这一科学

---

① 作为对这些分析的补充，可以参见我的论文 "La science toujours recherchée et toujours manquante"（《始终寻找不到的科学》），载 J.-M. Narbonne 和 L. Langlois 编的 La métaphysique. Son histore, sa critique, ses enjeux（《形而上学. 它的历史，它的批评，它的关键》）（Actes du XXVIIe Congrès de l'Association des sociétés de philosophie de langue française），Québec-Paris，1999，p. 13 – 36.

② Husserl, Philosophie première（《第一哲学》），I，§1，Hua. VIII，p. 3 et 5；法译本：A. Kelkel，p. 3 et 5（中译文参见胡塞尔《第一哲学》上册，王炳文译，商务印书馆 2010 年版，第 35 页）。

第一部分 现象学与第一哲学

的毫无歧义的重新采纳会摆脱形而上学的疑难（ούσία, causa，主体性），因为现象学本身不再会归属于形而上学。这一主张有待辩护，因为它绝非不言而喻。让我们注意，胡塞尔的后继者们对于用这种显然饱含全部形而上学的调子——"第一哲学"——来标记他们与形而上学决裂的尝试颇为犹豫。甚至海德格尔都从未曾冒险要求恢复"第一哲学"这一名称，尽管他一度想维持一种"（基础）存在论"和"形而上学"的用法，在他放弃它们之前。萨特、梅洛-庞蒂、利科和亨利也没有这样做，更别提德里达。然而，有一位并非最小的后继者（难道他不是第一个使法国接受胡塞尔思想的人吗？），列维纳斯，他明确地把胡塞尔的这一恢复第一哲学的要求重新采纳为他的职责。因为，在从正面质疑存在论的根本尊严或不如说威胁它的同时，列维纳斯如此总结他的论证："道德并不是哲学的一个分支，而是第一哲学。"① 因此在现象学与"第一哲学"之间并不会有任何当然的不相容性。硬说这二者之间有一种不相容性并为此感到气愤，这只是证明了对于文本没有予以充分注意，或证明了一种显然具有意识形态色彩的内心想法。我们对这两种情况均不予考虑，不分彼此。此外，为了把"第一哲学"甚至归属于现象学，可能没有必要让它沾染上形而上学的味道使它向存在-神-学退化，相反，而是要从根本上澄清它的本性和计划。因为，那谋求成为一种"突破"、一个"新的开端"，甚至全部当代哲学的支配形态之一的现象学，不可避免地要承认一种首要，或至少让一种首要归属于它自己；但这种首要得到充分阐明了吗？现象学与哲学的形而上学形态的断裂，那一总是有待重新赢得和巩固的断裂，要求它重新界定其新的首要——并且以这样一些术语来重新界定：它们根本没有重复关于首要的三种形而上学定义。因此，可指定给现象学的这一尝试，即阐明一种不同含义上的"第一哲学"的意义与重要性的尝试，并不意味把

---

① Levinas, *Totalité et infini*（《总体与无限》），La Haye，1963，p. 281（结语倒数第二行）。这一论点为后来的一段文本所确证："第一哲学是伦理学。"（*Éthique et infini, dialogues avec Philippe Nemo*，[《伦理与无限，与 Philippe Nemo 的对话》] Paris，1982，p. 71）这也可以与下面的说法进行比较："因此，与他人的关系并不是存在论。"（"L'ontologie est-elle fondamentale?"《存在论是基础的吗?》，*Revue de métaphysique et de morale* [《形而上学与道德杂志》]，1951/1，后收录在 *Entre nous. Essais sur le penser-à-l'autre* [《在我们之间。论想到他者》]，Paris，1991，p. 20）由此引申出下述论文集的标题：*Emmanuel Levinas. L'éthique comme philosophie première*（《列维纳斯。伦理学作为第一哲学》），J. Greisch 和 J. Rolland 编，Paris，1993。（因此，根据 J. Greisch 的意见，我乐意放弃我在这一文本初稿中的保留意见）

"第一哲学"贬低到现象学想要溢出的东西上,而是尝试对其首要性的类型与模式进行一种决定性的实验,以便证实这一尝试是否以及在哪些严格条件下配得它所要求之物,实现它所许诺之物:而这完全就是在虚无主义的时代重新开始哲学。关键并不在于回到形而上学,而在于衡量现象学有时采取的"第一哲学"形态是否允许它找到一种无条件的首要的新地基;若没有这种无条件的首要,哲学这一头衔——这一头衔以及实事本身——就会从现象学那里逃离。为此目的,我们将采取四个步骤:(1)确定现象学的原则;(2)阐述对被给予性——就其处于与还原的关系中而言——的求助;(3)提出若干针对被给予性之可理解性的反对意见;(4)用被给予性这一新领域来确保首要性。

由于胡塞尔动用了许多明确的说法来表达现象学的原则,所以初看起来确定现象学的原则就更为容易了;但是,说法的这种增加本身也会造成不安:单独一个表达足以使一个原则成为第一性的;相反,多个表达则会使首要变得混乱不清。因此,让我们来考察胡塞尔使用的三个表达。第一个表达——"有多少显现(apparaître),就有多少存在"——保留了清楚的形而上学起源:首先,因为它来自于形而上学,就形而上学指赫尔巴特(Herbart)[①]的形而上学这一情况而言。[其次,]这尤其是因为这一表达运用了表象(paraître)/存在这一对子,它满足于(正如尼采有时候在其他地方做的那样)颠倒这一对子的完美的形而上学的装置:表象通达存在的层次,但是它们的二元性继续存在着,丝毫未被触动。最后,这一原则既没有阐明这一操作为什么要付诸实践,也没有阐明它如何——亦即由还原——付诸实践,它们在这里公然缺席。第二个表达——"回到实事本身!"[②]——受双重不明确性的折磨:首先涉及这些实事(它们是经验实在还是那些起作用的"事情"?)的同一性,其次涉及那使这一返回本身得以可能的颠倒之操作;简而言之,在这两种情况下还原都是缺失的,由

---

① Husserl, *Méditations cartésiennes*(《笛卡尔式的沉思》),§46, *Hua*. I, p. 133, 法译本, Paris, 1994, p. 152, etc., 海德格尔继续采纳了这一表述,见 *Sein und Zeit*(《存在与时间》),§7, p. 36. 参见 J.-F. Herbart, *Hauptpunkte der Metaphysik*(《形而上学之要点》),Göttingen, 1806, in *SW*(Kehrbach 等编, Frankfurt am Main, 1964²), p. 187, 以及 *Étant donné*(《既予》), *op. cit.*, p. 19。

② Husserl, *Idée directrices*…, I(《纯粹现象学和现象学哲学的观念》第一卷),§19, *Hua*. III, p. 42-43;法译本:P. Ricoeur(保罗·利科)译, p. 63-64, 等等。

于缺乏还原,这一口令就迅速沦为非理论的犬儒主义:让概念与区分都见鬼去吧,"实事"就处在我们面前(厌恶理性[misologie])!至于著名的第三个表达,而且它也是唯一被赋予"一切原则的原则"这一称号的表达,是唯一由胡塞尔发明的表达,它提出"任何一种给予性的直观都是认识的合法源泉,任何在直观中本原地给予我们的事物[……]只应如其被给予的那样被接受"①。这一表达的权威性当然不能被质疑,但是我们必须要对它加以限制:(1)直观从何处获得权利去决定全部的现象性?这一康德式预设,即使由于增加了本质看和范畴直观而有所修订,难道没有使所有的现象都服从于直观所充实之物,亦即,服从于一切充实性直观的条件——意向性吗?然而,意向性难道不是首先、甚至唯一地由它所指向的对象界定的吗?因此,现象学会仅仅满足于对象性吗?从其开端以来就会受到严格的限制吗?(2)再者,尤其与直观连接在一起的原则相当于什么呢,如果它在还原的操作(以及单纯的提及)之前、因此也可能是在没有这一操作的情况下达成?我们如何赋予这一原则以最小的优先性呢,如果它缺失这种操作?胡塞尔不停地重复说——直到最后——这一操作构成全部现象学事业的条件,它的缺失也将不可挽回地毁灭现象学。(3)最后,被给出性[被给予性]在这里起到何种作用:它被明确地用作直观所提供出来的现象性的标准与完成,然而它本身一直是未被规定的。在这里,被给予性同时既作为最终的标准又作为绝对未被追问者而浮现出来。

这些明显的不充分性促使我们就现象学的可能的第一原则提出第四个、也是最后一个表达:"有多少还原,就有多少被给予[性]。"② 在其他众多的文本中,我们把这一表达建基在胡塞尔的两段话上,它们出自那本第一次提出还原理论的著作:《现象学的观念》(1907)。首先:"只有通过还原,我们也已经想把它们叫作现象学的还原,我才能获得一种不提

---

① Husserl, *Idée directrices*…, I (《纯粹现象学和现象学哲学的观念》第一卷), §24, *Hua*. III, p. 52;法译本:P. Ricoeur(保罗·利科)译, p. 78。

② 参见 *Réduction et donation*(《还原与给予》), Paris, 1989, p. 303。(中译文参见马里翁《还原与给予》,方向红译,上海译文出版社 2009 年版,第 348 页。——中译按)。M. Henry (M. 亨利) 在其 "Quatre principes de la phénoménologie"(《现象学的四条原则》)中对此做了评论和深化,见 *Revue de métaphysique et de morale*(《形而上学与道德杂志》), 96/1, janvier 1991。这一分析在 *Étant donné*(《既予》)中得到进一步的展开, §1, "Le dernier principe"("最终的原则"), *op. cit.*, p. 13 – 31。

供任何超越的绝对的被给予性。"其次:"……一个被还原的现象的被给予性就是一个绝对无疑的被给予性。"① 如此,我们的表达方式就由胡塞尔的文字证实了②,它从此揭示出了它的本质性的旨趣:它独自明确思考着被给予者的被给予性——实际上是在被给予性中,显现才过渡到存在(第一种表达方式);是在被给予性中,我们才真正回到起作用的事情(第二种表达方式);是在被给予性中,直观认可了显现的权利(第三种表达方式)。但自此之后,被给予性总是从那激发起它的操作即还原出发。没有不带有还原的被给予性,也没有不导致一种被给予性的还原。现在,还原消除了全部的超越,就是说,意识朝向其对象之物的意向性的绽出单独就可以使关于其对象之物的知识得以可能,但也使不确定性、错误、幻觉等等得以可能;因此,在被给出者的被给予性[被给出性]已经被还原、被还原为纯粹的被给出者这一明确条件下,这一被给予性[被给出性]就变得绝对不可怀疑了。唯有在一种尚未被还原的感知中,怀疑才能逐渐渗入;在这样一种感知中,人们把下面两类事物——即:那并没有真正被给出的事物与已被还原归为毫无遗漏、没有任何模糊不清地被给出之物的事物——混为一谈,对它们同等地进行确认。唯独还原给出现象,因为还原把被给出者的诸显象消解在现象中,正如萃取导致一种被还原的[被化约

---

① Husserl, *L'Idée de la phénoménologie*(《现象学的观念》),分别见 p. 44 和 p. 50(强调为我所加)。[中译文分别参见胡塞尔《现象学的观念》,倪梁康译,商务印书馆 2016 年版,第 46 页、53 页。——中译按] A. Lowith 的法译本(Paris,1970,p. 68)——此外都很出色——不恰当地用"présence[在场、呈现]"翻译"donation, *Gegebenheit*",然而这里的关键恰恰是要超出"présence",如果人们想要通过现象学而从"在场形而上学"中摆脱出来的话(参见下文第六章,§1,p. 155 及以下)。

② 当然,不排除这样的可能,即一些人拒绝阅读这些文本,因为他们宣布——不再有别的了——"[……]《现象学的观念》不是一个可靠的文本[为什么?],因此不能毫无提防[哪些?]地让它充当[……]《既予》让它充当的那种角色"。(D. Fisette,"Phénoménologie et métaphysique: remarques à propos d'un débat récent"[《现象学与形而上学:对近来争论的一些评论》],载 *La métaphysique. Son histore, sa critique, ses enjeux* [《形而上学。它的历史,它的批评,它的关键》],前引,第 101 页)是否有必要重新申明:在面对一个文本时,关键并不是让它充当一个角色,无论这个角色是什么,而是在于阅读它,在于承认人们从它那里所理解到的东西——而不在于让自己充当最小的角色,尤其是怀疑者的角色? 至于这一文本的可靠性,让我们回忆一下,胡塞尔曾把它视作他的《纯粹理性批判》(*Hua*. II, p. VII),并且视为"[……]一个新的开端,很不幸,它并没有被我的学生如我期待的那样理解和接受"。(由 A. Lowit 在他卓越的法译本的"告读者"中所引,*op. cit.*,p. 33,依据 W. 比梅尔编辑的页码)在那以后读者们什么都没有改变。

的］溶解一样。如果人们真正严肃地对待还原的彻底性，一如其恰恰在每一种情形中都悬置了超越——它们使被给出者变得不稳固——那样，那么，任何一种平庸地针对现象学之被假定的直观主义的指责，针对现象学对明见性的所谓素朴信任的指责，或者针对现象学的那种被认定的满足于主体性的指责，都不能引起片刻注意。如果哲学在内在性中展开（人们经常要求这一点，但并没有总是采取办法思考这一点），那么遵循着"有多少还原，就有多少被给予［性］［被给出性］"这一原则的现象学就尤其配得上哲学之名。

因此，还原与被给予［性］［被给出性］之间的密切交织就界定了现象学的原则。那显现者给出自身，就是说，它显现着，既无扣留也无剩余；因此，它如其所是地发生（ad-vient）、到来并确立自身，不是作为一个不在场的或被遮蔽的自在之物的显象或代表，而是作为它自身，亲自、亲身地发生、到来和确立自身；显现者可以说完全涌出（伴随着其本质性的存在［estance］①，伴随着其实体深处，伴随着其质料性的个体化，等等），以至于从图像的层次、从单纯表象或孤单的显象的层次过渡到那起作用的唯一的实事层次。如果现象并不如其所是地给出自身，它就只会是存在的他者。但现象如何正好达成这一点，即：给出自身，而非保持为其本身之缺失自身的单纯图像？因为还原从显现的过程中排除了所有那些没有毫无保留地给出自身的东西：显象（les apparences）与混淆、想象或对被给出者的回忆、所有那些与超越连接在一起的东西（这些超越混淆了很可能是意向性的体验与本质上只是被映射出来的被指向的对象）——它们全都被标明并被过滤掉，最终被与剩下的被给出者区分开。因此还原必须控制被给予性［被给出性］，将它引回至它的被给出的核（或者意向相关项的核）。这样，在还原得到正确实现这一严格的限度内，设想被给予性

---

① "本质性的存在"原文为"estance"，该词属于古法语，是动词 être、exister 的名词化形式。英译者将之译为"essential being"，见 *In Excess*, *Studies of Saturated Phenomena*（《论溢出，饱溢现象研究》），tr. by Robyn Horner and Vincent Berraud, New York: Fordham University Press, 2002, p. 19. 现从英译将之译为"本质性的存在"。——中译注

并没有确定地给出被给出者就将变得"背谬"①。随之而来的就是，被给予性［被给出性］的被给出者不能忍受任何怀疑。

这里的关键是在于重复 *ego sum*，*ego existo*［我在，我实存］的无条件的确定性吗？尽管自胡塞尔以来即已获得这样的习惯，即把这二者结合在一起，但我们首先仍将强调那把它们区分开的东西。根据笛卡尔，这一首要真理的绝对确定性确切地看只涉及那回转到自身的思想的领域，更确切地说，只涉及这一领域的自身触发；但是，随后获得其他真理的困难将证实这一点，自身触发本质上被局囿在实际的唯我论之中，这种唯我论处于所获之物（*res cogitans*［思维着的事物］）与不可通达的或几乎不可通达的其他事物之间；因为上帝与世界在某种意义上或许保持为不可通达的，而他人则当然保持为不可通达的。根据现象学，绝对的确定性处于由那些出自任何来源（extraction）的体验——不只是甚至完全不是由自身之思（la pensée de soi）——所造成的意识的触发之中，然而是在如下明确的条件之下：这些体验实现了一种［被］给出性——它们无可挽回地给出自己，并且在某种情形下，它们也涉及每次相关联的意向对象。因此，任何体验（很可能也包括意向对象）如果根据还原而被给出，那么它就绝对地被证实。换言之，现象学把笛卡尔式的结果普遍化了：它并不单独确保自我，也不向自我自身确保，它保证的是整个世界，因为它不再把世界置于（思维着的）思的基础之上，而是置于如其（向意识）被给出那样的被给出者之上。当然，这种置换会向经验主义退化，如果体验之意向性的被给出者与感性与料（感觉材料）相混淆的话②；但是，被给出者遵循一种严格的还原，因此是在一种被还原了的内在性本身中被给出的。这样，被给出的现象就与其被给出性［被给予性］经验一道，包含着它的确定性经验：人们不会怀疑一个被给出者，因为，或者人们恰恰将它视为被给出的，无论它的被给出方式是什么（感性直观、想象、本质看、范畴直观

---

① *Recherches logiques*，V（《逻辑研究》第五研究），第 11 节的附录，2. Niemeyer，Tübingen，1913，第二卷第一部分，p. 425；法译本：H. Élie, A. Kelkel 和 R. Schérer 译，Paris，1961，p. 231（中译本见胡塞尔《逻辑研究》第二卷第一部分，倪梁康译，商务印书馆 2015 年版，第 775 页。——中译按）

② 这里的意向性的"被给出者"与感觉"与料"的"与料"是同一个词：le donné。但前者是意向性的对象，后者则是实项的感觉材料。如果把这二者混淆，即把意向对象混淆为感觉材料，当然现象学就会向经验主义退化。——中译注

等），它都将被给出；或者人们在这里经历到一个欺骗，这一欺骗只是证明了：由于错误（实际上是由于缺乏还原），人们把那并没有被本真地给出的事物接受为被给出的——不过，这一并没有被本真地给出者也已经毫无疑问地被给出了，以一种只是还没有在其特殊性中被区分开的不同模式被给出。可以并且应该有不定程度的被给出性，但不可以也不应该有例外。简言之，如胡塞尔所说："绝对被给予性［被给出性］是最终的东西。"①

因此奇怪的是，从这种确定性出发紧接着的就是被给予性——作为确定无疑的被给予性——也被普遍化了。因为，关于何种事物，我们能够说它不是作为被给出的而显现？无论何种事物，如果它并没有在人们想要的某种程度上被给出，它如何能够以某种方式显现？被给出者的范围没有可指定的边界，为了努力勘测这一范围，胡塞尔制定出一份以不同方式被给出之物的（在我们看来是临时的）列表：思维，直接的回忆（或滞留），在意识体验流中的显现的统一性，体验的变样，所谓"外"感知的事物，想象与（第二性）回忆的不同形式，以及其他的综合性的再现，而且也包括逻辑上的被给出者（谓项、普遍之物、事态），本质，数学对象——更确切地说：甚至无意义和矛盾也证实了一种被给出性［被给予性］。胡塞尔得出结论说："被给予性，无论在它之中表现出的是单纯被表象之物还是真实存在之物，是实在之物还是观念之物，是可能之物还是不可能之物，它始终都是一种在认识现象之中的被给予性，是在最宽泛意义上的思维现象中的被给予性。"② 这指示出两个决定性的后果。（1）被给予性实际上等于现象本身，现象的两个方面——显现（意识侧）与显现者（事物侧）——根据一种"令人惊异的相关性"③原则连接在一起，而这只是由于第一方面相当于一个被给出者，一个凭借和根据第二方面（显现者）即被给予性而被给出的被给出者。在这里我们不再进一步重复其他地方已进行过的证明，我们将以下这一点视为已知，即：如其在显现中展开那样

---

① "Absolute Gegebenheit ist ein Letztes", Husserl, *L'Idée de la phénoménologie*（《现象学的观念》），*Hua.* II, p. 61；法译本，p. 86（有所改动）（中译文参见《现象学的观念》，倪梁康译，前引，第 65 页。——中译按）

② Husserl, *L'Idée de la phénoménologie*, *Hua.* II, p. 74；法译本，p. 100（译文有所改动，强调为原文所有）（中译文参见《现象学的观念》，倪梁康译，前引，第 79 页。——中译按）

③ 同上。

的现象的褶皱，将等同于被给予性的褶皱，后者在被给予性中包含着被给出者。这一等同实际上直接来自于被给予性与还原之间的同一性：被给出者被还原到充实且根本的现象层次上。用胡塞尔的另外一种说法就是：那"真正"被称作"一种绝对的被给予性（*eine absolute Gegebenheit*）"的东西，并不是心理学的现象，而"只"是"［……］纯粹现象，被还原的［现象］（*das reine Phänomen, das reduzierte*）"①。（2）由此得到的另一个后果是：如果任何东西都显现为现象，并作为现象，那么就没有什么会成为被给予性的例外。在此，我们仍然无法展开全部的证明；但是，以柏格森对虚无观念（它总是终结于一个另外的被给出者）的批判为榜样，我们可以确认——而不是反驳——海德格尔的那些最为出色的分析。因为，甚至虚无也终结于或至少会想要终结于上演存在现象，后者与作为存在者的现象截然不同——为终结；甚至死亡也仍在给予，既然它使 le *Dasein* ［此在］通达其能死，亦即，使 le *Dasein* 越过他人的实际死亡所具有的那种在存在者层次上的矛盾现象，以便使 le *Dasein* 抵达其以将来为定向的本己的现象性。就对不在场的总是可能的描述——这种描述总是指明一个特殊的不在场者并因此使它如其所是地向我显现——而言，情况也总是同样的；或者，对于人们想到的任何贫乏来说，情况也都如此。

对那首先出乎预料、但实际上具有很强逻辑的被给予性之普遍性的确认，可以在对象理论本身中辨明出来。如果人们与迈农（Meinong）一道承认下述悖论，即："［……］有（*es gibt*）一些对象，人们可以针对它们做出如下断言：它们不存在（*es gibt nicht*）"（比如方的圆、鹿-公羊等），那么就必须得出结论说：它们"凭其本性"是"外于存在（*ausser-seiend*）"的。②那么，该如何来描述它们的显现模式呢？既然它们会毫无疑问地显现出来，难道这只是为了我们把它们排除出实在性？只有一种回答：这种对象，"［……］像任何其他的对象一样，以某种方式在我们对

---

① Husserl, *L'Idée de la phénoménologie*, Hua. II, p. 7（中译文参见《现象学的观念》，倪梁康译，前引，第8页。——中译按）

② Meinong（迈农），"Über Gegenstandstheorie"（《对象理论》），载：论文集 *Untersuchungen zur Gegenstandstheorie und Psychologie*（《对象理论与心理学研究》），Leipzig, 1904（in *Gesamtausgabe* <《迈农全集》>, R. Haller, R. Kindlinger 和 R. -M. Chisholm 编, Graz, 1968 – 1978, 第一卷），法译本, *Théorie de l'objet*, J. -F. Courtine 和 M. de Launay 译, Paris, 1999, 分别见 §3, p. 73, 以及 §4, p. 76。

其存在或不存在作出决定之前就被给出来了";实际上,"[……]任何可认识者都被给出了——恰恰是向着认识被给出。在所有对象都可认识这一程度上,被给出性[被给予性](Gegebenheit)可以作为普遍的属性被归属于它们,毫无例外地归属于它们,无论它们存在还是不存在"①。对象理论作为对象理论——摆脱任何的实存判断——恰恰因为它试图摆脱形而上学的存在论,所以它就必须要从[现时]存在者(l'étant)那里后撤一步:[现时]存在者完全不能像现象学那样把对象理论引向被给予性;对象理论毫无疑问被铭刻在现象学的轨道之中。②

因此我们可以得出结论:任何显现都不构成被给予性褶皱的例外,即使它并不总是完全在被给予性中实现出现象的展开。被给予性从未曾被悬置,即使且恰恰因为它允许程度的不定性。再一次地,被给予性可以有不定的程度,但并没有例外。因此,凭其确定性和其原则的普遍性,被给予性被确立为无条件的原则。所以,根据现象学,可以有一种"第一哲学"。

五、被给予性,最后的原则

然而,这一假设遇到某些反对意见。③ 这一原则涉及被给出者与被给予性的关系。人们可以如此反对这一原则:它在原因与结果之间重新建立起了一道裂隙,从而打开了通往对这同一个原因进行神学解释的道路:在启示神学与存在-神-学传统(它们常被混为一谈)④ 中,上帝难道没有

---

① Meinong, *Théorie de l'objet*(《对象理论》),前引,分别见§4, p. 74, 以及§6, p. 83(有所改动:我们没有把 Gegebenheit 翻译为 être-donné, 因为关键恰恰是在命名那不存在者);参见§11, p. 103, 104 以及 107。尤其参见 J. -F. Courtine 在其《介绍》(*Présentation*)(前引书, p. 30 – 36)中对 la Gegebenheit 的说明。

② F. Nef 回溯到 *L'objet quelconque. Recherches sur l'objet*(《任意对象。对象研究》)(Paris, 1998)的理论,相信能在那里发现一种对于被认为是一般现象学的"夸张"积习、尤其是在这里依赖于现象学之最终原则——"有多少还原,就有多少被给予"——的那种现象学的"夸张"积习的强有力反对,见该书第 45 页。有一件事至少是确定的:迈农并没有如此想,他恰恰为非实存的对象确保了被给予性的褶皱和地基。

③ 见前文已经预告过的第三点。

④ 二者之间的混淆很常见。最常见的是由于轻率或无知,有时是出于方便(J. Derrida, 参见下文第六章,§1 以及§4 – 5),偶尔是出于理论的决定(D. Franck, *Nietzsche et l'ombre de Dieu* <《尼采与上帝的阴影》>, Paris, 1998, 例如 p. 152)。然而这种混淆一直是更大的问题,因为关于启示在耶稣基督中或启示为耶稣基督的上帝的神学,除非反对形而上学以及后者将之作为一种特殊形而上学而引出的"神学",否则它在实际上和道理上都不能展开(参见下文,§6, p. 31 及以下)。

起作用吗——作为那些已经变为其结果的存在者的原因而起作用，并且很可能作为那给出其被给出者的给出者而起作用？然而这种并不精妙的反对经受不住检验。首先，在启示神学里，因果性这个概念是这样被运用于上帝的：上帝并不由于其结果而变得可理解，相反，它总是保持为作为不可知者的可知者；实际上，因果性可以从上帝出发得到运用，而非运用于上帝之上（上帝绝非任何事物的结果），也不能用于标示上帝的本质（上帝并不是自因）。其次，因为这里提到的被给予性只属于现象学，因此就其确定性本身而言依赖于还原，就是说，因为还原把一切超越——包括上帝的超越——都置于括号中了。最终，这是因为还会从概念上确立以下一点：根据启示神学（在这里我们显然没有必要讨论它），上帝唯独属于超越，而非本质上更属于彻底的内在——在 interior intimo meo①［在我内心深处］形态下的内在；在这最后的假设中，把存在者层次上的超越（动力因）置入括号中并不会使上帝在现象学中更加丧失资格，正如把（对象的）意向的超越置入括号中并没有威胁到这种超越一样。

但是，人们也可以更加巧妙地质疑被给予性的首要性，并且，不是把它贬低到形而上学的概念上，而是使之成为一个纯粹的语言问题。人们将会追问：是否必须要用 donation 翻译 Gegebenheit——既然这个术语要回溯到胡塞尔——以至于非法地把一个单独的（当然也是两可的）术语一分为二：在给出行为（un acte de donation）与被给出的（donné）单纯事实之间进行划分，因此就在本原与［被］给予性之结果之间打开了一段间距，一段如果不是神学的、至少是超越的间距。为什么不严格地坚持用 donné（被给出）这个译法，甚至，正如在某些情况下，用在场（/呈现，présence）这个译法？在场这个术语会把 la donation 贬低到它恰恰想要溢出的东西的层次上——实体性的持续的在场，简言之，"在场形而上学"——出于这个几乎不可质疑的理由，人们将排除在场这个译法。人们会对 donné 这个诱人的术语更感兴趣，因为这个术语表面上要比 donation 这个术语更为客观。但是这种表面现象与实情无关。实际上，如果没有自身给出或发现自身被给出，因此如果没有根据被给出性［被给予性］的褶

---

① 圣·奥古斯丁（Saint Augustin），《忏悔录》（Confessions），III, 6, 11, 他——请让我们指出这一点——没有看到任何把这一点与"…et superior summo meo"连接在一起的困难（Œuvres de saint augustin, Bibliothèque augustinienne, 第 13 卷, Paris, 1962, p. 382）。

皱而进行的分环勾连（s'articuler），那么就没有任何被给出者显现出来。让我们考虑一个问题的给定条件（la donnée）这样的例子——无疑这个例子平淡无奇、微不足道；为什么人们谈到给定条件而非事实或在场？因为这里涉及的是问题，对它的回答还是未知，甚至它的意义仍然是不可理解的；在所有情况下（即使我直接理解了问题，即使我立刻就发现了解答，因为我天资聪明），我必须至少分解给定条件，对于给定条件我务必要给予回应，这恰恰是因为我不是选择它，也不是预见到或一开始就构造它；那么，这种给定条件［/既予物］被给予我，因为它把自己强加给我、呼呼我且规定我——简言之，因为我不是它的作者。给定条件［/既予物］是已完成的事实，借此它配得上它的名字，以至于它在我身上发生。既然它作为一个事件临到我身上，它就有别于任何被预见到的、被综合的、被构造的对象。这种未曾预见的来临将其标志为被给出的，并在其中表明出被给予性。被给予性在此指示出被给出者（le donné）的现象学身份，但并没有在同样程度上指示出其本原。毋宁说，最常见的是，被给予性如此刻画被给出者：后者被剥夺了原因、本原和可辨识的过往，被给予性远没有把它们赋予给后者。被给出者——被给出的现象——只从其自身（而非从一个先行预见着的和构造着的主体出发）给出自身，以便被给予性的褶皱得到见证[①]——如此就足够了。于是，反对意见就转变成了我们对下述论断的证实：被给予性并没有把被给出者提交给一个超越的条件，它毋宁把被给出者从这个条件中解放出来。

最终，以下这一点就变得可能了，即：设想现象学如何根据被给予性而允许重提"第一哲学"的问题。[②] 实际上，现象学使得"第一哲学"具有正当性，但带有某些事先的预防。因为，如果人们从"第一哲学"那里期待的是：它通过先天地为它所揭示出来的事物确定一种或一组原则，尤其是通过确立自我（或相当者）的超越论的在先性而对该事物进行规定，那么，现象学就不再能够抵达、尤其不再能够要求具有被如此理解的"第一哲学"的地位。因为，正如我们已经提醒的那样，第一哲学事业的决定性的本原性在于把一种不可质疑的优先性归还给现象：让其不再像它必须的那样（根据经验及其对象之被预设的先天条件）显现，而是如其被给出

[①] 关于翻译问题，可参见 *Étant donné*, I, §6，前引，尤其第97页。
[②] 此处是对前文已经预告过的第四点的继续。

的那样（从其自身而来并作为自身）显现。既然，由于显现还没有本真地（以体验和意向体验的名义）被给出，因此还原仅限于把显现从任何在显现中实际上并没有显现出来的东西那里纯化出来；那么，设想还原仍然为显现确立一种在先的条件（以怀疑的模式或形而上学中批判的模式），这就会是悖谬的。现象学的原则——有多少还原，就有多少被给予[性]——一如既往地是基础性的，它既无关于一个基础，甚至也无关于一个第一原则。毋宁说，它提供出一个最后的原则——最后原则，因为在它之后没有任何其他原则，尤其是因为它并不先行于现象，而是跟随现象而来并赋予现象以优先性。最后的原则具有把优先性归还给现象的主动性。它对这样一种行为进行解说：凭借该行为，自身显示者给出自身，而给出自身者总是从显现之不可还原的和首要的自身（le soi）出发显示自身；在这一过程中，自我（le Je）成为记录员、接收者或被动者，几乎从不是作者或生产者；这样，关于超越论状态的形而上学的和主观的形态在此就首次经受一种决定性的倒转：正如尼采，胡塞尔也谈到 Umwertung[价值改变]①，比尼采要好的是，胡塞尔实行了这一价值改变。

　　但是，即使"有多少还原，就有多少[被]给予"这一原则从自我中抽取出首要，它也并没有就此重建 l'οὐσία 或 causa 的首要——这恰恰是由于在现象性中毫无遗漏地显现和自身给出的要求规定了一个标准并开启一种危机。因为，不论本质、实体还是原因，都饱受显现的持续缺乏之苦：作为如此这般之物，它们至少部分地被混淆了，因为它们一直是被推断出来、被重构出来和被设定的，而不是被给出或被面对面地看到的；因此它们或者依赖于最新近的个别之物的作用（对于本质而言），或者依赖于偶性或属性的作用（对于实体而言），或者依赖于结果的作用（对于原因而言），以至于它们是通过它们的代言者而显现。在现象学中，l'οὐσία 以及原因丧失了它们的优先性，只是因为它们并不一下子全部——或者更好地说，部分地——显现；它们甚至让位于个体、属性和结果，后面这些

---

① Husserl, *Ideen* I（《观念》I），§31："[……]对于这种表达[即置入括号、使不起作用]和一切类似的表达而言，这更是一个对确定的、特殊的意识方式的指示的问题，这个意识被加诸原初的简单设定之上[……]而且以同样原本的方式改变了它的价值（umwertet）。这种价值改变（*Umwertung*）是我们的完全自由的事务……"（*Hua*. III, p. 65；法译本，p. 99，有所修改，强调为原文所有）（中译文参见胡塞尔《纯粹现象学通论》，李幼蒸译，商务印书馆 1992 年版，第 96 页，译文稍有改动。——中译按）

只在于显现并由此影响着我们——就是说，发生在我们身上，因此向我们显现。在所有情况下，"有多少还原，就有多少［被］给予"这一公式都是作为最后的原则起作用，不仅是被发现的最后的原则，而且尤其是提出下述论断的原则：最后者——在其假定的形而上学脆弱性中的表象（le paraître）——最终总是等同于那单独且唯一的第一者，等同于显现（l'apparaître），那为了接收所有显示、所有真理、所有实在而被打开的唯一屏幕。最后者变为第一者，原则被规定为最后的原则，因此现象学唯有通过把"第一哲学"颠倒为"最后的哲学"才能重获"第一哲学"的头衔。

第二部分

现象学与伦理学

对伦理学这一概念的系统的引导性规定与界定①

[德] 胡塞尔②

一、伦理学作为关于引导行动的正确目的和最高规范性法则的普遍工艺学

我们以传统上伦理学与逻辑学之间的平行化为出发点；事实上，这种平行化在理性自身中有着最深刻的动机。一如逻辑学，伦理学多数情况下也被规定为一门工艺学，被作为工艺学来对待：逻辑学被规定为那以真理为目的的、判断着的思维的工艺学，而伦理学则被规定为意愿与行动的工艺学。逻辑学关涉的是人类及其活动的一个特殊种类的实践需要；这是那些被某种纯粹理论兴趣所规定的需要。作为判断着的生物，人类追求真理，最极端的是追求科学形态中的真理。人类是在理论的明察中现时地获得和拥有真理。真理以持续不变的知识的形式成为人类的习惯的所有物，在任何时代人类都可以将这种知识再次变为现时的明察。在人类对真理与科学的追求中正确地引导人类，给人类提供从科学上得到论证的规范——根据这些规范，人类能够对命题、证明、理论，甚至整个科学的真理与虚假进行明察的评判——进而建立科学上得到论证的技术准则，无论理论目标能否被最好地实现：这就是作为工艺学的逻辑学的任务。

根据自古相传的定义，伦理学的情形也完全类似，只是与逻辑学和所有其他可能的工艺学相比，它进行规范的范围和技术上立规的范围要更为普遍。因为它涉及的是整个意欲与行动。科学判断活动只是人类行动的一种特殊形式，理论性的意愿目标也只是整个意愿目标的一个特殊类别。那

---

① 选自 *Husserliana*, Band XXXVII, *Einleitung in die Ethik*, *Vorlesungen Sommersemester* 1920/1924（《胡塞尔全集》第37卷，《伦理学引论，1920/1924年夏季学期讲座》）第一章，海宁·波伊克编, Kluwer academic publishers, 2004。——中译注

② 胡塞尔（Edmund Husserl）（1859—1938），德国哲学家，现象学创始人。——中译注

些经常对人类行动进行普遍规定的目的中的任何一个特殊的属，都为一种特殊的工艺以及与之相应的一门可能的工艺学提供论证：这样，战略就是指向战争的，医疗工艺（/医术，Heilkunst）就是指向健康的，建筑工艺（Baukunst）就是指向建筑的，治国工艺（/治国术，Staatskunst）就是指向国家的，还有其他各种各样的现实的和观念上可能的工艺学。然而必须要有一门工艺学，或者至少要假定一门工艺学：它存在于人类所有的工艺学之上，并凭借一种立规而覆盖着所有的工艺学——这就是伦理学。

在此，我们或可首先关注以下一点：那在特殊工艺学中是一种特殊课题的行动、目的设定和手段确定，受到实践合理性的评判的决定——此乃普遍自明的前提。根据某个既定的目的，实践理性所提供的并非所有的手段，而只是那些必须被选择的手段。

人们常说，意欲一个目的，也就是意欲所有那些蕴含在其一致性中的东西。但这却并不意味着一种自然法则上的必须（Müssen），因为从自然法则上看——在心理学的事实中更加如此——下面的事情是完全可能的并且发生得够多的了，即人们在实践上前后不一，与他自己或他的目的在实践上处于矛盾之中。战争的目的引导着统帅，所以统帅"必须""以合理的方式"——在此也就意味着在实践上的一致性中——自觉承担所有那些作为不可避免的后果而属于战争的东西，如死亡与毁灭；［一方面］他必须容忍这些，另一方面，从积极方面说，他也必须意欲所有那些手段，没有这些手段，一个如此这般的终极目的就不可能每次都＜会是＞①可实现的。这就是理性的要求，处于那与其否定的对立面实践上的一致性形式中的、处于那实践上矛盾的形式中的理性的要求。

由此，所有合乎工艺的活动或规整（Regelung）都显示出一种形式的共同性：在所有合乎工艺的行动中，在与某个引导性目的之统一性相关的可能活动的所有相互关联中，以合理的一致性形态出现的实践理性必须起到统治作用。人们会问，对于实践理性来说，也就是说，对于那选择和调整手段的理性来说，难道没有形式上的一般法则规范，而后者难道没有已经指向一门超出于所有特殊工艺学之上的普遍的工艺学吗？

这门普遍工艺学作为如此这般的工艺学会在形式一般性方面从实践一致性延展到任何一种行动之上，不管行动可能受到哪些具体目的的规定。

---

① 尖括号＜　＞内的文字为原编者所补充的文字。下同。——中译注

在此要注意的是，那独一无二地规定着一个人的，决不可能是某个具体目的。个别人可能有一个事实上贯穿他整个人生而起到支配作用的职业目的，但即使这样一个目的也并不独一无二地规定着这个人。比如，军事家在其职业目的之外还有其他目的，还有私人目的；在超出其实践的职业生活之外，在各种各样的目的以及所有附带的那些行动之中，必然有一种作为理性要求的实践一致性在统治着。

然而，虽然这种思想＜可能＞显得正确，虽然对实践一致性的形式法则的强调或许是必要的，但是由此并不会得到一门本真意义上的伦理学，甚至也不会得到一门形式的伦理学。对于伦理工艺学的传统划界而言，另一种思想——也就是下面这种思想——无论如何都是决定性的：每一门特殊的工艺学都是从人类生活的一般实践中接受某种类型的、被先行给予的人类目的。特殊工艺学如此处理那种排在首位的引导性目的——如战略处理战争或医学处理健康——就好像这种目的是一种绝对充满价值的和最后的目的。无论如何，特殊的工艺学并不进一步追问和考虑，这种引导性目的是否以及在何种程度上真正是一种值得追求的目的。但是正如所有的判断、所有在思维活动中获得论断性设定的理论命题都受到有关真理与虚假的正当性问题制约一样，所有在意欲中得到有意设定的目的也都受到正当性问题的制约。目的与手段由意愿设定；因此，它们在与理论判断活动所实施的，并且在语言上作为陈述命题而突出出来的那些命题的平行关系中，也会被刻画为意愿命题。在这两方面，在判断命题与意愿命题这里，我们在一种平行的，但显然并非同一的意义上谈论正确与不正确，也谈论价值与无价值，甚至谈论一般而言的真与假；谈论真的与假的目的和手段，这完全正常。这样一些针对正确与不正确、价值与无价值的追问或评判、决定，人们称为规范性的。

引导性的思考是，现在显然必须要有一种规范性的科学，它以普遍的方式通观人的目的，并且在这种规范性的视角之下对这些目的进行普遍的评判；换言之，它要探讨下述问题：这些目的是否如其当是（sein sollen）的那样而是。因此它并不针对单纯的事实问题，如人们实际上追求哪些目的，实际上首先追求哪些终极目的，以及人们一般把哪些目的视为最高终极目的的类型，而是针对正当性问题、价值问题：如此形成的终极目的是否应当去追求，是否值得去追求？

在此，下面这个问题立即浮现——如一开始＜被＞忽视的那样——出来了，即：相对于一个行动者所设定或能够设定的，并且他每次都在其中有所选择或能够有所选择的那些多种多样的目的而言，一个不只是实际的、而且是正当的目的是否是并且在何种程度上是最高的和最终的目的；另外＜还有＞这样的问题，即如果对于任何处境下的人来说，甚至或许是对于他整个行动着的生活的统一性来说，必须存在一种绝对被要求的目的，亦即一种不仅在相对最好的目的之意义上的最高目的，而且在对于他来说是唯一正确的终极目的之意义上的最高目的，那么因此，人是否处于一种绝对应当、一种绝对义务的要求之下。因此这一唯一正确的终极目的应当会改变所有此外单纯通过引申、也就是通过特殊化或处于中介位置还被允许的目的，并借此应该会在实践理性的规范下以绝对统一的方式支配着人的整个意愿生活。

　　于是，那对于一门伦理学的工艺学的可能性来说决定性的问题就在于：有这样一些一般的原则、这样一些规范性的最高法则吗？根据它们，所有的意愿目标，尤其是所有可能的终极目的都在理性面前区分为正确和不正确的，所有特殊的人类目的都必须先天地符合它们，以便能够作为正当的而根本上属于可考虑之列？关于目的设定与行动，有下面这样一些规范吗——即：那已经在自在与自为的、具有积极价值的目的之间进行选择的人必须要遵循的那样一些规范；也就是正确偏好的规范，对于行动者来说，对这些规范的违反就意味着实践上的谴责：他选择了他本不应当选择的东西，做了本不可以做的事？对于任何一个行动者来说，有某种从原则性的法则根据而来的 *unum necessarium*（唯一要务）吗？按照这些法则根据，个人的任何一种在其普遍统一性中所采取的意愿生活都服从于一种支配性的立法，这种立法作为理念预先规定着伦理学上的好的生活，并在一系列行动中起作用，而且这些行动中的任何一种都可能会被刻画为绝对应当的？

　　人们的一般行止（Verhalten）似乎支持着这一点；他们确实不断给自己提出良知问题——就好像他们拥有这种只是未曾明言的持久信念："我应当做什么，我的处境究竟要求我（做）什么以作为那此时此地当为之事（Gesollte）？"同时，他们也提出那些普遍的、超出所有情境特殊性之外的命题，如："你不要让自己被激情卷走！""你要尽心尽力，做到最好！"如果这是正确的，如果我们不为伦理学上的怀疑主义所动摇而认为它是正确的，那么，就必定有一门最高的、规范性的和实践性的学科，后者在关于诸原则以及能够从中引申出来的诸规范的科学一般性中，向我们提供出对于各个绝对当为之事的评判；并且因此，根据可能的实践情境的类型学，给我们配备实践规则，即这样一些规则：我们如何按照它们来支配我们的生活，并尽可能地使我们与一种伦理上的好的生活的观念相符；以及，我们如何能够根据可能性来实现这种生活。

或许结果将表明，这一思路并不足够的彻底。或许，伦理学作为正确行动的实践工艺学这样一种规定并不怎么是关于伦理学所能说出的最后定论，一如逻辑学作为认识的工艺学这样一种规定也不怎么是对于逻辑学的最后的和最好的定论。虽然它是一种完全有益的说法，亦即，虽然在任何情况下从一开始就非常清楚，这样一些工艺学有其良好的意义与适当的权利，并且因此就伦理学来说，我们可以（在这种既有的强化中）把这种久已流行的界定与任务规定的方式明确地采纳为出发点，但毕竟它不是最后的定论。

二、对伦理学作为工艺学这样一种概念规定的补充说明

（一）对伦理评判之对象领域的限定；人格及其在伦理评判中的品格

现在还需要补充的，可能是对下面这个问题的考虑：我们如何能够与某些在我们看来经常和伦理这个词连接在一起的观念相符合。我们不仅把意欲与行动及其目标称为"伦理的"，而且还把在人格性中作为习惯的意愿朝向（Willensrichtungen）的持久志向（Gesinnungen）称为"伦理的"。进而，我们还把单纯的愿望、欲求或欲求的目标本身，再进而把各种情感和感触称为"伦理的"，其中的情形各式各样，如伦理上值得赞扬的和卑鄙下流的，伦理上肯定的和否定的。于是我们把各式各样的愉悦、悲伤时而称为"美好的"、高贵的，时而称为恶劣的、低贱的、庸俗的，并在其中看到伦理谓项，同样也看到相应的志向和习惯的情感朝向，如爱与恨。于是我们对全部习惯的感情特性进行评判，从总体上对一个人的整个"品格"进行评判，把它们评判为道德高尚的或在伦理上卑鄙下流的；我们对天生的以及习得的品格进行评判，最终并且尤其对人格本身进行评判。

所有这一切，一门作为关于限定了的规定的实践工艺学的伦理学能轻而易举地予以满足。只要人格性是这样的东西：它在意欲中意欲着、在行动中行动着，只要人格性的品格特性明显地、合乎经验地共同制约着意愿

的朝向，那么，那在绝对的应当要求（Sollensforderung）的伦理形态中贯穿人生统一性的目标给予（Zielgebung）之统一性，便与人格性的统一性有着本质关联。反之在这一点上，每一种新的意愿行为也反作用于品格；意愿行为在习性领域中留下积淀，而习性又从它那一方面作用于未来的实践，就像——比如——每一个善良意愿、每一种伦理上的克己行为都使得心灵中进一步的善良行动所需要的习惯的力量基础获得提高，也就像每一个坏的意愿都削弱了这种基础。

不言而喻，对于意愿或意愿目标的伦理评判因此将传递到相应的人格之习惯特性上，甚至传递到有益的或不利的禀性之基础上，后者由此也获得伦理的谓项。同样不言而喻，在意欲与愿望、评价、情感性的表态以及任何一种心灵状态之间所具有的那种密切的动机引发关联那里，关联中的后一方，即愿望、评价、表态和心灵状态，也被从伦理上而且往往以强调的方式加以承认或抵制。一种高尚的爱，作为个别行为或者作为持续的情感朝向，在其自身中甚至可能并不包含欲求与意欲，但它却宜于激发起意愿。凡在它激发起意愿之处，意愿即是——作为由高尚所规定者——一种自身就高尚的意愿。而对于那些追问绝对当为之事的问题来说，这一点显然要从本质上予以考虑。

最终完全清楚，伦理评判——首先它多么受到意愿及其内在状况的规定——与对人格的评判不可分割地保持一致，后者又是根据人格的所有品格特性和人格的整个心灵生活而进行。伦理评判与对人格的评判这二者之间的一致也显示在下述一般观点中：只要自身评估、自身规定和自身教育的能力归属于某个人格本身，并且在此情况下，那在自身塑造中自觉地按照伦理上的应当规范而行事的能力也归属于某个人格本身，那么显然，一个人全部的，甚至是那些智性的特性也就一道属于其本己的伦理领域。很明显，一切都具有正负价值和价值等级。然而自身评估推动着自身教育的进程。于是，知识性的才干（Tüchtigkeit）作为人格中各种真正善的持续源泉（亦即人格之理论知识的持续源泉），就是一种高级的善，不过还并不自在自为地就是伦理的善。此时，在任何一种情形的职业选择中——在其中，知识性才干及其他需要掌握的才干（还要考虑到固有的天赋）在相互竞争着——知识性才干都成为伦理评估的对象。于是，"我应当如何把我的生活塑造成为一种真正的好的生活？"这个具体的伦理问题，甚至就包含着诸如下述这类问题："选择那对我来说是绝对当为之事，选择科学职业，或者毋宁说，不选择一种实践职业——这是我的事情吗？"

（二）伦理与道德的划界

或许有一个疑问已经纠缠你们很久了，现在是时候来考虑它了。既然伦理学毕竟经常被与道德哲学等同起来，那么我们的伦理学观念得到恰当限定了吗？

可是，正是这种典型说法让我们充满疑虑，而且在这里，"伦理的"这个概念的一个固有特征在我们看来也是很明显的。我们反复把"伦理的"和"道德的"这两个词作为等价词来使用。显而易见，我们把后一个词与纯粹仁爱（Menschenliebe）的想法和活动联系在一起，尤其是在实践情形中。在实践情形中，我们为我们自身而欲求和在实践上加以追求的东西（也涉及纯粹的和真正的善），与我们的邻人所欲求的东西或〈对于他们来说〉值得欲求的东西处于竞争之中；自然，对于那些具有否定价值的东西来说也同样如此。在专门的意义上，利己主义、恶毒、诽谤等诸如此类的每一种想法与活动都是不道德的；同样，任何一种对于共同体的有意伤害、对祖国的背叛、黑市交易等也都是不道德的。于是问题就在于：对于那为了科学的或工艺学的使命而"真正地被召唤者"来说——这一"被召唤者"在这一点上恰恰辨认出他的绝对应当——他对这一使命所做出的奉献因此被标识为当为之事了吗，既然并且如果此当为之事对他的邻人、对他的共同体、最终对人性是有益的，并且他愿意出于这样一种热爱去做而且确实做了此当为之事？

然而，引导我们规定的基本思想曾经是什么呢？简要回顾如下：伦理学是正确行动的工艺学，或者，由于正确行动是指向正当目的的行动，所以伦理学也是目的的工艺学，即我们的行动必须正当追求的目的的工艺学。然而如果下述看法也是真实的，即在任何一种生活处境中，对于任何一个行动者来说，都有一个唯一的目的被先行标记为那 *unum necessarium*（唯一要务）、被标记为那应当被意欲的唯一者，那么伦理学就是关于这种绝对当为之事的工艺学，或者是关于实践理性之绝对要求的工艺学。借助所有这些，伦理的概念就得到了规定，一种关于伦理正确与不正确的一般框架也得到了确定；在此显然并没有谈到通常词义上的道德事物，尽管在通常情况下，语言仍把伦理的与道德的这两个词作为等价词来使用。根据其范围，这两个概念能够最低限度地符合吗？那么这就会意味着：如果意愿决断的终极目的,也就是那规定着一切行动的最终目的,拥有博爱这个名称,而无论进一步的规定听起来会如何,那么,无论我们在何处就我们的意愿决断,并因此也＜就＞行动提出那绝对是实践上的正确性问题,意愿决断就只能显示为绝对的当为之事。

有例子表明,这样一种立场是有其困难的。可能只有当伦理的最终的规定性动机是我们"邻人"的高尚的推动,只有当它最终被非常慷慨地理解为遥远的和最远的共同体、民族以及人类(然而我们不太可能作为共同利益承担者而把自己纳入到它们之中)这三者的福祉,伦理,亦即由绝对是实践上的应当之根据所辩护了的伦理,其自身才会是一种科学上的或工艺学上的追求。甚至,我们在其中遵照感性感受的刺激而使我们的身体性的自我保存得以可能的一切行动,都可能同样处于这种情况中。[例如,]我们就会只是为了这样一种可能性,即借助于我们的自我保存而过上一种博爱生活,才允许我们自己承认比如美味佳肴是正当的。

自然,这里并不是现实地解决这些困难的地方。然而它们也并不是那类能够以无论什么方式损害我们对伦理学所作的概念规定的困难。确定无疑的仅仅是:有一种与一切可能的意愿和行动相关的、进行规范着的绝对应当,因此一门与之有关的、最高的工艺学的观念也显然得到了辩护。于是再清楚不过,一门得到如此界定的伦理学就必须以科学的方式处理所有种类的、能以绝对应当的特征显示出来的实践上的善,因此也必须处理那无疑具有一个较高——如果不是最高——等级的博爱的领域。但是后者是否是在下述意义上具有这一等级,即任何其他的实践上的善都是从博爱中引出其绝对应当之价值——这一点将会把我们合法意义上的伦理工艺学交付给特殊的伦理学研究。无论如何,我们的规定都具有下述优点:它在其形式的一般性中,并没有通过特殊的善的领域对绝对当为之事的某些内容规定做出预先判断,而只是为所有可能的内容上的研究画出定义框架。

(三) 个体伦理学与社会伦理学之间的区分

对于我们的伦理工艺学的规定,还要考虑最后一种想法,你们中的好些人肯定碰到过这种想法。人们会问,我们对伦理工艺学的这种规定能适合于个体伦理学与社会伦理学之间的那种无疑仍然有待考察的区分吗?这种规定最终不只是界定了第一伦理学,即个体伦理学吗?然而我们的概念规定根本不必是这样的意思,如果我们只是恰当地理解我们的概念规定,而且当行动着的人类主体不仅可以是个别的人，还可以是人类的共同体时，比如，就像柏拉图曾经把城邦称为放大的人一样。不过，这里还是有必要对我们的整个理解澄清几句。

对于可能的活动领域来说，每一个人都拥有其自己本身及其环境，并且因此发现他自己必然是由远近不同的周围人所组成的共同体的一员。作为这样的一员，他有时过一种特殊的共同体生活，亦即，发挥着精神作用并由此也发挥着行动的作用；在这些作用中他自觉地作为共同体的职员来活动，比如，在国家中作为公民关系中的公民、作为公务员或士兵来活动。但是有时，尽管他并没有停止作为其共同体的一员，他却过着一种共同体之外的生活；在这种生活中，这样一些社会性的作用并没有作为推动性因素得到考虑：正如当他为了自己的教育或提高，而不是为了给其教员工作做准备而读书时，或当他吃午餐时，等等。不过，只要在无穷无尽、变化多端的偶然具体情形之上还存在着一种规范性的和实践性的法则，根据这种法则个别情况是可评判的，那么一切都可以在伦理上变得意义重大，并在绝对当为之事的视角下得到考虑，且具有科学的一般性。

进而也很清楚，我们不仅能够就共同体成员提出伦理问题，而且也可以就共同体本身提出伦理问题；共同体也可以被从伦理上加以评估。这一点是不言自明的，只要共同体被视为达成其成员所提出的目的之实现的手段。然而，共同体也可以在一种好的意义上呈现出更高层次上的人格特征，以至于我们可以在好的意义上谈论与个别意愿相对而言的共同体的意愿。据此，我们可以而且必须谈论比如一门民族的伦理学。无论是在其自己的生活中还是在其国际交往中，诸民族都处于伦理规范之下。如果整个伦理学作为规范性的和实践性的学科拥有其权利，那么无论如何，一门共同体的伦理学都要必须先行加以考虑。

三、工艺学与理论科学之间的区分标准问题，接续布伦塔诺把理论兴趣从实践兴趣中区分出来的疑难

借助于在某种程度上得到辩护的古老传统，我们最先对伦理学作为一门工艺学这样的规定做出了澄清，并且先行承认了它的明确的权利。在此之后，我们要回到那个已经指出过的怀疑，即工艺学的视角对于处理那些为自古相传的伦理学所专门固有、亦即是如此形成以致在其他科学学科中找不到其位置的疑难来说，是否是那在根本上具有决定性作用的视角？

对此，我们从哲学上更大的有效范围出发开始考察。这个考察在我于《逻辑研究》第一卷中为逻辑工艺学所进行的考察中有其严格的平行物。借助于那种考察，我曾试图同传承下来的逻辑学中的心理学主义、进而同认识论上的心理学主义进行坚决斗争。事实上，这同一种斗争也涉及同伦理学心理学主义、实践理性理论中的心理学主义和伦理认识理论中以及所有平行的理性领域中和规范性哲学学科中的心理学主义的坚决斗争。我们现在打算探讨的内容也是上述那些范围中的本质性的一部分。

首先需要的是一种基本的概念规定。什么是"工艺学"及其对照物——即理论科学，确切词义上的科学——的特征？在后者中有比如数学科学、物理学、化学、生物学、语言科学和文学科学，以及其他精神科学。而工艺学的例子我已经给出过了。然而就多种多样的物理的和化学的技艺学（Technologien）① 而言，我还想指出的是，正如技艺学的概念可以按照原初词义得到如此大的扩展，以致它就像整个工艺学那样含义丰富，因此我们也可以谈论精神科学的技艺学，比如实践法律学、实践神学和教育学。"实践学科"这个表达也是"工艺学"的一种等价物。

所以，究竟是什么把工艺学（技艺学或者实践学科）与理论学科，亦即确切意义上的科学区分开来？它们二者，包括工艺学，都是科学学科。因为，我们并不是只把工艺本身与工艺学区分开来。相反，按照一般的哲学术语用法，工艺学并不意味着诸如手艺学（Handwerkslehre）之类的东西，诸如那种对艺术操作中的技术性的辅助工具、防护措施、操作技巧等所做的有益于艺术操作的描述之类的东西，也不意味着那些对学徒所做的纯粹实践上的，但并不带有科学论证的繁重指导。在科学服务于实践目的，且那些为实现这种目的并在科学上得到论证的方法出现的地方，具有科学内容的工艺学就变得可能。于是一方面，它们提供科学定理及其理论论证；另一方面，它们又处理其与具体的实践情况的适应问题，以及所有那些可能服务于下述目的的事情，即为了获得人们所要求的那些合乎目的的成就而从理性上去论证一个尽可能有益的规则系统。

在做出这种澄清之后，我们可以接近对我们的问题的回答了。在其于维也纳所作的那些意义重大且极富影响的关于实践哲学的大学讲座——在

---

① Technologien 是 Technologie 的复数，Technologie 一般也译为"工艺学"，这里为了与 Kunstlehre（工艺学）区分开，我们译为"技艺学"。——中译注

第二部分 现象学与伦理学

40年后我仍满怀感激地回想着那些讲座——中，布伦塔诺是以下述方式回答我们的那个问题的①：任何种类的科学学科，无论是理论科学还是工艺学，都不是知识的任意汇编。在所有科学中都充满着统一性与秩序井然的相互关系。但是在理论科学与工艺学这两方面，联结与秩序的原则是不同的。在理论科学中，统一着的原则是一种理论兴趣的统一性；而在工艺学中，统一着的原则则是实践兴趣的统一性，是与有待实现的实践目的的关联。

布伦塔诺补充道：由此就表明，为什么在一种理论科学中只是同质的、只是事质上（sachlich）共属一体的知识达致统一；而在一种实践学科中，则往往是完全异质的知识达致统一。因为理由与结果的那种只联结同质之物的、事质上的共属一体性（Zusammengehörigkeit）延伸得有多远，理论兴趣的统一就延伸得有多远。但是，当问题涉及一个目的（当然是一个高阶的且要求复杂手段的目的）的实现、涉及根据这个目的而进行的对所有科学真理——关于这些真理的知识很可能是有助于这种实现的——的收集时，那么在这种情况下，这些真理就可能是完全异质的。每一种真理都自在地在某一门理论科学中拥有其理论位置。但是，伴随着其与不同的引导性目的的关联，任何一种真理都将时而在这些工艺学中、时而在那些工艺学中成为有用的，而这种有用性所追问的又并不是内在的共属一体性。那为建筑师们写手册的实践家，自然会考虑到数学、物理学、化学、美学等方面的因素，他也会谈到建筑材料，因此也会深入了解岩石学，＜会谈到＞建筑监理规则，等等。

这一说明无疑具有其力量和一定的价值内容。然而毕竟，由于某种隐藏着的歧义性，它也造成严重后果，它使得布伦塔诺本人以及所有那些追随他或自动地由类似的古老动机引导的其他人困惑不已，它还为伦理学、逻辑学、美学，总而言之为哲学的规范学科和实践学科引出某些结论。

让我们继续考察②：理论兴趣与实践兴趣之间的对置被用作区别性原则。但是什么在规定着它们的意义？这里已经有一种令人不快的不清晰

---

① 对此参见布伦塔诺《伦理学的奠基与构造》，根据弗兰齐斯卡·迈尔－希勒布兰德（Franziska Mayer-Hillebrand）出版的遗著中关于"实践哲学"的讲座，波恩：1952，第1－12页。——编者注
② 参见1920年所写的第三节文本，附录I：《理论科学与工艺学之间的区分》，见第321页及以下几页。——编者注

性。在理论兴趣之下，人们在此理解的显然是这样一种"兴趣"：它在像数学、自然科学、心理学这类科学中起作用，如人们习惯说的那样，它是一种为真理本身之故而对真理的兴趣。但是，人们这里同样也会问，这种兴趣在真正的意义上不是实践的吗？它不是像任何一种没有理论目的、只有其他类型目的的兴趣那样，也是一种已经指向某类有待实现之目的、有目的的活动的追求吗？理论兴趣朝向真理，这就是说，它在以合乎知识的方式产生真理、实现真理的过程中满足自己。

当然，这里需要更准确。让我们在此稍作停留。理论兴趣的原初表达并非其他，而正是哲学，是爱真理或爱智慧。根据希罗多德（Herodot）的著名记载，梭伦（Solon）当时周游世界，并不是为了满足行动的兴趣或政治的〈兴趣〉，而纯粹是出于对经验知识状况的纯粹喜爱而去认识世界、了解各地风土人情、熟悉国家的建立，等等。当然了，与此同时，直接经验也在规定性的经验判断中展开，这些经验判断则在其被直观地奠基了的真理中变为必须持续下去的知识财富。关于经验世界的一个部分的经验知识的统一性，作为秩序井然的合乎判断的规定——这种规定是统一性在合乎经验的真理中所是的那种东西的规定——有秩序地且连续不断地产生出来。

然而，哲学冲动作为对世界知识的充满爱欲且饱含目的的追求，很快就不再满足于这种单纯的经验信息。它总是发现和寻找更高的知识价值。单纯的经验信息将被提高到专门理论性的，并在逻各斯的形式中被塑造的知识的更高阶段。严格的概念构成物、严格地打上概念烙印的真理，以及它们系统的经验性形态——这三者的优越价值在严格的证明中并最终在理论中闪现出来；由此，不断上升的理论价值的无尽的等级系列，以及某种系统性进步所具有的那种涵盖了这些价值的统一价值之无尽的等级系列，也在这些价值的形成过程中闪现出来。总而言之，作为一种惯常的、职业性的存在之观念的科学观念产生出来了，这种存在是以总要不断扩张的理论之系统进步为定向的；在这种理论的系统进步中，一切存在的全体，或者至少是一个纯粹在概念上封闭起来的存在区域，应该会在观念上和理论上展现给我们。对于普遍科学或者哲学来说，普遍理论是它们必须要接受的目标，即使这一目标处于无限之中，就是说，仍是作为那些在实际操作中不断扩展和提高着的诸理论的系统进步；同样，对于任何一门特殊科学来说，对于它的自身就是无限的领域来说，情况也类似。因此，在理论兴趣中起着推动作用的目标，就并不是那被整个地任意抓取在一起的真理，而是普遍的与理性的理论之统一性。

无论如何都很清楚：在任何科学中，我们都处于一个实践王国里；实践目的和目的系统的统一性引导着我们。那通常且在客观意义上被称为科学的东西并非其他，而正是那在科学家的工作中历史地形成的东西和持续变化着的东西。理论，比如像欧几里德的或其他教科书中已经成熟的几何学理论结构那样的构成物本身，以及任何一门科学，都是一种工艺，都像任何一种工艺那样受实践理性中的目的统一性的引导，与比如建筑工艺或战略没有任何不同，后者只是具有一些其他目的，比如建筑物、战役，等等。

在观念上，任何工艺都有一门工艺学与之相伴，这对于我们来说已经很清楚。这一点对于在这里用来称呼科学的那种工艺同样适用。事实上，传统上理解的逻辑学不是别的，正是认识的工艺学；正确理解的话，它所指的并非其他，也正是关于科学的一般工艺学。它应当为我们论证规范和实践的规则，根据这些规范和规则，我们就能够以正确的方式实现那些在此意味着理论与客观意义上的科学的工艺建筑物。这一点既对于一般逻辑学有效，<也>对于那些属于任何一种特殊科学的特殊逻辑学有效，比如关于自然科学认识的逻辑学、关于数学认识的逻辑学，等等。

同时下面这一点也很清楚：如果所有现实的和可能的工艺学都处于一门最高的工艺学，即伦理学之下，那么，只要一切可能的目的都在绝对被要求的生活所具有的理性之意义上处于绝对当为之事这种最高的、观念的目的之下，那么任何一门科学以及覆盖着所有科学的哲学就都必须隶属于伦理学——这门各种工艺学中的国王般的工艺学。如果作为个体的和社会的人类生活之一个分支的理论兴趣活动、科学思维和科学研究，具有一种能最终提供价值的权利，那么伦理原则和绝对应当的规范就必须得到遵守。

这一切都清楚无疑，而且对于我们来说也将非常有用。但是，在用语上而且是在哲学话语中把理论兴趣与实践兴趣区分开，甚至使它们成为一组对立物，其根据现在仍迫切需要澄清，因为理论兴趣毕竟只是一种特殊的实践兴趣。为什么对认识的追求被置于所有其他追求的对立面，为什么这里会出现一种对立？与这种不清晰性密切相关，另外一种在进一步考察中浮现出来的不清晰性也显现出来，这种不清晰性就是与科学概念相对照而言的工艺学概念的不清晰性。如此，我们又再一次面临着我们的引导性问题。从现在的一些几乎是明显的理由来看，布伦塔诺的那种初看起来如此有说服力的区分方式实际上就无法满足我们了。

让我们思考如下：我们已经使科学的观念足够清楚了。科学朝向的是普遍理论，后者乃认识之诸善领域中的最高善。那么工艺学朝向什么？我们已经理解了工艺本身想要什么以及它是什么。一个一般目的的统一性规定着在实践上合理的或合乎工艺的成就之某一系统种类的观念［（这些成就）从主观方面说是作为目标成就被瞄准的习惯上的行事能力，从客观方面说则是方法、手段和最终像目的那样被实现出来的合乎工艺的构成物］。以此方式，物理学的和化学的技术就是一种工艺；同样，医道和教育工艺也是一种工艺；甚至连科学也是工艺——无论语言多么不喜欢这个表达——尽管我们还不理解为什么科学毕竟被置于所有其他工艺的对立面，以及它为什么不被称为工艺。因此，通常我们理解工艺是什么；但是，那相应于每一种工艺的工艺学又有什么样的目标呢？它作为学（Lehre）①，是否并不是诸多希望得到论证的陈述所组成的一个统一的系统，并因此还不是一门科学？法律学、应用数学、神学、医学、逻辑学，不都是自称为科学吗？

陈述是规范性的，从目的论上说是实践性的，它们涉及手段对于目的的归属。所以在认识工艺学或逻辑学中，规则是为科学上明察性的认识服务的；在应用数学中，规则是为数学理论在具体情景——比如自然——中的运用服务的；在医疗治疗学中，规则是为通过运用自然科学理论与心理学理论而进行的合乎工艺的治疗服务的，等等。由于这些规则在科学的工艺学中被从科学上加以论证，所以实际上就显得这些工艺学本来也就是科学。但是又该如何理解，它们仍然经常被置于科学的对立面，或者人们仍谋求在理论科学与实践科学之间做出区分？此处存在的不清晰性，如我们马上就要指出的，来源于工艺学这个概念所蕴含的双重含义。指出这种双重含义立刻就凸显为最重要的，这＜一方面＞是为了表明纯粹逻辑学的权利以及作为关于理性和理性中各种形态的纯粹科学的纯粹伦理学的权利，另一方面是为了把它们同有关科学认识以及伦理行动的本来意义上的工艺

---

① 工艺学（Kunstlehre）是由"工艺"或"艺术"（Kunst）和"学"（Lehre）两部分组成，所以工艺学也是一种"学"（Lehre）。——中译注

学区分开。但这对于一种真正的哲学形态来说具有许多重大后果。

四、工艺学作为理论的和实践的科学,对工艺学概念的双重含义的提示

让我们首先考虑,如果工艺学这个概念实际上应当被视作那作为理论之统一性的科学的概念的对立概念,如布伦塔诺事实上对它的看法那样,那么,我们在工艺学概念——比如化学技艺学的概念或者战略的概念、建筑工艺的概念——中放置了什么内容呢?建筑师以建筑为其引导性目的,并且作为实践家,他为此目的配以适当的手段。与此同时,他也使用或运用各种各样的知识,但就最起码的理论倾向而言,他却并不具有理论兴趣。他的目的恰恰并不是对无限的理论性关联的追求,任何一种被考虑到的富有助益的真理都会根据其意义内容被引进这种关联。同＜作为实践家的＞建筑师一样,建筑工艺学家也如是。作为建筑工艺学家,他也是实践家而非科学家。与建筑师相比,他当然有不同的目的要教授。他的目的并不是建造建筑,而是给出合理的,也是经过科学论证的建议、规章、实践规则,这些对于所有的建筑师而言都可能是有益的。他的目的也再次规定了对必须要考虑的,最终也是理论性的辅助工具的选择与安排。根据他考虑到的是一般的建筑师还是讲究工艺学的建筑学家,他的选择和描绘也将不同;同样,根据他是为德国的建筑师写作还是为某个美国的建筑师写作,他的选择和描绘也将不同。

至于科学元素(Wissenschaftliche),他可能或多或少利用其中的一部分;甚至他会偶尔碰到某个新的理论疑难,并且必须为他自己解决这个疑难。但是他的工艺学毕竟并不因此就是一种科学,他自己也不是科学家。因为他并不为理论认识服务,他的态度也不是理论的态度,这种理论态度在理论上组织起来的无限的真理中有其目的,这些真理则是建筑工艺学家的疑难所涉及的相关领域的真理。他所考虑到的所有真理都不是相应于某种理论关联,而是相应于他的实践与实践的组织化的目的之间的关联。严格地看,所有这些与其工艺学相关联着的理论命题都并不是单纯的理论命题。实情毋宁是,它们在他的手里可以说是接受了一种新的标记,即实践功能的标记。工艺学所给出的,本来就时时处处都是针对某个行动的建议、实践指示和规章,这一特征为工艺学的所有命题所具有;作为工艺学,它完全不懂其他东西。甚至它所包含的理论命题作为规章本身的基础

与组成因素，在它之中也带有规章和实践指示的特征。正如命令或愿望句不是理论命题（判断）一样，建议或规章也不是。

我们因此看到，工艺学作为一种具有实践规定——即沿着某种目的方向推动实践家——的规则系统，事实上是某种完全不同于科学的东西。严格地考察，它完全不是在一个真理整体中联结在一起的诸真理的系统；从主体这一侧来说，它也完全不是在一个认识统一体中联结在一起的诸认识的系统。毋宁说，一门工艺学乃是诸实践命题的系统。这些实践命题被联结在一个统一体中，恰如这门工艺学具有这些命题那样，而这就是一种实践事务（Praktischen）（只是多项命题）的统一性本身。许多指示一起构成了一个关系到目的的指示；而从主体那一侧来看，则是一种实践上合理的推动意愿（Förderungswillen）的统一性在起着支配作用。如果我们也喜欢在一门工艺学中谈论"真理"，那么，真理在这里就具有一种与逻辑-理论领域中的真理相平行但又不同的意义。一个合理的或"真实的"建议是某种不同于真实的判断的东西。

现在，如果人们仍然把工艺学称为科学学科，甚至也在这一标题下处理那些实际的科学学科，那么这一做法在一种先天事态中有其根据；然而由于这一事态没有得到澄清，它也造成混乱的后果。因为，任何一种理论命题都先天地可以进行实践的运用；它可以为了推动任何一种目的而接受一种实践的功能，因此它就变成了规章的组成环节。但是反之亦然——这对于我们至关重要——任何一种实践的命题也都可以进行理论的运用。

亦即谁具有实践倾向，就是说作为追求者、意愿者而指向某个理论外的目的，那么他也可以以理论的方式调校自己。而这也就是说他可以这样：使实践本身以及所有那些隶属于实践的东西——比如目的的价值、目的与手段的关系、规章所具有的实践真理及其论证，等等，当然同样也包括那作为意识设定着目的的行为及其理性统治本身——都成为理论性的主题。一个制定战略与战争工艺学的战略家，是作为实践家为实践步骤而写作。作为战士，他在实践上对战争感兴趣。但是，当一个像施特格曼（Stegemann）①——他不是战士并且也许甚至是个和平主义者，纯粹对战

---

① 赫尔曼·施特格曼（Hermann Stegemann）（1870.5.30—1945.6.8），作家与历史学家，他写过备受关注的、关于第一次世界大战期间军事局势的报道，在1917—1921年还撰有四卷本的主要著作《战争史1914—1918》。——编者注

略问题感兴趣——这样的人来描写战略时,那么这就是一种他深陷其中的完全不同类型的"工艺学";这是一种在纯粹理论兴趣中仔细研究一个可能实践领域的理论科学。事情当然也有可能是这样的:作为战略工艺学家的军官逐渐被理论兴趣所抓住,不再思考实践上的建议,而是探究那些与实践主题相关的真理之固有的理论统一性;在任何一种工艺学中都会有这种情况。那些原本被认为是实践工艺学的技艺学(Technologien)就变成了科学学科,另外实际上唯有技艺学这一标记是适合的。因此例如,实践法律学(Jurisprudenz)就变成了法学(Rechtswissenschaft),实践神学就变成了神学科学。

当然,当实践兴趣是一种对于人类来说普遍的紧迫兴趣时,那么一种实际上自由且纯粹的科学教育就因理论兴趣的后撤而停滞在实践兴趣中。于是,人们就并非毫无限制地探究那些恰恰是实践上可用之物的领域的无穷无尽的理论真理。出于这种考虑,就会有这样一种约束性的倾向:"这毕竟没有实践意义。"在此,理论与实践、科学与工艺学,事实上不仅是对立的,而且还是敌对的倾向。事后也许会表明,那自由的且被作为自身目的来看待的关于实践的科学恰恰引导着大部分[实践],那在其确定的和有限的目的之魔力中生活着的实践家,将无法长期停留在理论态度中。

无论如何,对于我们来说,一种新的意义上的工艺学的可能性以及它的固有权利是存在的。凭借这种新的意义,那些现实的且是纯粹科学性的学科就对立于作为实践规章之系统的工艺学。与其他科学一样,这些工艺学也是一种纯粹认识兴趣所具有的范围,这种认识兴趣在无限的自由中探究着它们的特殊领域的理论真理。它们的理论领域因此就是关于目的秩序与手段秩序的真理,关于这二者应当具有的适应性和正当性的真理,与此相关,也是关于相应的主体行为及其合理性或不合理性、明察性或不明察性等的真理。

人们不应当因此让自己受到下述事实的迷惑,即一种工艺学——即使是作为科学的技艺学——与属于不同理论领域的真理相连;也不应当如通常发生的那样从中得出这样的结论:一门技艺学在其自身中并不具有理论的统一性。因为根本上说来,属于一门科学的真理同时也部分地在其他科学中有其自然的位置这样一种事实,并不排除一门科学的观念。在一门科学的对象本质上是由不同的组成部分组成的统一体的时候,比如作为心理－物理生物的人是由物理性的身体和一种心理实在组成的一种实在的统一体，这时，科学——在此即人类学——之真理的理论的共属一体性就建立在这样一种统一体或整体的普遍的属概念基础之上。就其意义而言，真理作为关于人的真理，它们是共属一体的：尽管它们一方面奠基于有关物理事物的真理之中，而物理事物又是服从于物理自然科学的封闭的联系；另一方面它们又是奠基于关于心理事物的真理之中。显然，所有特殊的目的论的、与目的和手段相关的真理也都是被奠基的，尽管由于终极目的的统一属而在本质上是相互共属一体的；比如，那些在物理的技艺学中出现的关于目的命题的真理——如"物理的"这个词所已经暗示的那样——就是奠基在物理学中，而从物理学这一方面来说却并不需要论及目的与手段这样的问题。同样，逻辑学作为工艺学，作为——当它被在科学上运用时——科学认识活动的技艺学，当然指向科学认识活动，指向所有本质上属于科学认识活动的东西，并因此指向关于认识活动的理论科学，指向经验的和先天的理论科学，但后者自身却并不是技艺学性的科学。

因此，在所有技艺学——在它们之中，恰恰目的是那在理论工作中起着统一作用的范畴——的本质中，就存在着这样一种情况：与对这些科学之主题的本质奠基相应，这些科学必须要回溯到那些为它们进行奠基，且其自身最终不再是技艺学性的科学。所以伦理学也表明自己是被奠基的。如我们所见，它以某种方式处在所有技艺学之上（就其在我们的行动中以绝对当为之事的视角评判所有目的设定而言）。我们从下面的例子中可以看出伦理学是被奠基的：因为它的主题把我们带向人的或人格共同体的追求、意欲、行动，所以我们就被引向关于主体性的经验科学和先天科学，被引向心理学、社会学等；进而，因为行动——以及在先已有的各种各样的意欲——是奠基在价值中的，所以一门普通伦理学显然必须要奠基在一门价值学中。

五、区分纯粹理论定向的研究与实践定向的研究的必要性，纯粹逻辑学的观念与伦理学

不过我们不需要在此逗留更长时间。无论如何，实践学科的观念所具有的一般双重含义现在已完全得到了澄清，而且现在也可以理解，为什么历史地发展起来的实践学科是真正的中间构成物，以及为什么它们被被阻止沿着纯粹理论中的所有方向自由发展。因为这种双重含义是这样形成的：一方面，实践态度可以是决定性的，它将为所有那些意欲实现某类目

的的人给出规章。于是整个工艺学就恰恰是关于某个实践者的规章和产物的系统构成物。另一方面,一种对于目的活动领域具有纯粹理论兴趣的纯粹理论态度也可以是决定性的。因为关于实践的理论本身对于实践者复又是有用的,所以就可以理解,从其原初实践态度出发的实践者也很容易转入理论态度,而本己的理论性的技艺学也来源于那些原初是实践性的工艺学,当然其意图是为后者服务。可是,恰恰这种意图又把某种理论之外的因素带入实践学科之中,这种因素阻止实践学科发展为完全纯粹的科学,阻止它无条件地遵循理论的兴趣,阻止它按照所有下述方向和奠基去发展理论,这些方向和奠基本来会要求可能实践的相关领域正好成为一门科学的主题。这一点必须得到广泛考察。

比如,法律学原初是关于法律解释、法律应用、判决和作为立法的法律建构的实践工艺学。从这种实践工艺学中就出现了科学的法律学,出现了关于法律实践及其构成物,亦即关于法律本身的科学。同样,科学的神学在实践的神学工艺学中有其起源,作为科学的教育学在一种关于教育的实践工艺学中有其起源。

当然,[一方面,]每次都始终存在着那种向实践家求教且要给他们提供有益规章的兴趣;对于法律家、神学家(神父)、教育家等来说,总是需要实践规则。这样就总是必定有一些自身具有实践倾向而渴望推动其实践者的教师。但是另一方面,纯粹理论是一种本己的需要,它也是关于实践的理论。那些迄今为止所具有的纯粹科学都被置于理论兴趣的普遍统一性之下,这种兴趣把所有科学都联结在一起,并最终把它们联结在哲学的统一性中。而在这里以下这一点恰恰又至关重要,即实际上在纯粹且自由的科学中,各个理论家根本没有忽略实践,他们并不是在无限的自由中施行他们的理论兴趣,相反,他们总是使理论成为实践的单纯婢女。

不言自明,这也涉及作为实践科学的逻辑学,涉及认识的技艺学或整个理论理智的技艺学,同样也涉及美学,而且一点也不少地涉及我们这里特别感兴趣的伦理学。在它们这里以及在所有[(这些成就)技艺学的科学]那里,我们从那些已描述过的一般理由中发现了这些相同的摇摆不定,发现了一种相同的倾向,即在理论事务中,人们并没有越过那让实践家感兴趣并与之密切相关、且在更切近的考察中对于实践家来说可能是有用的东西太远。

此外,技艺学的科学的这种狭隘性对于实践本身来说也具有其不可避免的后果。因为，那首先让人惊讶而随后毕竟又能充分理解的事实是：恰恰是纯粹科学，那在无限的理论兴趣中漫不经心地忽略实践之所有要求的纯粹科学，使人们后来能够在实践成就上获得最大的胜利。那对观念法则（它对可能世界有效）的认识，最终似乎完全消失在不现实的、单纯观念性的可能性之无穷王国中；但与此同时，它也毕竟在运用中——当然是在后来时代的运用中才——证明了自己：证明自己对于掌握实在的和实践的可能性王国来说，是最富成果的。

这种所谓的狭隘性必然会对作为理论——但理论在其自身之外也确有其实践——的哲学造成后果最严重的伤害。如果我们把自己限制在作为纯粹科学的哲学上，那么它因此就会受到那些不同的、成为其部分的实践科学的伤害，也就是会受到那些应当被如此合法地命名的哲学技艺学的伤害，在这些哲学的技艺学中，根据一种应当得到充分论证的等级秩序，那最高的哲学技艺学乃是伦理技艺学。我说，正是哲学受到最严重的伤害。因为哲学 au fond（实际上）并非其他，而正是那在最彻底的、同时也是最普遍的科学性之观念下的科学。它的本质恰恰是去成为那样的科学：在这种科学中，理论兴趣应当以可以想象的最完满的方式获得发展和满足。事实上，人们归之于它的功能是：最终为所有其他科学确定它们的意义和真理价值，把所有的真理价值都固定在最终的理论评价中，并通过普遍综合而上升到最高的绝对价值；因此根据观念，它就是具有绝对真理的科学，这种绝对真理作为国王式的存在就把绝对含义分配给所有其他科学，并在这种绝对含义中包含［着所有其他科学］。在这样的哲学中，居间的摇摆不定在一定程度上乃是一种哲学的罪孽（Todsünde）。

然而如果人们——如同直到不久之前那样——还停留在下面这种状态中，那么这就是一种居间的摇摆不定。这种状态即：如同对待逻辑学一样，也把伦理学视为在实践家看来必须要加以筹划的工艺学，继而在没有对从实践上获得奠基的工艺学与纯粹的科学技艺学做出明确区分的情况下即以某种方式来处理伦理学，而这种处理方式并不能使哲学的、也就是纯粹的和自由的理论兴趣得到满足。后果就是：由于受到实践动机这个重点的阻滞，人们就恰恰没有走到哲学的最终之物那里去，人们因此也没有彻底地探究那些理论奠基，后者由哲学技艺学之对象的本质内容做了预先规定。因此，那些纯粹的、原则性的哲学学科就并没有形成，这些学科可以说构成了那些在实践上和经验上紧密联结在一起的技艺学在哲学上的重点内容，并在意义方面远远超出了这些技艺学本身。根据对上述情况的认识，这些哲学学科首先必须被称作哲学的逻辑学或伦理学，而不是被一起命名的关于人类认识活动和行动的技艺学。

让我们先来考察逻辑学中的关系。逻辑学首先达到了一种更高的理论发展阶段，它也首先获得了澄清；因此很明确，对于一门纯粹的伦理学来说，逻辑学可以用作它的引导者。让我们从原初的传统意义上的逻辑学开始，这个意义上的逻辑学曾被视为认识技艺学。如果人们在处理逻辑学时，仍是如通常那样内在地具有实践动机，那么人们就会感觉到自己经常在实践上与人类联系在一起，与借助逻辑学的知识来改善人类这样的目的联系在一起。当然，人们是在经验态度中开始的，并且在实践的动机引发中被扣留在经验的态度上。摆在人们面前的人类的认识生活，有的成功有的失败；有的处在人的科学中，有的处在人的科学外。如果人们现在考虑并试图设立一种在科学上得到论证的认识规则，以及在这一点上哪些科学可能是有益的、恰当的，那么答案似乎很明显，即只要根本上涉及通过意愿进行的规整（这里就是那些应当被有意地加以引导的知识），那么一门与意欲和行动有关的科学就要得到考察。意欲和行动是某种心理事物，它们属于心理学，属于关于人类心灵生活的学说。

因为毕竟，那在实践上必须加以规整的认识是思维、论证等，所以——由于它标志的只是某类心理事件——在这里合适的是心理学，在此即认识心理学。据此，人们就会推论出并理所当然地坚持认为，一门作为认识技艺学的逻辑学必然在心理学中有其本质的理论基础。并且，也几乎显然的是，这门逻辑学必定彻底是由经验命题构成。所以那远远占据统治地位的意见——然而这种意见是根本错误的——仍然一直是像彻头彻尾的经验主义这样的东西；后者看不见任何先天因素，看不见一切理论＜真理＞和应当真理（Sollenswahrheit）的最终的抛锚之地。

也许这样人们就走得太远了。如果心理之物是在经验性、人类的生活中得到思考的，那么下面这种论证就当然是不言自明的，即一种如逻辑学那样从意识体验、从心理之物走向某种规整的工艺学，不言自明地必定是一种经验科学。但是事情也可以被认为是另外的样子。如果由于想对人类的认识活动加以规整这样一种实践态度，人们从一开始就把目光对准经验事物，以及，如果理论自由同时被实践动机限制住了，那么，那种黏着在经验之物中的倾向，那种对下述情况视而不见的倾向，在逻辑学情形中就显然被大大加强了。那种倾向对之视而不见的情况是：在［对认识活动的规整］所说的是理性意义上的规整的情形中，各种观念的原则处于支配地位，而且诸先天学科也得以展开；对这种情况视而不见也就是对下述情形视而不见：一门关于理性的技艺学的最为本质性的理论基础必须是超经验的（überempirisch）。

一个彻底且纯粹的理论家将会以最冷静的客观性仔细审视这里的情况，并将会对自己说：的确，为了一门关于人类的认识的技艺学，人们能够而且必须从理论上去研究人类的认识活动，而这是与心理学、与这门关于人类心灵生活的总体科学紧密相连的。但是，当我们恰恰要考察经验性的人类的经验性的认识活动，并要在实践上对它加以规整时，我们毕竟只是被联结到了经验性的、人类性的心灵生活之上。我们还可以把我们自己从这种联结之中解放出来，一如数学科学一直以来所做的那样，它处理的甚至不是人间的数和人间的计数活动，不是画在平面上和大地上的三角形，而是三角形一般，空间图形一般，无论它们＜现在＞是在这个世界还是在某个想象的世界中被思考。难道在合理的认识活动中不是从一开始就包含着一种［把我们］指引向先天之物的观念性吗？在理性认识这种确切意义上的认识，是以逻辑学为眼前的一般目标的。认识是对真理的明察性的意识。但是，在真理的意义中难道并不存在着一种不取决于、也不持续依赖于各个体验的观念性吗？假如我拥有 2 小于 3 这样一个明察，这当然是我的人类性的体验；但是，一个完全不同种类的生物，比如一个火星居住者心中所拥有的一个严格相同的体验，难道就不会包含同一个真理？如果这个明察对于我具有合理的－逻辑的价值，那么对于任何一个可设想的认识主体来说，难道不具有同样的理性价值？因此对于认识活动来说，难道不是必定会有下面这种理论考察？即它纯粹遵循在人类心灵生活中出现的认识活动的观念本质，它不关心事实，而是研究那在纯粹性和本质普遍性中的理念；而且无论是由人还是火星居住者，抑或其他任意虚构出来的主体来实行带有这种内容的行为，都是无关紧要的。

在这样一种［理论］考察中，人们将会注意到，而且是以这种彻底的和自由的理论态度注意到：必须要在认识体验和它的认识内容、也就是那被明察到的真理之间做出区分；还会注意到，这种真理表现为一种超时间的统一性，一种这样的非感觉的统一性：它与任何一种它在其中被以合乎认识的方式给出的时间性相对立。类似地，这也适用于任何一种非明察的，也许在认识中后来被证明为是虚假的命题。"有十件多面体"这个句子是一个命题，无论它被想到多少次，被实际地判断多少次，也无论我是现在认识到它还是另一次认识到它，它都是同一个命题。在那些部分真实、部分虚假的命题王国中，这是同一个真命题，它只出现一次。只要人们看到的是概念、命题和真理的这种超时间的自在存在，人们就立即注意到，整个亚里士多德的分析处理的都是一门学科，这门学科摆脱一切经验性的事物，并且因此也无视全部心理学，它表达的乃是那些针对着观念对象的观念法则，是如矛盾律这样的命题。在"这是 A b"和"这不是 A b"这样两个矛盾命题中，一个是真的，一个是假的。所有推理法则皆如此。

这样，人们就认识到，在逻辑技艺学底下还存在着一门不同的、且更彻底的科学，一门具有一种无与伦比的普遍意义的科学，亦即，一门对于所有可能的科学一般（Wissenschaften überhaupt）而言的原则性的科学；但是这一点又是通过以下途径才得以可能，即这门科学恰恰是在那涵盖了一切可设想性的观念普遍性中处理命题一般、真理一般和存在着的对象一般。（在这种普遍性底下当然也包括所有作为特殊科学的心理学。）逻辑学中的心理学主义仅仅承认认识活动是经验性的人类事实，它看不到那种对思维活动和认识活动所展开的观念性的本质研究的类型，同样也看不到关于可能命题和可能真理的逻辑学所具有的纯粹观念特征。显然，反对逻辑学中的这种心理学主义的斗争，并不<是>单纯反对逻辑学家们的认识实践态度的斗争。心理学主义持续地为这种实践态度所促进，但它的独特源泉并不在后者那里。然而，如果那自柏拉图迈出的第一步以来又一再重新萌发的对于认识和真理所做的理论性的和观念性的探索之开端，没有一直被那在亚里士多德的逻辑学中就已显然到处弥漫的实践视角所反复阻滞，那么，心理学主义的主要源泉，亦即经验主义的怀疑主义，在历史上本来可以不会变得如此强大。

伦理学中的情况与此类似。在伦理学那里，关键也是从所有要对人加以改善和转变的实践目标（Abzweckung）中解放出来，并提高到自由的和纯粹的理论姿态。在这里，这种理论姿态也推动了那种从经验上人类相关的技艺学到一门先天科学的进步，后者探索的是纯粹实践理性或在其行为中构造起自身的绝对的和相对的应当。这种应当必须由伴随而来的理论认识加以明察地把握，并且根据其先天真理加以展开。在此，在理论自由中一直走到底的我们也许可以确信：一种目标善好的意愿行为以及在它之中的（所谓意愿真理的）善好意图，并不因为我这个偶然的人在心理物理学的自然关联中正巧以因果性的方式变得如此而就是善的；相反，它之所以是善的，乃是因为那在它本身中作为其观念性的内容而存在的东西，乃是因为它在目标指向和动机中所包含的东西；因此它会一直是善的，＜无论＞在何种意愿主体中，它都刚好会伴随着这样一种内容而被想到。

理论分析以及附属于它的对必要的先天学科的区分——这二者在伦理学中的充分展开要比在逻辑学中更为困难。几千年前的那个亚里士多德已经＜认识到了＞这一点。在他关于作为判断行为之内容的概念与命题的学说中，以及在他关于形式的真理原则与推理法则的学说中，他已经为这样一些学说提供了丰富的内容和一门完全自成一体的理论：这些学说的纯粹观念性的、超经验的特征后来对于那些没有偏见的人来说，是很容易就能明察到的。奇怪的是，在数千年来的伦理学文献中，我们无法列出那［与逻辑学的成就］相平行的成就；在这几千年里，并没有出现一个纯粹伦理学的亚里士多德，一个本来可以把那属于意愿命题领域的各种形式法则突出出来的亚里士多德。然而在这里，伦理学具有这样一个好处，即它可以把逻辑学作为范本。更何况出于本质的理由，在逻辑学问题和伦理学问题之间还存在着一种内在的亲缘关系，所以这一点意义更加重大。

对于它们二者来说的共同之处，乃是反对心理学主义的斗争。在它们两方面，心理学主义都使得绝对规范的观念性在经验性的心理学事实中消失殆尽。然而，通过下述两种做法，心理学主义论证的力量在这二者中都消散了：首先，人们在经验性的意识和超越论的纯粹意识之间做出了区分；其次，与之相应，人们需要的不只是一门关于理论＜命题＞和应当命题的本质学说，而且从主体方面着眼，人们还需要一门关于理性的先天学说。本质上，在伦理学与逻辑学这两方面涉及的都是与各个不同变种的怀疑主义作斗争，怀疑主义也可能自称为经验主义，甚至假装与怀疑主义作斗争。在伦理学中，怀疑主义具有其特殊的形式和特殊的企图，仍需要批判性的拒绝，尽管最终来说，［对怀疑主义的］克服的最好方式可能是在得到明见论证的理论中的明察成就，要是我们已经完全具备这种明察成就的话。但是从这方面看，哲学与在逻辑学中的情形类似，与其说它对一种关于经验性的人类理性行动的技艺学——即使这种技艺学是如此地具有科学性——感兴趣，不如说它对那种关于评价与意欲之一般中的理性的先天基础学科感兴趣；因此它关涉的是一种完全不确定的、并且在纯粹一般性中被思考的意愿主体，相应地，它与这样的自我行为的观念内容有关。所以，正如那从技艺学的逻辑学中凸现出来的纯粹逻辑学连同它的那些与认识、真理、对象相关的学科，涵盖了所有作为原则学说的可设想的科学一样，那与它平行的纯粹伦理学连同它的那些以合理的意欲、正当的应当命题和真正的实践的善为对象的学科，也涵盖了那些根据主体、根据正当秩序和善、根据所属的实践组织而进行的可能实践的全体。

伦理学作为第一哲学[①]

[法] 列维纳斯[②]

一

按照我们的哲学传统，被理解为无兴趣的沉思的知识（la *connaissance*）[③]与存在之间的相关性（corrélation），就是智性（l'intelligible）所在的位置本身，就是意义（le *sens*）[④]的涌现本身。因此，对存在的把握（compréhension），亦即存在这个动词的语义学，就成了智慧（sagesse）以及智者们（sages）的可能性或机会，并由此成了第一哲学。由于把优先性赋予给与**精神**[⑤]相等同的知识，因此西方的智性生活甚至精神生活就表现出一种对于亚里士多德的第一哲学的忠诚，无论人们是根据《形而上学·Γ卷》的存在论来阐释这种第一哲学，还是根据它的Λ卷的存在-神学来阐释它：在这一卷中，智性被诉诸于上帝的第一因，而这就等于诉诸

[①] 译自 Lévinas: *Éthique comme philosophie première*, Préfacé et annoté par Jacques Rolland, Éditions Payot & Rivages, 1998。原文有编者"前言"和"编者注"。此处保留了"编者注"。下文注释中凡不标明"中译注"的，皆为"编者注"。中译文曾发表于《世界哲学》2008年第一期，第92—100页。现收入此文集时经重新校订。——中译注

[②] 列维纳斯（Emmanuel Levinas）（1906—1995），法国哲学家、现象学家。

[③] 原文斜体的，译文用着重号表示。——中译注

[④] le sens 在法文中同时也有"感觉、感官、感性"之义，这里也可以在此意义上理解，因为正是通过"感觉"与"智性"，我们的"认识"才与"存在"相关联。——中译注

[⑤] 原文首字母大写的单词，中文以黑体表示。——中译注

于一个被作为存在的存在所规定的上帝。①

知识-存在之间的这种相关性，这个沉思的主题，既意味着一种差异，同时又意味着一种在真实（le vrai）中被克服了的差异：在真实中，所知（le connu）为认识（le savoir）所把握，因此为认识所居有，就像被从它的他异性中解放出来。在真理中，存在，作为思想的他者，变成为思想-认识（la pensée-savoir）的本己之物（le propre）。合理性（rationalité）之理想或意义之理想（l'idéal），也已经向理性宣称自己是实在者的内在。与之相似，在存在中，作为向着思想的在场的现在（le présent）也表明自己具有某种特权，而过去与未来都将是它的模态或变样：再-现（re-présentations）。

但是在认识中也显示出某种智性活动或某种理性意愿的观念——这种活动或意愿是一种做事方式，后者恰恰如此构成：通过认识进行思考，使［某物］为己所有，进行把捉（saisir），［把某物］还原为在场，对存在的差异进行再现；也就是一种把所知的他异性居为己有（s'approprie）和进行把握（comprend）的活动。

某种把捉：作为所知，存在变为思想的本己之物，被思想把捉。知识作为知觉、作为概念、作为把握，回溯到一种把捉。［这是］应当按其字面意义来理解的隐喻：在认识的任何技术性应用之前，这个隐喻已经表达了未来的工艺秩序和工业秩序的原则而非结果；而每一种文明至少都带有这种秩序的胚芽。对于认识行为而言，所知是一种内在。这已经是那种攫取（mainmise）的具体实践。这种攫取并不是像一种魔法那样被添加到思考之"无力的精神性"上，也不是为它保证各种心理生理条件，而是属于

---

① 关于"存在论阐释"，请参见《形而上学》Γ，2，1005a："因此很明显，它属于一门唯一的研究作为存在的存在以及它的各种性质的科学。"这门科学可以被如此标示（Γ，2，1004a）："有多少种实体，哲学就有多少分支；因此总必然有两个分支：第一哲学以及后继的第二哲学。实际上，存在和一分为不同的种，这种划分导致［哲学］也要相应地分门别类。"——至于"（存在）神学的阐释"，请参见《形而上学》Λ，1，1069a-1069b："有三类实体。一类是感性的，它又分为永恒的实体和可朽的实体。……另一类实体是不动的。……两类感性实体是物理学的对象，因为它们包含运动；而不动的实体是一门不同的科学的对象，因为它没有任何与其他种类的实体相同的原则。"（Tricot译文）这门"被分离开的科学"——正如它所关心的实在是被分离开的一样——在这个意义上就是形而上学或第一哲学。正是这门科学在Λ卷中起着主要作用，尤其是从第六章开始。关于这个既古老又备受争议的议题，我们可以参考列维纳斯高度称许的皮埃尔·奥邦克（Pierre Aubenque）的著作《亚里士多德那里的存在问题》（Le Problème de l'être chez Aristote）。

认识的统一性，在认识这里，Auffassen 也是或总已经是一种 Fassen。① 认识之思是人在其所居世界中的一种具体生存，人在这个世界中行走劳作、收受索要。科学之最为抽象的教益——如胡塞尔在《危机》中已经向我们显示的那样——也开端于"生活世界"之中，并总以我们伸手可及之物为参照。② 一个"被给予的世界"的观念所具体回指的，正是这只手！③ 诸物允诺满足（satisfaction）——在其具体性中，它们恰恰符合那进行认识的思想的尺度。思想作为认识，已经是思想的劳作。关于相等与相即之物的思想，也就是关于那提供满 - 足（satis-faction）之物的思想。存在者之合理性就在于它们的在场与相即性。在变易中，在场或者已经消逝或者正被期待；而认识措施则在这种变易的历时性背后重建那种合理性。认识是再 - 现，是向在场的返回，其中没有任何东西能保持为他者。

思想活动，那种由当然独立于任何外在目的的认识所进行的居有活动（appropriation）；无所牵挂和自我满足的活动，亚里士多德曾肯定过它的

---

① Auffassen："构想"（concevoir）；"理解""把握"（comprendre）。——Fassen："把捉"（prendre；saisir）。须指出，我们可以用 begreifen 和 greifen 这两个词进行同样的、甚至更为激动人心的语言游戏。

② 参见胡塞尔《危机》第三部分 §34, e："客观理论在其逻辑意义上（如果普遍地理解，科学是述谓性理论的整体，是由'在逻辑上'被认为是'命题本身''真理本身'的陈述，并且在这种意义上是合乎逻辑地相联结的陈述构成的体系的整体）是置根于并奠基于生活世界之中，置根于并奠基于从属生活世界的原初的自明性之中的。由于客观科学置根于生活世界之中，它就与我们总是生活于其中，甚至是作为科学家生活于其中，因此也以科学家共同体的方式生活于其中的世界——就是说，与普遍的生活世界——有意义关联。但是与此同时，客观的科学作为前科学的人（作为个别的人以及在科学活动中联合起来的人）的成就，本身是属于生活世界的。"（中译文参见胡塞尔《欧洲科学的危机与超越论的现象学》，王炳文译，商务印书馆 2001 年版，第 157 页——中译注）

③ 我们之所以把 saisir 翻译为"把捉"而非"理解"或"领会"，把 comprendre 翻译为"把握"也非"理解"或"领会"，恰恰也是要利用这些汉字中所带有的"手"字，以突出列维纳斯此处所强调的意思。——中译注

自足、主权与安好意识（la bonne conscience）①，或它的幸福的孤独。《尼各马可伦理学》说："有智慧的人即使一人独处，也能进行沉思。"（10，7）② 这是一种庄严且仿佛无条件的活动。一种只有作为孤独才可能的主权。一种无条件的活动，哪怕在人那里受到了生理需要和死亡的限制。但它也是这样一种观念：此观念允许维持另外一种观念，即纯粹理论及其自由的观念，智慧与自由相等的观念，人类与神圣生活之间部分相合的观念。亚里士多德在《尼各马可伦理学》第 10 卷第 7 章的结尾曾谈到这种神圣生活。在这种神圣生活中，一种关于有限自由的奇异或矛盾的概念无疑已经得到了勾勒。③

自此后，沉思或认识以及认识的自由，在整个西方哲学史上就构成了精神的呼吸本身（le souffle même）。认识，它是思想（即使在感知和意愿中）的灵魂（psychisme），或者气息（pneumatisme）。它在近代开端处的意识概念中重新出现，而近代又开始于对笛卡尔第二沉思中所提供的我思

---

① la bonne conscience 在日常法语里与 la mauvaise conscience 相对，意指"好的意识""清醒的意识""良知""心安理得"；相应地，后者意指"坏的意识""混乱的意识""问心有愧""良心不安"等义。而在哲学上，这一对短语又可追溯到黑格尔的 das Bewusstsein 与 das unglückliche Bewusstsein。在列维纳斯的思想语境中，la bonne conscience 当然有时也指"良知""心安理得"之义，但这主要是引申义。在这里，列维纳斯首先是用这个短语来刻画思想活动所具有的由"自足""自主""无所牵挂"而来的那种"安好的心情""安好的意识"，那种"自得""自在"之义，这首先是一种中性的刻画，并没有道德上的含义。由此进一步才引申出道德上的"心安理得""问心无愧"等义。所以这里勉强将之译为"安好之意"，而非"心安理得"或"良知"，尽管它既可能也必定要过渡到后者上去。——中译注

② 1177a．"而且他越能在这种状况下沉思，他就越有智慧。"亚里士多德接着这样说道。（Tricot 译文）

③ 参见 1177b："但是，这是一种比人的生活更好的生活。因为，一个人不是以他的人的东西，而是以他自身中的神性的东西，而过这种生活。"至于"有限自由"的概念，列维纳斯已经在《别于存在或超逾去在》的第四章第六节中论述它了。在此我们可以引用其中的下面几句话，它径直展示了这个作为问题的概念："有限自由的概念？无疑，一种先于自由的责任观念——自由与他者的共同的可能性，一如它在为他人的责任中展示出来的那样——允许一种不可还原的意义授予这个概念，而不损害如其在有限性中被思考的自由的尊严。有限的自由此外还能意味着什么？一种意愿如何可能是部分自由的？费希特的自由的自我如何可能忍受那可能来自非我的痛苦？自由的有限性可能意味着这样一种必然性吗？即意愿（le vouloir）之意志（la volonté）处在一种对意愿之任意（l'arbitraire）进行限制的既与处境中？但这并不削弱自由之超越于处境所决定者之外的无限。因此在有限自由中，就分离出一种在意愿内的、且不受限制的纯粹自由的因素。因此，有限自由的概念与毋宁说是假定而非解决了对意愿之自由进行限制的问题。"（159）Guy Petitdemange 使我注意到列维纳斯对这个概念的兴趣很可能要追溯到他在战后与 Éric Weil 的争论——但关于这一点没有留下什么文字踪迹。

(cogito)概念的理解。① 胡塞尔则通过向中世纪传统的回溯而用意向性来描述它，把它描述为"关于某物的意识"，一种在其意向行为-意向相关项的结构中与其"意向对象"不可分的意识。在这种结构中，表象化（la représentation）或客体化（l'objectivation）是不可置疑的原型。② 而整个的人类体验（le vécu），直到今天——而且尤其是今天——都是用经验（l'expérience）来表达，就是说，都被转化为某种已被接受的学说、教育与知识。从此，与邻人、社会团体以及上帝的关系，也都意味着集体的或宗教的经验。

因此现代性的特征就在于：把存在之通过认识而达致的同一化（identification）与居有活动（appropriation），一直推进到存在与认识的同一化。于是，从我思（cogito）到我在（sum）的通道就一直延伸到如此地步：与一切外在目的都无关的认识的自由活动，也会在所知那一侧重新发现它自己。而它——认识的这种自由活动——也就将构成作为存在的存在的情节（intrigue），这种作为存在的存在正是认识之所知。于是第一哲学的智慧就被还原为自身意识（la conscience de soi）。同一者与非同一者的同一性。思想的劳作克服了物与人的全部的他异性。自黑格尔以来，任何表面看来还外在于知识之无利害性的目的，都已经服从于认识的自由。在这种自由中，存在自身也因此被理解为对这种存在本身的主动的肯定，被理解为存在的力量和努力。在其存在中，现代人一直固执于作为一个统治者，一个只关心确保其统治权力的统治者。所有可能的都是被允许的。对自然与社会的经验会逐渐克服——或会正要克服——任何外在性。这种现代西方自由的奇迹不受任何记忆与内疚的束缚，它向一种"光辉灿烂的未来"

---

① 参见 A-T IX-1, pp. 22-23："那么我究竟是什么呢？是一个在思维的东西。什么是一个在思维的东西呢？那就是说，一个在怀疑，在领会，在肯定，在否定，在愿意，在不愿意，也在想象，在感觉的东西。……难道在这些属性里边就没有一个是能够同我的思维有分别的，或者可以说是同我自己分得开的吗？因为事情本来是如此明显，是我在怀疑，在了解，在希望，以致在这里用不着增加什么来解释它。……总之，我就是那个在感觉的东西，也就是说，好像是通过感觉器官接受和认识事物的东西，因为我事实上看见了光，听见了声音，感到了热。但是有人将对我说，这些现象是假的，我是在睡觉。就算是这样吧，可是至少我似乎觉得我看见了，听见了，热了，这总是千真万确的吧；真正来说，这就是在我心里叫作感觉的东西，而在正确的意义上，这就是在思维。"（中译文参见笛卡尔《第一哲学沉思集》，庞景仁译，商务印书馆1986年版，第27-28页。——中译注）

② 胡塞尔的意向性思想将在下一节的开头展开。在此提及它只是"顺便的"，但是必须清楚的是，正是它构成了论证的核心。

敞开，在那里一切都是可以补偿的。只有在死亡面前，它才缴械投降。死亡的障碍不可克服，是完全不可理解且无从逃避的。这是不可补偿的领域。当然，对存在论来说，对有限性的认识当然会确定一种新的质疑。但是，有限性与死亡并没有对存在的安好意识提出质疑，而认识的自由正是运作于这种安好意识之中。有限性与死亡只是使认识的各种权能受到挑战。①

二

在这篇文章中，我们要问的是：自从存在论被视为第一哲学以来，被理解为认识的思想是否已经耗尽了思想的各种可能含义？是否，在认识及其对存在的控制之后，没有涌现出一种更为迫切的智慧？我们尝试着从意向性出发，按照它在胡塞尔现象学中所扮演的角色，而胡塞尔现象学乃是西方哲学的诸种结果之一。在胡塞尔现象学中，思想与认识（它和存在相关联）之间的相等性被以最直接的方式提出。尽管胡塞尔把一种原本的、非理论的意向性观念从意识的感受性的和主动的生活中解救出来，但在这整个过程中，胡塞尔一直坚持把表象——客体化行为——作为他的基础。在这一点上，他采纳了布伦塔诺的命题，无论他在对这个命题的重新表述中采取了多少预防措施。现在，在意识（它是关于某物的意识）中，认识既是与意识之他者的关系，同样，也是对于这个被作为客体的他者的追求或意愿。胡塞尔在邀请我们追问意识的意向性的同时，也想要我们追问，"Worauf sie eigentlich hinauswill"②：意向（intention）还是意愿（volonté），即那会为把意识之统一体称为行为进行辩护的意愿？同时，在对真理的直观中，认识也被描述为"充实"和满足：对那种朝向存在–客体的渴望的满足，这种存在–客体以原本的方式被给予和把握，或在表象中被呈现（présent）。对存在者的把握等于对这个存在者的构造。这种把除意识本身的独立性之外的世界中的任何独立之物都悬搁起来的超越论还原，重新发现了一个作为意向相关项的世界，并导向——或应该会导向——那种对于

---

① 在此人们可以预感到一场与海德格尔的根本争论的开始。人们也能理解这场争论的重点将涉及死亡，涉及有关死亡之思；而如果我们不应该忘记这个争论已经在关于《死亡与时间》的课上被明确地主题化的话，那么我们也将在本书第五章中看到对这个争论的清晰的处理。

② "Worauf sie eigentlich hinauswill"："它究竟意指什么"。——中译注

自身（soi）的充分意识。此自身意识自行肯定为绝对存在，并被证实为一个穿过所有"差异"而自我认同的自我（moi），证实为它自身以及宇宙的主人，能照亮所有那些可能会抵制其主宰的阴暗角落。① 正如梅落-庞蒂特别指出的，那进行构造的自我碰到一个由于其身体而处身其中（就像被包含在其中）的界域；它被包含在那种本来是由它自己构造出来的东西之中，也就是说，被包含在世界之中。但是，根据肉身化（incarnation）——它完全不再具有对象之物的外在性——的亲密性，自我在世界那里就像在它的皮肤里一样。②

但是这种被还原的意识——它在对它本身的反思中把它自己的知觉行为和科学行为作为世界的对象予以重新发现和掌握，并因此确定自己为自身意识和绝对存在——也始终是对它本身的非意向性的意识，好像是一种没有任何意愿目标的盈余部分。如果可以这么说的话，非意向性的意识的进行，就像是不为自己所知的知识，或者非对象化的知识。非意向性的意识伴随着意识的所有意向过程，也伴随着在这种意识中"行动着""意愿着"并有各种"意向"的自我的所有意向过程。[这是]意识的意识，间接的和隐含的意识，[在它之中]没有任何可以回溯到某个自我那里去的发端，也没有目标；被动的意识，一如那永恒流逝的时间，使我年华老去却无待我之介入。这种"非意向性的意识"要和哲学的反思以及内感知区分开来。的确，非意向性的意识会适合于把自己作为一个内在对象提供给这种内感知，而且在澄清它所携带的隐含的信息时会试图取代这种内感知。而反思的意向意识，则在把超越论自我及其心灵状态和心灵行为当作对象之际，也可以把它的被认为是隐含的非意向性的各种体验模式主题化，并进行把握。这正是哲学在其基本的计划中邀请我们去做之事：去照亮这样一种意识的不可避免的超越论的素朴性，这种意识遗忘了自己的视域、自己的隐含之物，乃至遗忘了它所历经的时间本身。

因此，人们在哲学中就——可能过于迅速地——倾向于把全部这种直接意识仅仅看作是尚属含混的、有待"照亮"的表象。它是被主题化了的

---

① 参见 Husserl, *Idées directrices pour une phénoménologie* I（《纯粹现象学通论》），利科译，第 32 节及以下。

② 参见梅落-庞蒂《可见的与不可见的》（*Le Visible et l'Invisible*）第四章，尤其是第 181 页。

东西的模糊不清的背景，反思或意向性意识将会把它转化为清楚、明白的材料，正如那些把被感知的世界或被还原了的超越论意识呈现出来的东西。

然而，这无法禁止人们去问：在被当作自身意识的反思意识的注视之下，那被体验为意向之物的对应项的非意向性之物是否能保持它真正的意义并将之贡献出来。传统上对内省的批判总是这样一种怀疑：所谓自发的意识在反思之探索性的、主题化的、客观化的和轻率的目光之注视下可能会遭受一种变异，就像对某个秘密的破坏和误解。这就是那总是被拒绝的批判，又总是再生的批判。

我们要追问的是：在这种人们只将其当作前反思的和暗中伴随着意向性意识——这种意向性意识在反思中意向性地瞄准思考着的我自身（soi-même），仿佛思考着的自我（moi）在世界中显现并属于世界——的非反思的意识中究竟发生了什么？这种所谓的混杂、蕴含，究竟可能意味着什么？［对于这个问题，］只诉诸于关于潜在的形式观念并不够。难道不需要区分出两种潜在观念吗？即：一方面是特殊在概念中的被包含、对观念中预设之物的隐含的理解，以及境域中的可能之物的潜在性；另一方面是一种亲密性，即非意向性之物在我们所称为前反思的意识并且其自身就是绵延本身的那种东西中的亲密性。

三

真正说来，前反思的自身意识的"认识"（le savoir），真的进行"认识"吗？作为先于全部意向的模糊的意识、隐含的意识——或摆脱全部意向的绵延——它并不是为行为①而是纯粹的被动性。这不仅是由于它无待选择就已存在（être-sans-avoir-choisi-d'être），或者由于它在任何飞升之前就已跌入既已实现的各种可能性的交织之中，就如跌入海德格尔的 *Geworfenheit*［被抛状态］中一样。"意识"与其说是意指一种自身认识（savoir de soi），还不如说是一种对于在场的抹消或隐藏。当然，在反思中，这样一种纯粹的时间绵延被现象学的分析描述为由滞留（rétentions）与前摄

---

① 很明显，"行为"在此处（以及下面几行）应当从在前一节中已经强调的意义出发来理解，从对意向性所做的"意愿的"解释出发来理解。至于意向性，我们在前言中已多次重新考虑了。(该"编者前言"我们没有译。——中译注)

(protentions) 的游戏从意向性上结构起来的 [东西]，而这些滞留与前摄在时间的绵延本身中至少是保持在不明晰的状态中，这样它们作为流就设定了另外的时间。这种绵延摆脱了自我的所有意愿，绝对外在于自我的主动性，完全像那种很可能是被动综合之典范本身的衰老过程：① 没有任何一种重建过去的回忆行为能够颠倒时光流逝（laps）的这种不可颠倒性。这种隐含的时间（le temps implicite）的时间性，一如隐含者（l'implicite）之所蕴含（l'implication），在此难道不是以不同于像隐秘的知识（savoirs dérobés）那样的方式进行意指？或者难道不是以有别于对未来与过去之在场或不在场进行再现的方式进行意指？作为纯粹绵延的绵延，作为无所坚持的存在的非介入，作为蹑手蹑脚的存在，不敢存在的存在；[它是] 并不坚持于自我的瞬间之机制（instance de l'instant），而那自我已经是时间的流逝，并在"开始即已结束"！非意向性之物的这种蕴含是一种不安意识（mauvaise conscience）：它没有意向，没有目标，没有在世界之镜中进行沉思、安心定居的人物角色的保护性面具。它没有名字、没有地位、没有头衔。它是害怕在场的在场，对坚持同一的、剥夺了所有属性的我感到害怕的在场。在它的非意向性中，在它尚未到达意愿的阶段，在所有的过失之前，在它的非意向性的同一化中，同一性就在其自己的确证面前后撤了；在面临同一化向自身的返回可能坚持要包含的东西时，同一性已惴惴不安。这是一种不安意识或者羞怯；它没有犯罪，但却被指控；并要为它的在场本身负责。它保持在尚未被授权、也未得到辩护的状态，用《圣经·诗篇》的话说，它保持在"大地上的异乡人"的状态，保持在不敢踏入任何地方的没有祖国或"没有家园"的状态。心灵的内在性，或许这原本就是那缺乏勇气在存在或其身体或血肉中肯定自己的东西。它不是进入世界而是成为问题。由于考虑到这一点，以及由于"回忆"起这一点，那

---

① 被动综合可以被规定为这样一种意识的活动：这种意识在进行时并不带有那种使得意识被揭示为构造性的反思运动。然而衰老过程被扬凯列维奇（Jankélévitch）（《死亡》）规定为疲劳性与诸种疲劳之疲劳，它本身把那来自于与它不可分割地联结在一起的努力的疲劳带往极限；并且衰老过程还是当前之一种努力，而这种当前又是在一种相对于当前而言的延迟（retard）中的当前。（《从存在到存在者》）既然如此，这样一种衰老过程就恰恰是在对时间进行构造的最严格的不可能性中是过去。过去突然发生在衰老过程上，而且只是作为延迟——在此意义上也就是作为不可恢复的时光流逝——才发生在它身上。换言之，衰老过程把时间化实现为时光流逝——时间的丧失。（《别于存在或超逾去在》）但是必须要认真领会的是：这就意味着，衰老过程使过去处于过去之中，而在这个意义上，它就实现了它的历时性（diachronie）以及它的时间性。

已经在存在中安置自己和肯定自己——或巩固自己——的自我，就仍保持在足够模糊或足够神秘的状态中，以至于——用帕斯卡尔的话说①——在其自我性（l'ipséité）的夸张的同一性之展现本身中，以及在"说我"（dire je）中，自我认为自己是可憎的。A = A 的堂皇的优先性，智性和意义的原则，这种主权，这种在人类自我中的自由——如果我们可以这么说的话——也正是谦卑的发生之所。这是对存在之肯定和巩固的质疑，它重新出现在那种著名的——也很容易是修辞性的——对生命意义的追寻中，仿佛那已经从生命的、心灵的和社会的力量中或它的超越论主权中获得了意义的绝对自我又重新回到了它的不安意识。

前反思的、非意向性的意识将永不会反过来觉知到这种被动性，就好像在这种意识形式中，反思已经能够将自己与这样一个主体区别开来，这个主体把自己设置在"没有性、数、格变化的主格"之中，确保它自己具有存在的权利，且"支配着"非意向性之物的羞怯，这羞怯就像有待超越的精神的童年，又像发生在一个沉静心灵上的无力的激动。非意向性之物从一开始就是被动性，某种程度上，宾格乃是它的"第一格"。（实际上，这种与任何主动性都不相关的被动性，并不是对非意向性之物的不安意识的描述，而毋宁说是为后者所描述。）这种不安意识，它并不是畏（angoisse）所意指的实存的有限性。尽管，我的总是先于其时而来的死亡，可能确实使那作为存在而坚持于存在中的存在受挫；但是在畏中，这件尴尬之事却并没有动摇存在的安好意识，也没有动摇奠基于 *conatus*② （它同时也是自由之权利以及关于自由的安好意识）之不可让渡的权利之上的道德。相反，正是在非意向性之物的被动性中——在它的自发性的模式中，以及在先于此主体的一切形而上学观念的形成之前——植根于存在中的、与意向性的思想、认识和对现在的把握一道肯定自身的那种立场的正当性本身，已经受到质疑；这就是在这种质疑中的作为不安意识的存在，被质疑的存在，但是对于这种质疑也必须要有回应（répondre）——语言就诞

---

① 参见帕斯卡尔《思想录》，布伦士维格（Brunschvicg）编（Br.），第 455 页。
② conatus 是对希腊语 δρμη 的拉丁翻译，基本意思为"推动力、努力、内在的奋争"。列维纳斯在这里用此词来刻画"存在"自身内部的一种要继续存在的"努力、动力"。——中译注

生于这种责任（la responsabilité）①之中；必须说话，必须说我（je）②，以第一人称的方式存在；恰恰是自我（moi）；但是，由此，在确定自我的存在时，必须回应它存在的权利。必须在这个程度上思考帕斯卡尔的这句话："自我是可憎的。"

四

必须对其存在的权利做出回应，不是参照某种匿名抽象的法律，也不是参照某种司法实体，而是出于对他人的忧惧。我的在世界之中的存在，或者我的"晒太阳的地儿"，我的家（chez-moi），这些难道不已经是对那些属于其他的人（我对这其他的人已经施以压迫或使之饥馑，已经将之驱赶到第三世界中了）的位置的侵占吗？它们难道不已经是一种排斥、驱逐、流放、剥夺、杀戮？"我晒太阳的地儿"——帕斯卡尔说——整个大地遭到侵占的开始和写照。③对于我的实存——尽管它在意向上和意识上是无辜的——所可能完成的暴力与谋杀的害怕。这种害怕，它从我的"自

---

① 请注意"回应"（répondre）与"责任"（la responsabilité）两词法文原文的同源关系。——中译注

② 因此在三页的距离内，我们发现同一个表达（"说我"，"dire je"）被根据两种根本不同的（如果不是矛盾的话）含义来使用。让我们注意这并不是前后不一。但是在第一种情况中，"我"（je）指的是《总体与无限》中的大写的**自我**（Moi），意味着同一性（identité）甚至在自我这个词的主动的意义上的本质的同一化（identification），因此它也是意欲（vouloir），并且只是当它后来遇到他人的面容时才"放松戒备"（请参考前言中给出的提示）。在第二种情况中，"我"（je）指的是《别于存在或超逾去在》中的小写的自我（moi）（由这种写作风格造成的表达出来的区别已在前面解释过了），它纯粹是大头针的针尖，只是在于他人中实现出来的他异性的撞击下才冒出头来；它是作为对降临到它身上的呼唤的回应（réponse）而被动地萌发，由此，是作为责任（responsabilité）而诞生。这里有两点需要注意：第一，这种在大写自我与小写自我之间的区分，在"小写的单词我（je）"所具有的这两种意义之间的区分，是阐释列维纳斯全部著作的一个关键线索。第二，对于理解小写的自我在呼唤与回应之交织中的"诞生"来说，马里翁（Marion）的著作（除去他的那些对列维纳斯的单纯评论）尤其具有启发性。（列维纳斯对"je""Moi"和"moi"的这种用法也给我们的翻译造成了极大困难：因为"je"和"Moi"在日常法语里都表示"我"，前者是人称代词，后者是重读人称代词。在哲学里，这两个词又都可以翻译为"自我"。我们姑且将"je"翻译为"我"，将大写的"Moi"译为黑体字的"**自我**"，将小写的"moi"译为宋体字的"自我"。——中译注）

③ 参见帕斯卡尔《思想录》，布伦士维格编（Br.），第295页："我的［东西］（mien），你的［东西］（tien）。'这条狗是属于我的，那些贫穷的孩子们说：这是我晒太阳的地儿。'这就是对整个大地进行侵占的开始和写照。"在《别于存在或超逾去在》的题词中曾引用过这些。（像这里一样以片断的方式）（至于那相当奇怪的"狗"，请参见布伦士维格的评注）

第二部分 现象学与伦理学

身意识"的背后重新升起，不管对存在的纯粹坚持多少次返回到安好意识。对我的 Dasein（此在）之 Da（此）占据了某人之处所的害怕；不能去占有一个位置——一种深刻的乌托邦。由他人（autrui）之面容所引起的害怕。

在我的诸篇哲学论文中，我已经多次谈及作为有意义（le sensé）① 之源始位置的他人的面容。② 现在请允许我尝试着简略地描述一下面容向显现之现象秩序的入侵。

他者（l'autre）之切近就是面容之有所表示（signifiance），面容从一开始就超出那些可塑的形式之外，并以此方式而进行表示（signifiant）；而那些可塑的形式就像它们在感知中的在场的面具那样不停地遮盖面容。面容则不停地穿透这些形式。在［面容的］所有特殊的表达（expression）③ 之前，在任何特殊的表达底下，是表达本身的赤裸和贫乏，就是说，极端的展露，无抵抗，脆弱性（vulnérabilité）本身；而特殊的表达作为既已采取的姿态和态度则遮掩和庇护着表达本身。［表达本身的］极端的展露——先于任何的人类目标——就像是向着一种"当面射击"进行展露。［这是］对被包围和被围捕之物的引渡——在任何围捕和围猎之前对被围捕者的引渡。在其面向……的率直（droiture）中的面容，［这率直是］向不可见的死亡展露的率直，向神秘的孤独展露的率直。这隐藏于他人之中的会死性（mortalité），它超越于被揭示者的可见性之外，也在任何关于死亡的知识之前。

表达难道不是这种极端的展示本身而非某种我所不知道的对于一套密码的运用吗？作为自身的（de soi）表达，它乃是对赤裸性和无抵抗性的强调。正是这种赤裸和无抵抗诱惑和引导着那首次犯罪的暴力：谋杀的目

---

① 或译"可感者"。——中译注
② 我们知道，主要是在《总体与无限》的第三部分中，列维纳斯展开了他的面容现象学——或者反现象学。我们应当在这些论述的基础上来理解列维纳斯在后来一些年提供的（因此也包括本文中的）对于面容的"新的描述"。在那里，讨论的基调是面容的赤裸被阐释为向死亡的展露（请再次参阅《死亡与时间》）。但是这种赤裸只能在最初描述的基础上思考，这最初的描述把面容设想为形式（la forme）与表达（l'expression）之间的争论的（polemos 的？）位置：面容在形式中被把握（面容拆解形式但又被桎梏于形式中）；凭借表达，面容又有别于形象（une figure）或肖像（un portrait），并且逃避形式、自行去形式（se dé-forme）——因此自行裸露（se dé-nude）。（也请参见"编者前言"第 47 页及以下）
③ 或译"表情"。——中译注

标已笔直地被专门调整向面容的展露或表达。最初的谋杀者或许会忽视他将施以的那一击的后果,但是他的暴力的目标却使他发现一条线索,沿着这条线索,死亡把一种无法抵抗的率直赋予邻人的面容;这条被追踪的线索,就像那猛烈一击所划出的轨迹,又像那杀戮之矢所飞行的线路。

但是这种与在其表达中的、在其会死性中的面容的面对面,召唤着我,要求着我,恳求着我:仿佛那纯粹是他异性的、以某种方式从任何全体中分离出来的他人的面容所面对的不可见的死亡,乃是我的事务。仿佛,被他人(他在其面容的赤裸中已经为死亡所纠缠)忽视的死亡在与我相遇之前,在成为凝视着我的死亡之前,就可能已经"注视着我了"。其他人的死亡指控我、质疑我,仿佛由于我可能的无动于衷,我成了这种对于他者来说不可见的、但他者又暴露于其面前的死亡的同谋者;仿佛,甚至在我自己被献给死亡之前,我就必须要回应他者的死亡,绝不能把他人孤独地遗弃在其死亡的孤寂性中。恰恰是通过传唤我、要求我、恳求我的面容对我的回应之责①的呼叫,通过这种对我的质疑,他人才是邻人。

对于他人的责任,对那在其面容之裸露性中的第一个到来者的责任。这种责任,它超出我对他人可能已犯或还没犯的错误之外,超出任何将可能是或可能不是我做之事的东西之外,仿佛我在奉献给我本人之前已经奉献给了其他的人。或者更严格地说,仿佛我在不得不存在之前就不得不回应他者的死亡。无罪的责任,然而在这种责任中,我却被暴露于一种控诉之前,无论空间上还是时间上的不在现场的证明都不能消除这种控诉。仿佛他者建立了一种关系,或者一种关系被建立起来,这种关系的整个的尖锐性就在于它没有预设一个共同体。这先于我的自由的责任——先于任何于我之中的开端的责任,先于任何当前的责任。[这是] 在极端分离之中的博爱。先于,但是来自于何种过去?并非在那先行于现时的时间中,在这个现时中我本已应承某种义务。对于邻人的责任先于我的自由而处于一种不可记忆的、不可再现的过去之中,处于一种从来不是当前的、比任何对……的意识都更古老的过去之中。[这是] 对邻人的责任,对其他人的

---

① 此处的"责任"(la responsabilité)是由上文"回应"(répondre)的名词化,如单独译为"责任"将无法体现此处上下文之间的关系,故将之译为"回应之责"。下文仍译为"责任",但必须记住它与"回应"的关系。——中译注

责任，对陌生人的责任；在关于事物、某物、数和因果性①的严格的存在论秩序中，没有任何东西能强迫我承担这种责任。

人质的责任——一直到替代其他人的程度。[这是]主体性之无限臣属。②[而这要成为可能，]除非这种召唤着我，但在当前中却没有起源的无端的（anarchique）责任，是一种比存在、决断和各种行动都还要古老的不可记忆的自由之尺度、方式或机制。③

五

这种对于责任的召唤毁灭了普遍性的各种形式，借助于这种普遍性，我的认识、我关于其他的人的知识（connaissance），就把他向我表象为我的同类。由于毁灭了普遍性的这些形式，在面对邻人的面容时，我就被揭示为能为他负责任者，并因此是作为唯一的——而且是被拣选的（élu）。

凭借这种自由，在我之中的人性，就是说，作为我的人性——尽管这个我由于其有限性和会死性而具有存在论的偶然性——就意指着不可交换者（non-*interchangeable*）的长子身份（la primogéniture）和唯一性（l'unicité）。

这是一种具有卓越性的长子身份和拣选，它不可被还原为对那样一些各别的"存在者"进行标记或构造的特征：这些各别的存在者处于世界秩序和众人之中，就像那些突出的人物那样处于在历史的社会舞台上发挥作用的角色之中，就是说，处于反思之镜中或自身意识中。

为他人的忧惧（crainte），为其他人的死亡的忧惧，是我的忧惧，但却绝不是一种为自己的担惊受怕（s'effrayer）。因此它也就与《存在与时间》所提出的那种关于感受、关于 Befindlichkeit④的卓越的现象学分析形成鲜明对照：后者涉及一种由代动词所表现出来的反身结构，在这种结构中，情绪一方面总是关于某种触动[我们]的事物的情绪，但另一方

---

① 此处原文是"de la chose, du quelque chose, de la causalité, du nombre et de la causalité"，好像多了一个 de la causalité，译文删去了其中一个。——中译注

② 原文为"Infinie sujétion de la subjectivité."列维纳斯这里所说的"主体性"不可在近代哲学以来的意义上理解，而应当在"subject to…"（臣属于、从属于、隶属于）的意义上理解。因此，列维纳斯的"subjectivité"是指"自我"对于"他人"的无限"臣属性"——中译注

③ 人们可能会指出，在这一段中，《别于存在或超逾去在》一书中的词汇突然被强加进来。在那本书中，责任的概念得到了最深刻的思考。

④ 海德格尔《存在与时间》中的术语，一般被译为"现身情态"或"现身"。——中译注

面也总是对于［我们］自己本身的情绪；在这里，情绪在于被/自己触动①——既是被（de）某物惊吓，被某物弄得陶醉，被某物弄得伤悲；但同时也是为了（pour）自己而陶醉，为了自己而伤悲，在这里，所有的感受都回响着我的为死而在（être-pour-ma-mort）。于是，在被……（de）与为……（pour）中就有着双重的意向性，也因此，就有一种向自身的返回，向为其有限性而感到的畏（angoisse）的返回：在被狼所引起的害怕（peur）中，有一种为我的死亡的畏。② 为其他人的担忧并不返回到为了我的死亡的畏。它溢出于海德格尔式的关于 *Dasein*［此在］的存在论以及 *Dasein* 之着眼于存在本身的关于存在的安好意识。这是感受性的不安中的伦理的苏醒和警觉。海德格尔的为死而在当然为存在者标画出了它的"为这个存在本身而存在"的终结，以及此终结的丑闻；但是在这个终结中，没有任何对存在的犹疑被唤醒。

那处于对存在的执着的后面的人！在对那种分析性地或动物性地坚持其存在的存在的肯定后面——在这种肯定中，有同一性的那种观念的活力，这种同一性在人类的个体生命中，在它们的为了生存的斗争中（无论是自觉的还是不自觉的抑或理性的）认同自身、肯定自身——在那种肯定的后面，在邻人的面容中被要求恢复的自我的奇迹，或者那已经摆脱了自身（soi）转而为他人忧心忡忡的自我（moi）的奇迹，就像是对同一者的那种向其自身的永恒且不可颠倒的返回的悬搁，或者对其逻辑上的和存在论上的不可侵犯的特权的悬搁。［这是］对其观念优先性的悬搁，这种观念优先性凭借其谋杀或其无所不包和总体化的思想而否定了任何的他异性。［这是］对战争和政治的悬搁：此二者将自己打扮为**同一**（le Même）对于**他者**（l'Autre）的关系。正是在自我对它的处于可憎样态下的主权的放弃中，伦理，很可能还有灵魂的精神性本身，才有意义；不过最确定的是，也正是在这种放弃中，存在的意义问题，亦即，对［为它的］辩护的

---

① "被/自己触动"原文为"s'émouvoir"。该词在语法上属于"代动词"，既可以表达被动之义，也可以表达反身义。列维纳斯在下面就是利用这两种语法含义来说明任何一种情绪所具有的双重意向性。所以我们这里将之译为"被/自己触动"。——中译注

② 参见《存在与时间》第 29－30 节，尤其是后一节，第 141 页："怕之何所以怕，乃是害怕者的存在者本身，即此在。"（参见 Martineau 法译本第 117 页）（参见该书中译本，陈嘉映、王庆节合译，熊伟校，陈嘉映修订，生活·读书·新知三联书店 1999 年版，第 165 页。——中译注）

呼唤，也才具有意义。这种第一哲学，它穿过这样一种同一者的模棱两可而具有意义：这种同一者在其无条件的、甚至逻辑上不可分辨的同一性的顶点上，在超越任何标准的自主的顶点上，宣布它自己是我（je）；但是，它恰恰也能在这无条件的同一性的顶点，承认自己是可憎的。

自我，这正是在人这一形态中的存在者的存在的危机本身。存在的危机，并不是由于这个动词的意义可能仍需要在其隐秘的语义学中被理解，仍要求助于存在论，而是因为自我、我已经在质问自己：是否我的存在得到了辩护？是否我的 Dasein［此在］之 Da［此］并非已经是对某人的位置的侵占？

这个质疑并不期待一个作为信息告知的理论回答。它呼吁的是责任：此责任并非一种实践的权宜之计，可能用来减轻知识因不能与存在相等而造成的挫折。这种责任也并不是要把理解与把握从知识那里剥夺掉；毋宁说，它是处在其社会性中、处在其毫无邪欲（concupiscence）的爱中的伦理性切近的卓越。而人，也正是向非意向性意识的内在性的返回，向"不安意识"的返回，向担忧不义更甚于死亡的可能性的返回，向宁愿忍受不义而非制造不义①的可能性的返回，向宁愿选择那为存在进行辩护而非那确保存在的东西的可能性的返回。

六

存在还是不存在——这就是那个问题吗？那个最初的和最后的问题吗？人的存在真的就在于去努力存在吗？对于存在意义的理解，亦即关于存在这个动词的语义学，就是强加给这样一种意识的第一哲学吗——这种意识从一开始且一上来就可能是如此这般的认识和表象：它们把自己的确信保存在为死而在中，把自己确认为一种一直思到穷结处、思到死亡的思想的清晰明白；这种意识甚至在其有限性中就已经是或仍然是毫不质疑其存在权利的安好意识与健全意识——但是它在其有限性的不牢靠中究竟是满怀畏恐还是雄姿英发？抑或，最初的问题难道不是源自于那种不安意识？这种不安意识——一种不稳定性，它不同于我的死亡和痛苦用来威胁的那种不稳定性。它打断了我［对存在］的天真固执所具有的那种无所顾

---

① 参见柏拉图《高尔吉亚》469c："就我来说，我既不喜欢制造不义也不喜欢忍受不义。但是如果非要在二者中选择，我宁愿选择忍受不义而不是制造不义。"（Robin 译文）

忌的自发性，并因此对我的存在的权利提出质疑，这种存在已经是我对于他人之死的责任。存在的权利及其合法性，最终要参考的并不是**律法**的普遍规则的抽象——而是像律法本身和正义一样——最终要参考我的并非无动于衷的为他（*pour l'autre*），要参考死亡：在我的终结之外，他人的面容在其率直本身之中正是向着死亡展露自身。无论他人是否凝视着我（me regarde），他都与我有关（me regarde）。① 正是在这一问题中，存在与生命被向着人唤醒。因此存在的意义问题——就不是对这个非同寻常的动词进行理解的存在论，而是关于存在之正义的伦理学。这才是最高的问题或哲学的问题。不是：为什么有存在而不是什么都没有②，而是：存在如何为自己辩护。

---

① regarder 在法文中既有"注视、凝视、朝向"之义，也有"与……相关、涉及……"之义。列维纳斯在这里似乎是在同时利用这个词所具有的这两种含义。因此此处也可以译为："无论他人是否与我有关，他都在凝视着我。"——中译注

② 我们知道，这是莱布尼兹的问题。海德格尔在《根据律》中对此做了重述和思考。

第二部分　现象学与伦理学

表象的崩塌[①]

[法] 列维纳斯

遇到一个人，就是被一个谜搅得惊醒不安。在与胡塞尔接触时，这个谜就是他的工作之谜。尽管我们在他家中可以感受到相对单纯的热情好客，但是在他本人这里，人们遇到的却总是现象学。我的回忆要追溯到青年时代。对于那时的我来说，胡塞尔已经在他的神话中向我显现了；我的回忆只包含与他有个人关系的两学期。但是，除去我们二十出头时所具有的那种满含敬意的谦逊、"狂热"以及那种对于神话的爱好外，我仍认为几乎没有人能像胡塞尔那样在更大程度上等同于他自己的工作，倒是更多地把工作与人们自己分开。胡塞尔有一组组尚未整理的手稿沉睡在某个箱子底下。这些手稿是对关于滞留、感性或自我的现象学的思考——毋庸置疑，当他提到这些手稿时，他总是自然而然地说："*Wir haben schon darüber ganze Wissenschaften.*"["对此我们已经有了完善的科学。"]谈到这些仍然未知的科学时，他的神情似乎是他已经获得了它们，而不是创造了它们。至于他的工作，即使在私下，胡塞尔也只用这一工作本身的术语来谈论。这是关于现象学的现象学，也几乎——在我与他相处期间——总是无人敢于打断的独白。同样，对于我来说，对于一个人的亏欠也和对于

[①] 本文原标题为"La ruine de la représentation"，载于 *En découvrant l'existence avec Husserl et Heidegger*（《与胡塞尔和海德格尔一起发现存在》），第 4 版，J. Vrin，2006。中译文原发表于《中国现象学与哲学评论》第二十二辑《现象学与跨文化哲学》，上海译文出版社 2018 年版，第 227–243 页。在收入本文集时稍有修订。——中译注

其工作的亏欠密不可分。①

胡塞尔一方面庄重严肃，同时又不失和蔼可亲；他总是正装笔挺，但又常常忘记外部世界、心不在焉，不过他也并不倨傲自大，就像坚定不移中又带有些犹豫不决。他沉湎工作，一望可知。他的工作既一丝不苟又开放大胆，且不停地重新开始，就像一场持续不断的革命，与当时人们喜爱的形式——少一点古典，少一点教导——颇为相契，也吻合于人们当时钟情的语言：富于戏剧性，远非单调乏味。他的工作的的确确充满着全新的重音，然而这些重音唯有在那些敏锐或训练有素，但必定是隐藏着的耳朵那里才能产生回响。

不过，海德格尔的哲学，从一开始就显得全然不同。在弗莱堡，这两种思想的相遇给一批在认识海德格尔之前就已经接受胡塞尔指导且正在完成学业的学生提供了一个重要的思考和讨论的主题。欧根·芬克（Eugen Fink）和路德维希·兰德格雷贝（Ludwig Landgrebe）即属于其中。对于那些将于1928—1929学年冬季来到海德格尔那里的人而言，已经于1928—1929学年冬季学期末退休且在1928年夏季过渡学期期间就已处于半退休状态的胡塞尔，只是一位前辈罢了。我自己通过这些讨论进入到现

---

① 至于与胡塞尔的私人关系，其他人会提供一些趣闻轶事。我只想记录三点。第一，在我于弗莱堡的两个学期期间（1928年的夏季学期，1928—1929年的冬季学期），胡塞尔夫人曾以下次去巴黎旅游为借口，跟我上"法语进修"课。他们的目的其实是想增加学生的奖学金而非提高［像她这样的］杰出学生的词汇量。这些被掩饰的善意行为经常出现在胡塞尔家中，而其受益者不乏赫赫有名之人。第二，1928年7月末，我在胡塞尔的一个研讨班上做了一个报告。那是他教学生涯最后一学期的最后一场。当然喽，这场报告在接下来的告别致辞中没有提到；胡塞尔在致辞中说，在他看来，那些哲学疑难最终都得到了完全澄清，既然岁月已为他安排好了时间去解决这些疑难。第三，即使新近提出的胡塞尔的犹太人问题没有促使我将它束之高阁，我终究还是犹豫着是否要把它叙述出来。我们知道，胡塞尔与他的夫人是皈依了新教的犹太人。大师的最后一些照片暴露了他的一些犹太人相貌的特征（人们说大师的相貌开始变得与先知的相貌相似了，这样说或许不对，因为毕竟，没有人拥有先知耶利米或哈巴谷的肖像）。胡塞尔夫人曾严格地以第三人称——甚至都没有以第二人称——对我谈起过犹太人。胡塞尔则从未与我谈起过犹太人，除去一次。那一次，他的夫人要利用去斯特拉斯堡的行程买一件很重要的东西。在斯特拉斯堡的神学家和哲学家海林（Hering）的母亲海林夫人的陪同下，她完成了此次购物。回来之后，她当着我的面公开说："我们发现了一家很棒的商店。*Die Leute obgleich Juden, sind sehr zuverlässig.*［老板尽管是犹太人，却非常可靠］"我没有掩饰我受到的伤害。于是胡塞尔说："算了，列维纳斯先生，我自己也来自一个［犹太］商人家庭……"他没有继续说下去。犹太人之间彼此苛刻，尽管他们无法忍受非犹太人向他们瞎讲的"犹太历史"；正如教士们讨厌那些来自世俗人员的反教权的笑话，但是他们自己之间却常讲这些笑话一样。胡塞尔的反思使我心情平复下来。

第二部分 现象学与伦理学

象学之中,并经受了现象学学科的塑造。在下面的几页文字中,我将尝试着回忆那些我当时看来在胡塞尔思想中是决定性的——从它们在过去岁月中的情况来看——主题。我们是否处在这样一种哲学中?它对于你们来说标志着一种"绝对知识"的真理,或某些姿态与"语调变化",而这些姿态与"语调变化"则为你们构成任何话语(即使是内部话语)所必须的对话者的面容?

一

现象学,就是意向性。这意味着什么呢?意味着拒绝把意识等同于感觉物(les sensations-choses)的感觉主义(un sensualisme)?当然。但是可感者(le sensible)在现象学中承担重要角色,而意向性则恢复了可感者的权利。意味着主体与对象之间必然的相关性?毫无疑问。但是我们无需等待胡塞尔来抗议那种与对象分离的主体的观念。如果意向性只是意味着意识向着对象"绽开",意味着我们直接在事物那里,那么就绝不会有现象学。

[如果这样,]我们就会拥有一种关于表象(la représentation)的素朴生活的知识理论;表象遇到的是从任何境域中拔根出来的持久本质——在这个意义上它们是抽象的——这些本质被在一个它们于其中是自足的当前中提交出来。生活的当前恰恰是抽象活动的一种未受质疑但又源始的形式,存在者保持在这种抽象活动中,就像它们由此开始一样。再-现(la re-présentation)如此涉及诸存在者,就如它们完全由它们本身支撑自己一样,好像它们是实体。再-现拥有对这些存在者的条件不感兴趣——只是在一瞬间、在表象的瞬间——的能力。它战胜了真正的思想与真实的思想在存在者中所打开的无限条件的眩晕。我并没有穿越今日生活所参照的过去之无限系列,我在其全部的实在性中迎接这一日,我从这些转瞬即逝的瞬间出发抓住我的存在本身。康德表明知性可以追求它的理论工作但却无法满足理性,借此,他就阐明了这种无需无条件的原则的"经验实在论"的永恒本质。

现象学,正如任何哲学一样,给我们以下教导:在事物那里的直接在场还没有理解事物的意义,因此,也没有代替真理。但是,我们要感激胡塞尔引导我们超越直接性的方式,它使我们拥有了开展哲学活动的新的可能性。首先,胡塞尔带来了意向分析的观念,这一意向分析比进入这些意向的思想能告诉我们更多关于存在（这些意向原本被认为只是对存在的掌握或反映）的知识。似乎，已经迷失在被掌握或被反映的对象中的基础存在论事件，一直比客观性更客观，一直是一种超越论的运动。对"构造"这一术语的求助或许掩盖了对"超越论的"这一概念本身的更新，这一更新在我们看来乃是现象学的一个本质性的贡献。由此，在我们可以称为"哲学的推理"的层次上，一种从一个观念过渡到另一个观念的新的方式就产生了。由此，哲学概念本身就发生了变化，它曾经一直被等同于凭借"同一"吸收任何"他者"，或被等同于从"同一"中推演出任何"他者"（亦即被等同于观念论，在这个词的激进的意义上）；因此在这种哲学概念中，同一与他者之间的关系并没有颠倒哲学的爱欲。最后，一种新的哲学风格以一种更为一般的模式产生了。这种哲学还没有变成一门作为具有普遍强制性的各种学说之集合体的严格科学。但是，现象学已经开创了一种意识分析，这种分析最为关心的是结构，是一种心灵运动与另一种心灵运动结合为一体的方式，是心灵运动位于现象整体之中相互叠搭与安置的方式。我们不再以列举的方式分析心灵状态的组成部分。这些"结构样式"的基准点当然还要依赖于学说所具有的最终预设。但是，一种新的严格精神已经创建起来了：研究的深入并不在于触及灵魂中的精微处或无限小的部分，而在于并不让这些精微的元素或其延伸物遗落在结构之外。在我们看来，正是这些要点才是所有后胡塞尔思想的本质所在；对于我们这些微不足道的研究者来说，我们从对胡塞尔工作的长期研习中所获得的益处也正是这些。它们深刻地影响了自《逻辑研究》以降的思想，尽管《逻辑研究》很糟糕地定义了现象学，但它也非常出色地证明了现象学，因为它就像一个人通过行走证明运动那样对现象学做了证明。

二

为什么逻辑——它建立起那些支配着"思想"之空乏形式的观念法则——会要求一种对意向性思想之步骤的描述作为它的基础？随着人们力主逻辑形式的观念性，力主把逻辑形式与意识的"实项内容"、与表象行为或判断行为、更不用说与"原始内容"或感觉混为一谈的不可能性，这一解释性问题就更加使人不安了。早在《大观念》以其对超越论观念论的清楚表述让整整一代学生们忧心忡忡之前，人们就已经遭遇到了这一问题；胡塞尔坚持超越论的观念论，显然是为了反对关于形式本质和质料本质的实在论。然而，形式本质和质料本质的超越性毫无争议地构成了胡塞尔全部工作的重大主题，而自《逻辑研究》第一卷——哲学文献中最具说服力的一卷——出版以来，人们就聚集在这一主题之下。

但为什么又返回到对意识的描述？这会"有益于"在观念本质之外去认识那些把握观念本质的主观行为或对这种认识"起指导作用"吗？但这种补充性的、让人感兴趣的研究又何以能够使人避免给纯粹逻辑学这一本质上是数学而根本不是心理学的科学造成一些混乱或歧义？在这些混乱中，胡塞尔提到了心理主义，似乎在《纯粹逻辑学导引》①将之推翻之后，它仍然以新的努力为自己进行辩护。当然，自《逻辑研究》第二卷的"引论"之后，胡塞尔又提到需要对纯粹逻辑学概念进行认识论的澄清——这种澄清也将会是一种哲学的澄清。意识现象学会打开"'涌现出'纯粹逻辑学的基本概念和观念规律的'源泉'，只有在把握住这些基本概念和观念规律的来历的情况下，我们才能赋予它们以'明晰性'，这是认识批判地理解纯粹逻辑学的前提"②。但是，在其自康德以来所获得的意义上，认识论和认识批判确已规定好了认识活动的源泉，并到处划定了理性合法运用的界限。它们并没有澄清科学所使用的那些概念本身，而且在任何情况下，也没有修改自亚里士多德以来即已被构造好的、在其完善性中的纯粹逻辑学的那些概念。在其认识论的要求中，胡塞尔现象学的新意在于求助于意识去澄清科学的概念，并保护它们以抵御一些不可避免的歧义，而它们在一种由于自然态度而总是朝向对象的思想中往往会承载这些歧义。"这种分析对于促进纯粹逻辑学的研究仍然是必不可少的。"③最后，严格说来，这样一个事实——即"对象的自在被表象，在认识中被把握，就是说，最后还是成为主观的"④——在一种把主体设定为封闭在其自身中的内在领域的哲学中仍然会成问题；凭借意识的意向性观念，这一问题被预先解决了，因为主体在超越之物那里的在场是对意识的定义本身。

---

① 即《逻辑研究》第一卷。——中译注
② 参见胡塞尔《逻辑研究》第二卷第一部分，乌尔苏拉·潘策尔编，倪梁康译，商务印书馆2015年版，第307页。——中译注
③ 参见胡塞尔《逻辑研究》第二卷第一部分，倪梁康译，前引，第309页。——中译注
④ 参见胡塞尔《逻辑研究》第二卷第一部分，倪梁康译，前引，第312页。译文稍有改动。——中译注

然而，宣布出来的整个研究兴趣都与那对意向性加以定义的主体－对象之间的相关性无关，而是源自一种激发意向性的其他动力。这样，意向性的真正的谜就不会在于主体在对象那里的在场，而在于意向性允许赋予给这种在场的那一新的意义。

如果意识分析对于澄清对象是必要的，那这是因为朝向对象的意向并没有把握住它们的意义，而只是一种在不可避免的误解中的抽象；是因为那处于其"朝向对象之绽裂"中的意向也是一种对这一对象之意义的无知与误解，因为它遗忘了所有它仅以隐含的方式所包含的和意识以未见的方式所看到的东西。这是对我们刚刚提醒注意的那一困难的回应。这一回应是胡塞尔在《笛卡尔式的沉思》第 20 节中刻画意向分析的本原性时给出的："它的本原的操作"，胡塞尔说："就是揭示出'隐含'在意识的现时性（现时状态）中的潜在性。由此，那对意识之所意谓者亦即意识之对象性意义的阐明、规定或许还有澄清，就从意向相关项的角度实现出来了。"①

因此意向性指示着一种与对象的关系，但是是一种这样的关系：它在自身中承载着一种本质上是隐含的意义。在事物那里的在场隐含一种在事物那里的另一种被忽视的在场，隐含着一些与这些隐含的意向相关的其他的境域，即使是对在素朴态度中被给予的对象的最专注、最谨慎的考虑也无法揭示出这些其他境域。"每一个我思作为意识在最广泛的意义上都是对它所意指之物的意指，但是这一'意指'在每一个瞬间都超出了那在各个瞬间作为'明确地被意指者'而被给予的东西。意识超出所意指之物，就是说，它是一种延展到［明确地被意指者］之外的'更大'的大……这种为一切意识所固有的、在意向本身中的意向的超出，应当被视为这种意识的本质环节（*Wesensmoment*）。"（第 40 页）② "任何意向性结构都隐含着一个'境域结构'（*die Horizontstruktur*）这一事实为现象学的分析与

---

① 参见 Edmund Husserl, *Husserliana*, Band Ⅰ, Kluwer Academic Publishers, Dordrecht/Boston/London: 1963, SS. 83 – 84；中译文参见胡塞尔《笛卡尔式的沉思》，张廷国译，中国城市出版社 2002 年版，第 63 页；胡塞尔《笛卡尔沉思与巴黎讲演》，张宪译，人民出版社 2008 年版，第 83 页。译文根据德文和法文有改动。——中译注

② 参见 Edmund Husserl, *Husserliana*, Band Ⅰ, S. 84；中译文参见胡塞尔《笛卡尔式的沉思》，张廷国译，第 63 页；胡塞尔《笛卡尔沉思与巴黎讲演》，张宪译，第 83 页。译文根据德文和法文有改动。——中译注

描述规定了一种全新的方法。"（第 42 页）①

对主体与对象之间关系的经典理解，是对象的在场与［主体］在对象那里的在场。实际上，这一关系是以这样一种方式被理解的：在这一关系中，在场者穷尽了主体的存在与对象的存在。对象在这一关系中在每一瞬间都恰恰是主体现时地思考的事物。换言之，主体－对象关系是完全被意识到的。尽管有这一关系所能持续的那段时间，但这一关系永远使这个透明的、现时的当前重新开始，并在再－现（re-présentation）一词之词源学的意义上保持着。相反，意向性在其自身中带有着其各种隐含（implications）所具有的无数境域，并思考着比其所瞄定的对象无限多的"事物"。肯定意向性，就是察觉到思想是紧密连接在隐含物（l'implicite）上的，它不是偶然地落入这种隐含物，而是本质上就位于其中。由此，思想就既不是纯粹当前的，也不是纯粹的再现（représentation）。这种对既不是"明确物"（l'explicite）的单纯"缺陷"也不是其"瓦解"的隐含物的揭示，在观念史中显得残酷可怕或充满奇迹，因为在观念史中，现时性（l'-actualité）概念一直是与绝对清醒的状态和理智的澄明相一致的。这种思想发现自己无法摆脱一种匿名的、模糊的生命，无法摆脱必须被重建为对象（意识相信能完全掌控它）的被遗忘的风景——毋庸置疑，这一点酷似关于无意识与深层意识的现代构想。但是，由此不只产生了一种新的心理学。一种新的存在论也开始了：存在不只被设定为思想的相关项，而且被认为已经为那构造着它的思想本身进行奠基。我们马上回到这一点。目前请注意的是，被意识到的现时性受潜在性制约这一事实，要比在情感生活中揭示出一种专门的不可还原为理论意向性的意向性、比肯定主体在沉思之先就已主动地卷入生活，更为彻底地危及表象的统治权。胡塞尔认为，有关纯粹逻辑结构和"某物一般"之纯粹形式的表象的统治权是成问题的，在这些纯粹逻辑结构和纯粹形式中，任何情感都不起作用，没有任何东西被呈交给意志；但是，唯当这些结构与形式被置回到它们的境域中时，它们才能揭示出它们的真理。然而，这并不是一种关于动摇了表象概念的情感与意志的非理性主义。一种遗忘了思想之隐含物——在对这种思

---

① 参见 Edmund Husserl，*Husserliana*，Band Ⅰ，S. 86；中译文参见胡塞尔《笛卡尔式的沉思》，张廷国译，第 66 页；胡塞尔《笛卡尔沉思与巴黎讲演》，张宪译，第 86 页。译文根据德文和法文有改动。——中译注

想进行反思之前这些隐含物是不可见的——的思想，是在对［其］对象进行操作，而非思考它们。现象学的还原中止这种操作，以便回溯到真理，以便在其超越论的涌现中展示出被表象的存在者。

一种关于必然的隐含的观念——这种隐含绝对不可为朝向对象的主体所知觉，只能事后（après coup）在反思中被揭示，因此不是在当前中产生，就是说，是在不为我所知的情况下产生——关于这样一种隐含的观念，使表象的理想和主体统治权的理想终结了，使那种于其中没有什么能悄悄溜进我之中的观念论终结了。于是，一种根本的受动（passion）就在思想中启示出来了，这种受动不再与感觉的被动性和被给予者的被动性有任何共同之处——它们仍分有经验论与实在论。胡塞尔现象学已经教给我们的并不是把意识状态抛投入存在之中，更不是把客观的结构还原为意识状态，而是求助于一个"比任何客观性都更为客观的主观的"领域。它已经揭示出这一崭新的领域。纯粹自我是一种"内在中的超越"，它本身是以某种方式根据这一其中上演着某种本质性游戏的领域构造起来的。

三

在意向本身中超出意向，比思考更多地思，这将会是一种悖谬，如果这种由思想对思想的超出还是一种具有与表象的本性相同的本性的运动的话，如果"潜在"只是一种减少的或稀薄的"现时"（或者它会是意识的普通等级）的话。胡塞尔凭其具体分析所说明的乃是：那朝向其对象的思想包含着一些朝着意向相关项的境域开放的思想，这些境域已经支撑着那在其运动中朝向对象的主体，因此支持着那在其作为中的主体，发挥着超越论的作用：感性与感性质并不是范畴形式或观念本质由之加工而成的材料，而是主体为了实现一种范畴意向而已经置身其中的处境；我的身体也并不只是一个被感知的对象，而是一个感知着的主体；大地并不是事物在其中显现出来的地基，而是主体为了感知对象而要求的条件。因此，意向性中隐含的境域并不是对象的还模模糊糊地被想到的脉络，而是主体的处境（la situation）。意向所具有的这种本质性的潜在性宣告出主体是在处境中的，或者如海德格尔所说的，是在世界之中的。意向性所表达出来的在事物那里的在场是一种超越，这种超越在它刚刚进入的世界之中已经拥有比如历史这样的东西。如果胡塞尔要求为这些隐含获得一种完全的照亮，那么他就只能在反思中要求得到这种照亮。对于他来说，存在并不是在历史中而毋宁是在意识中揭示其真理，但这意识不再是那掌握着这种真理的表象的统治性意识。

道路向各种实存哲学打开了，后者可以离开直到那时为止它们仍一直囿于其中的感伤与宗教事物的领域。道路向关于感性事物与前述谓之物的所有胡塞尔式的分析打开，胡塞尔本人对这种分析极其偏爱，这一分析回溯到那同时既是第一主体又是第一对象、同时既是给予者又是被给出者的 Urimpression（原印象）。道路向关于本己身体的哲学打开，在本己身体中，意向性揭示出其真正的本性，因为在身体那里，意向性之朝向被表象之物的运动扎根于肉身化实存的所有那些不被表象的隐含境域之中；肉身化实存从这些境域中引出其存在，而这些境域在某种意义上又是由它构造的（既然它意识到它们）。在这里情况似乎是：被构造的存在制约着对它自己的构造。这是一个海德格尔将处处赋予其明见性并处处让其发挥作用的悖论性结构：存在激发起主观性和主观之维本身，似乎就是为了能实现那铭刻在存在之揭示中的东西，实现那铭刻在"自然"（存在在自然中乃是在真理中）之光辉中的东西。

在事物那里的在场指向那些一开始并且在绝大多数情况下都未受质疑的境域，这些境域然而又引导着这种在场本身——这一点实际上也预示了海德格尔意义上的存在哲学。任何把自己导向存在者的哲学，都已经植根于存在者的存在（海德格尔表明，它不能被还原为存在者），已经植根于境域与这样一种场所（site）：这一场所支配着每一个位置的占据、每一处风景的照亮，同时也已经引导着那在意愿着、劳作着、判断着的主体的创始活动。海德格尔的全部工作都在于打开和探索这一在观念史上未为人知的维度，不过海德格尔又赋予它一个最广为人知的名字：Sein（存在）。相对于客观性的传统模式而言，这是一个主观性的领域，但是是一个"比任何客观性都更为客观的"主观主义的领域。

超越论的活动既不是反思一个内容这一事实，也不是一个被思的存在的产生。对一个对象的构造已经为一个前述谓的、但又由主体所构造的"世界"所庇护；反之，在一个世界中的逗留又只有作为一个构造着的主体的自发性才是可以思议的，没有这种自发性，这种逗留就会是一个部分之于全体的那种单纯的从属，而主体也只是一块地基的单纯产物。超越论的观念论一直在脱离世界与卷入世界之间游移不定，胡塞尔曾为此饱受指责，但这并非他的弱点，而是他的力量所在。自由与从属的这种同时性——没有任何一项被牺牲——或许是那穿过并承载存在整体的 Sinngebung（意义给予）本身，即意义授予行为。无论如何，超越论的活动在现象学中获得了这种新的定向。世界不仅是被构造的，而且还是起构造作用的。主体不再是纯粹主体，对象也不再是纯粹对象。现象同时既是被揭示者，也是那揭示者；既是存在也是通往存在的通道。如果不照亮那进行揭示者——照亮那作为通道的现象——那被揭示者，即存在，也就始终是一种抽象。尽管一些现象学分析给人以这样的印象，即它们使概念与事物遭到变形，但这些现象学分析的新的重点和闪光之处仍然在于这样一种双重视角：在这种视角中，存在物（entités）被放回到它们原来的位置。于是，对象被从它们平淡晦暗的静止不变中拔根出来，以便在那些往返于给予者与被给出者之间的光之游戏中熠熠生辉。人们在来来往往中构造着人们已属于的世界。现象学的分析就像一种永恒的重言式的不断反复：空间设定空间，被表象的空间设定某种在空间中的植入，这种植入复又只有作为对空间的勾画（projet）才可能。在这种显而易见的重言式中，本质——存在物之存在——绽现出来。空间变为对空间的经验。它不再与它的揭示、它的真理相分离；它不只是被投入其真理中，毋宁是在其中实现自身。这是一种颠倒：在这一颠倒中，存在创建那筹划它的行动；在这一颠倒中，行动的当前或者它的现时性转变为过去；但在这一颠倒中，对象的存在立刻在那针对它的态度中得到完善；在这一颠倒中，存在的在先性被重新置入一种将来；这是这样一种颠倒，在其中人的行为举止被解释为原初的经验而非经验的果实——这种颠倒正是现象学本身。现象学把我们引导到主体-对象范畴之外，并摧毁表象的统治。主体与对象只是这种意向性生活的极点。在我们看来，现象学还原从来不是由内在领域的绝然性（l'apodicticité）所证成的，而是由这一意向性游戏的敞开性证成，由对固定对象的放弃证成，这种固定的对象乃是这一意向性游戏的结果与遮蔽。意向性意味着任何意识都是对某物的意识，但是尤其意味着任何对象都呼唤着且似乎激发着某种意识：正是凭借这种意识，该对象的存在才闪现出光辉并由此而显现出来。

感性经验被赋予特权，因为在感性经验中，构造的这种两可性（ambiguïté）在发挥作用：在这种构造中，意向相关项制约并庇护着那构造它的意向行为。现象学中的对文化属性的偏爱同样如此：思想构造着文化属性，但它在构造文化属性的过程之中又享用着文化属性。表面上看，

第二部分　现象学与伦理学

文化世界是后来者，但它的存在本身恰恰在于授予意义；在现象学的分析中，正是它的存在支撑着所有那些在事物与观念中看起来是单纯被包含和被给予的东西。

从那以后，那些直到那时为止仍一直保持在对象层面上的概念就构成了这样一个系列：这一系列上的诸项既不以分析的方式也不以综合的方式相互连接。它们也并不像一块拼图的各个部分那样相互补充，而是以超越论的方式相互制约。处境与参照着处境的对象之间的关系，以及构成着处境之统一性（在反思性描述中得到揭示）的现象之间的关系，与演绎关系一样都是必然的。尽管严格地看，它们在客观上是相互孤立的，但现象学把它们连接在一起。在那时以前，唯有诗人与先知才能允许自己通过隐喻与"异象"（la "vision"）进行这种连接，并借助语言把它们在词源中聚集在一起。天与地、手与用具、身体与他人，先天地制约着知识与存在。误认这种先天制约作用，就导致思想中的抽象、歧义与空洞的产生。或许，正是由于这种对遗忘了其构造性境域的那种简明思想的警惕，胡塞尔的工作对于所有理论家，尤其是下面这些人而言才是最直接有用的：他们没有认识到神学思想、道德思想或政治思想的具体的、某种意义上具身性的条件（正是从这些条件中，那些表面上最纯粹的概念汲取着它们的真正意义），并由此想象他们把这些思想精神化了。

四

但是，思想本质上是隐含的这一事实，完全现时性的理想只能来自于一种从思想本身中获取来的抽象观点这一事实，或许标志着整个哲学定向的终结。哲学源自与意见的对立，它趋向于智慧，后者乃是完全的自身拥有这样一个瞬间。在此瞬间，不再有任何外在之物或他者前来限制同一（le Même）在思想中的那种辉煌的同一化。走向真理，就在于揭示一个总体，在其中，多样性重又发现它自己是同一的，就是说，是在同一的层次上或在同一之层次上演绎出来的。由此就有了演绎的重要性；它从部分经验中引出总体（无论这种演绎是分析的、机械的抑或辩证的）。那使在被表象者中的隐含之物变得明晰的思想，原则上是完全的现时化这一权能，是纯粹现实本身。

而这就是说，那在其意向的全部真诚性中被引向对象的思想并没有在其素朴的真诚性中触及存在；它思得比它思得更多且不同于它现时之所思，在此意义上，它自身并不是内在的，即使从它那一方面看来它亲自把握到了它所瞄向的对象！既然存在既不在思想内亦不在思想外，而是思想本身处于其自身之外，那么我们就已经超逾了观念论与实在论。必须要有一种第二性的行为和事后之思（un esprit de l'escalier）①，以便揭示出那些被遮蔽的境域，后者不再是这一对象的语境，而是对象之意义的超越论的给予者。为了掌握世界与真理，必须要比瞬间或明见性之永恒更多。

在对象化的、完全现时的反思行为（凭借何种特权？）的形式下，胡塞尔本人已经看到了这种事后之思，但是这一事实对于他的作品所具有的影响来说可能并不是决定性的。这种授予意义的生活或许以别样的方式把自己呈交出来，并且为了它自己的揭示而在同一与他者之间设定某些关系，这些关系不再是对象化，而是社会生活（société）。人们可以在一种伦理学中研究真理的条件。协作中的哲学，是否只是偶然地才成为胡塞尔的理念？

终结那种认为思想与主体-对象的关系具有相同外延的观点——这就是让人们隐约看见与他者的这样一种关系：这种关系既不是对思者的无法容忍的限制，也不是以内容的形式把这一他者径直吸收到一个自我中。在这种"吸收"中，任何的 *Sinngebung*（意义给予）都是一个统治性的自我的作为，而他者，实际上也只能被吸收进表象之中。但是在现象学中，总体化的（totalisante）和极权性的（totalitaire）的表象活动已经在其本己意向中被越过了；表象发现自己已经处于一些境域之中，而这些境域，表象在某种意义上并不曾想要，但是它却无法免除——在这样的现象学中，一种伦理的 *Sinngebung*（意义给予），亦即，对于他者的根本的尊重，变得可能了。在胡塞尔自己那里，在立足于对象化行为的对交互主体性的构造这一事业之中，一些社会性的、不可还原为对象化构造的关系突然苏醒了，而这种对象化的构造却声称以其自己的步调构思这些关系。

---

① 在法语中，"avoir l'esprit de l'escalier"是一句俗语，意为"事后聪明，事后诸葛亮"，列维纳斯这里指一种在素朴地朝向对象的思想背后、能够揭示境域的"第二性的思想"。——中译注

作为存在论差异的价值[1]

[美] K. W. 斯蒂克斯[2]

下面这段话出自胡塞尔的《观念1》,它表明"价值"对于经典现象学来说处于中心位置:

> 这个对我存在的世界不只是纯事物世界,而且也以同样的直接性是作为诸价值世界、善的世界和实践的世界。我直接发现物质物在我之前,既充满了物的性质又充满了价值特性,如美与丑,令人愉快和令人不快,可爱和不可爱等等。物质物作为被使用的对象直接地在那儿,摆着"书籍"的"桌子","酒杯","花瓶","钢琴"等等。同样,那些价值特性和实践特性也在结构上属于"在手边的"对象本身,不论我是否朝向这些特性或朝向一般对象。自然,这只适用于"纯物质物",而且也适用于我的环境中的人和动物。他们是我的"朋友"或"敌人",我的"仆人"或"上级","陌生人"或"亲友"等等。[3]

经验结构本质上是评价性的,这是马科斯·舍勒的现象学的核心论题。他极为具体地描述了这一点。但是当代大陆思想家已经不加批判地接

---

① 本文原题为"Value as Ontological Difference",选自 J. G. Hart and L. Embree (eds.), *Phenomenology of Values and Valuing*, Kluwer Academic Publishers, 1997。

② K. W. 斯蒂克斯(K. W. Stikkers),南伊利诺伊大学哲学系教授,以道德哲学、现象学、政治哲学为主要研究领域。

③ 《纯粹现象学的观念和现象学哲学》(*Ideen zu einer reinen phaenomenologie und phaenomenologischen Philosophie*, bk.1, *Allgemeine Einfuhrung in die reine Phaenomenologie*), 1st – 3rd eds., ed. Karl Schuhmann, vol.3, no.1, of *Husserliana* (The Hague: Martinus Nijhoff, 1976), p.58; *Ideas Pertaining to a Pure Phenomenology and to a Phenomenological Philosophy*, First Book, *General Introduction to a Pure Phenomenology*, trans. F. Kersten (The Hague: Martinus Nijhoff, 1983), p.53. 中译文参见胡塞尔《纯粹现象学通论》,李幼蒸译,商务印书馆1992年版,第91页,稍有改动。

受了海德格尔对于作为最终理论的价值理论的全面拒绝,因此后者在这些思想家中几近消亡。

海德格尔的批评并未能包括所有的价值理论,尤其是舍勒的价值理论,这一点已为其他人清楚地表明了。① 因此我这里的要点就不是重复这种回应,尽管我将对此做简要概述。毋宁说,我希望考察,以何种方式"价值"能被认为是存在论差异?并想表明,当舍勒的价值理论与他后期的作为受苦存在论的现象学连接在一起时,评价(valuation)如何将自身表明为作为存在论差异之涌现的真正的时间化过程的本质特性:"价值"在"延迟运动"(deferring movement)中展现出来,而德里达将这种延迟运动描述为"延异"(différance)。

这样一种主张与海德格尔式的价值批评的核心观点正好相反。"那么,价值的存在在存在论上实际意味着什么呢?"海德格尔在《存在与时间》中如是问道。"价值是物的现成的规定性",他这样回答。"价值的存在论起源最终只在于把物的实在性先行设定为基础层次",因此,"价值述谓""只是又预先为有价值的物设定了纯粹现成状态的存在方式"。② 这样,在这本书以及与之相伴的1928年的一些讲座中,海德格尔断言:作为一种持续的在场,价值忽视了Dasein的绽出的时间性,借此时间性,所有的存

---

① 比如,曼弗雷德·S. 弗林斯(Manfred S. Frings)的《人格与此在:论价值存在的存在论问题》(*Person und Dasein: Zur Frage der Ontologie des Wertseins*),Phaenomeologica, vol. 32 (The Hague: Martinus Nijhoff, 1969),《海德格尔思想中是否有罪恶的空间》("Is There Room for Evil in Heidegger's Thought or Not?"), *Philosophy Today*, 32 (Spring 1988): 72 - 79,以及《马科斯·舍勒1927年阅读<存在与时间>的背景:一种通过伦理学的对批评的批评》("The Background of Max Scheler's 1927 Reading of *Being and Time*: A Critique of a Critique through Ethics"), *Philosophy Today* 36 (Summer 1992): 99 - 111;汉斯·莱纳(Hans Reiner)《义务与禀好》(*Duty and Inclination*),Mark Santos 翻译(The Hague: Martinus Nijhoff, 1983), pp. 146 - 167, 295 - 298;Philip Blosser:《海德格尔价值理论批评之考察》("Reconnoitering Heidegger's Critique of Value Theory"),提交给现象学与生存哲学协会的未刊稿,Memphis, October 19, 1991。本文的第一部分曾自由借阅并受惠于该文。

② 《存在与时间》第21节。强调为原文所有。Macquarrie 和 Robinson 的英译本在此有点误导。(中译文参见海德格尔《存在与时间》,陈嘉映、王庆节合译,熊伟校,陈嘉映修订,生活·读书·新知三联书店1999年版,第116页,稍有改动。——中译注)

在者，包括价值，都只有"出于永远超越于在场者之范围的未来"① 才能被当场给予。对于海德格尔以及海德格尔的信徒们来说，他们已经习惯于通过攻击某一种学说的较弱的版本从而断言他们因此已经明确地拒绝了这种学说的所有版本。我们将会看到，海德格尔对舍勒的"价值"与"抗阻"（resistance）的批评就是这样的情形。

在他1947年关于柏拉图真理理论的著作中，海德格尔扩展了他对于价值理论的攻击：在那里他把19世纪的"价值"概念与柏拉图的"善"（"*agathon*"）联系在一起，宣称"价值"像后者一样仅仅是存在之真理的"展示性的前景"（presentative foreground），而不是它的基础。在其"关于人道主义的书信"（1949）中，海德格尔断言：

> 一切评价……都是一种主体化。一切评价都不是让存在者存在，不如说，评价只是让存在者作为它的行为的客体而起作用。要证明价值之客体性的特别努力并不知道它的所作所为。……在评价行为中的思想……是面对存在而能设想的最大的渎神。所以反对价值来思考，并不是说要为存在者之无价值状态和虚无缥缈大肆宣传，而倒是意味着：反对把存在者主体化为单纯的客体，而把存在之真理的澄明带到思想面前。②

进而，海德格尔在《林中路》（1950）中断言，"价值"是"对作为目标的需要的对象化"，源于把对象还原为表象：被如此还原的物导致存在的丧失，"价值"被赋予给对象以补偿这种丧失，于是这样的价值就被具体化。"价值"就是"任何存在物的对象性的虚弱陈腐的伪装"，是"存在的可怜的替代"，"没有人只为价值而死"。③（但有任何人曾仅为存

---

① Parvis Emad，《海德格尔与价值现象学》（*Heidegger and the phenomenology of Values*）（Glen Ellyn, IL: Torey Press, 1981），第144页；海德格尔：《存在与时间》第48节，《逻辑学的形而上学的开端奠基》（*Metaphysiche Anfangsgrunde der Logik*），F. W. von Herrmann 编，《海德格尔全集》（*Gesamtausgabe*）第26卷（Frankfurt: Klostermann, 1978）；Emad，第23-48页。

② Frank A. Capuzzi 翻译，载《海德格尔基本著作》（*Basic Writings*），David Farrell Krell 编，（New York: Harper & Row, 1977），第228页。强调是引者所加（中译文参见海德格尔《路标》，孙周兴译，商务印书馆2000年版，第411-412页）。

③ 见 Blosser，第3页。

在而死吗?)

曼弗雷德·S. 弗林斯、汉斯·莱纳和菲利普·布洛塞（Philip Blosser）已经有力地表明，海德格尔的论断在现象学上是如何站不住脚。胡塞尔也已勾勒了"价值"经验的不同层次，同时把事物的价值性质的被给予性与作为这种性质之对象化的"价值"区分开来。① 一如舍勒表明的那样，在独立于人的主体的意义上，"价值"被"直观"或"感受"为"客观的"，而且确切无疑的是，它不被经验为由人的主体的强力意愿的任何一种行为所"设定"。的确，在他的《伦理学中的形式主义与质料的价值伦理学：为一门伦理学人格主义奠基的新尝试》中，舍勒系统地和逐一地拒绝了所有为人熟知的主观主义价值理论——快乐主义、情感主义、功利主义、唯名论、相对主义——总之任何一种使价值依赖于意愿自我的理论。然而，不像胡塞尔把"价值"置于与感性性质相同的现象学的被给予性的层次上——如本文开头引文所暗示的那样，舍勒主张，在现象学的被给予性秩序中，"价值"先于所有的感性性质："价值-把握先于感知。"② "价值先于其对象；它是它的特殊本性的第一个'信使'。"③ 比如，在疼痛的负面价值与我不小心抓到的热锅的感性性质的任何联结之前，它就已先行呈报自身；热锅只是在反思中才被确认为我疼痛的"原因"。或者举一个舍勒的例子："我对落日余晖中的雪山之美的感受"先于那些"引起"（cause）这样一种感受的被感知到的性质。④

由于汲取尼采甚多，海德格尔似乎想把"价值"的所有形式都还原到怨恨上。但是在怨恨行为中的各种败坏了的评价之间的同一化本身，却指示着另外一种评价模式，这种模式并非如此植根于单纯自我中心的强力意愿——［这就是］舍勒在实际的（factual）爱的秩序（ordo amoris）和观念的爱的秩序之间所做的区分。甚至尼采也在扭曲了的和"真正的"价值

---

① Husserl, *Ideas* I, pp. 231 – 232.
② 《伦理学中的形式主义与质料的价值伦理学：为一门伦理学人格主义奠基的新尝试》（下简称《形式主义》）(*Der Formalismus in der Ethik und die materiale Wertethik: neuer Versuch der Grundlegung eines ethischen Personalismus*)，第三版，Maria Scheler 编，《舍勒全集》(*Gesammelte Werke*) 第 2 卷 (Bern: Francke Verlag, 1954)，第 216 页；*Formalism in Ethics and Non-Formal Ethics of Values: A New Attempt toward the Foundation of an Ethical Personalism*, trans. Manfred S. Frings and Roger L. Funk (Evanston: Northwestern University Press, 1973)，第 201 页。
③ 《形式主义》德文版第 41 页；英译本第 18 页。
④ 《形式主义》德文版第 271 页；英译本第 256 页。

秩序之间进行了区分①，而并没有像海德格尔那样把所有的价值都还原为"利己主义（self-interest）的设定，这些设定通过为存在提供一种必然的恒量、一种替代而使强力意愿确保自身，并由此服务于强力意愿"②。实际上，正如尼采和舍勒都表明的那样，拒绝一种价值秩序而不是某人自己的自我中心的偏爱，这种努力本身就是怨恨的特征，因此海德格尔对于所有价值理论的如此激烈的明确谴责正暴露了他自己的怨恨。

舍勒对其价值理论与任何一种柏拉图主义的艰难区分始终贯穿着他的全部著作，但是这样一种区分一再地被海德格尔轻易忽视。在他1897年的博士学位论文中，舍勒就已经清楚地写道：

> 至于"什么是价值"这一问题，我提供下述回答：就"是"这个词在这个问题中指向实存（而不只是一个单纯的系词）而言，价值根本就不"是"［或"存在"］。就像存在概念一样，价值概念也不允许任何定义。③

舍勒在他的《伦理学》中再一次坚持，价值不享有不同于具体的人的行动的存在论的地位④：价值骑"在"这些行动的"背上"⑤。正如现象学家们通常把柏拉图的形而上学的艾多斯（*eidos*）与任何一种现象学的艾多斯（*eidos*）区分开来一样，我们也必须要把柏拉图的善（*agathon*）与一种舍勒式的"价值"概念区分开。

舍勒在《认识与工作》中对于美国实用主义尤其是威廉·詹姆斯（William James）的实用主义的采用使他能够令这样一种区分尤为明显，并使他的理论与柏拉图主义保持更远的距离。在存在论上，价值仅仅留驻于、发生于、"功能化"于具体的行动中：它们既不是 *ideae ante res*［先

---

① 尼采：《悲剧的诞生和道德的谱系》（*The Birth of Tragedy and The Genealogy of Morals*, trans. Francis Golffing, Garden City, NY: Doubleday, 1956），第188页。
② Blosser，第3页。Blosser错误地把这样一种来自于海德格尔的观点接受为尼采自己的观点。
③ 《舍勒全集》第一卷：《早期著作》（*Fruehe Schriften*），Maria Scheler 和 Frings 编（1971），第98页。
④ 《形式主义》德文版第19-21页；英译本第 xxvii – xxx 页。
⑤ 《形式主义》德文版第49页；英译本第27页。

于物的理念］（柏拉图）也不是 *ideae post res*［后于物的理念］（亚里士多德），而是 *ideae cum rebus*［与物一起的理念］（詹姆斯）。① 正如弗林斯所描述的：“于是道德的善（与恶）是在偏好（prefering）（或拒绝）的情形中'功能化'自身……"②

而且，舍勒对于从快乐到神圣这个专门的价值领域所做的广为人知的描画和等级化，在舍勒的理论中也不是最重要的。毋宁说，这里最为本质的乃是价值-等级的观念本身，亦即，价值本质上显现在一个偏好与牺牲的秩序中。宣称某物是有价值的但却不优先选择［或偏好］它或不愿意为它牺牲任何东西，这是在表达一种公然的悖谬，是在无意义地道说。（再一次强调，我们用"偏好"与"牺牲"并不是意指主体的意愿行为，而是作为前主体的、在现象学上被给予的意向活动）

进而，我们必须在舍勒后期的作为受苦（suffering）存在论的现象学语境中重新解释他的价值理论，而这就意味着要把"价值"与舍勒的"抗阻"（resistance）概念本质地联系在一起来理解。在这样做时我们将更深入地看到，海德格尔对价值理论的批评是如何糟糕地错失了舍勒本人的理论的标志，因为海德格尔糟糕地误解了舍勒的"抗阻"概念；以及对于舍勒而言，基础存在论如何包含了"价值"。这就是说，这里的策略是把"价值"理解为"抗阻"，然后展示出海德格尔对"抗阻"的批评是如何不适于舍勒，并借此表明他对"价值"的批评是如何没有切中舍勒的说明。

胡塞尔的现象学和舍勒的现象学的最一般的区别乃在于：对于前者来说，现象学植根于"设定的"（thetic）的意识并且是对这种意识的揭露；对于后者来说，现象学是植根于生命冲力（*Lebensdrang*）的冲动之中并且

---

① 詹姆斯：《实用主义》（*Pragmatism*）（Cambridge: Harvard University Press, 1975），第104–106页；舍勒：《论人之中的永恒》（*Vom Ewigen im Menschen*），第四版，Maria Scheler编，《舍勒全集》第五卷（1954），第198–108页；英译本 *On the Eternal in Man*, Bernard Noble译（Hamden, CT: Archon, 1972），第200–211页；《哲学人类学》（*Philosophische Anthropologie*），弗林斯编，《舍勒全集》第12卷（Bonn: Bouvier Verlag, 1987），第146页；弗林斯：《预言的哲学和资本主义》（*Philosophy of Prediction and Capitalism*），Philosophy Library，第20卷（Dordrecht: Martinus Nijhoff, 1987），第66–87页。

② 《预言的哲学》，第86页。

是对这种冲动的揭露。① 对于胡塞尔来说，现象学是一种反思行为，它切断正常的意识之流去揭示和描述它的本质结构，亦即，它的意向性的本性，后者乃是一切思维、一切无论什么样的心灵活动尤其是科学活动的可能性的主观条件；对于舍勒来说，现象学则是一种奠基于"非抗阻之心理技艺"的"态度"，一种专门的精神行为，这种行为悬置抗阻的核心，以便一方面揭示生命冲力之生长着的、斗争着的和变易着的趋向，另一方面揭示着"世界"的被给予性。

现象学对于舍勒不是像对于胡塞尔那样是一种方法，而是一种"精神观看的态度"，因为舍勒认为，"方法是思考某些事实的思维的一种朝向目标的程序，比如归纳或演绎。然而在现象学中，现象学首先是关于一些新的事实本身的事件，在这些事实被逻辑固定之前；其次是关于观看的程序的事件"②。于是现象学就不是一系列的步骤，在笛卡尔的传统中，人们沿着这一系列的步骤而达到一种绝然的确定性。它是观看世界的一种特殊方式，而"态度"就指示着观看的这种非朝向目标的方式。

由于被设想为一种态度而不是一种方法，对于朝向世界的所有其他态度而言，现象学就不像在胡塞尔那里那样是基础性的。现象学不是所有其他科学必须奠基其上的彻底无前设的科学；它不是如胡塞尔所主张的那样是前哲学的。③ 毋宁说，在舍勒看来，必须要在与其他认知模式的辩证关系中看待现象学，因此现象学就占据了一个更谦虚的位置，尽管它为我们提供了一种的确是特殊类型的明察。正像对于海德格尔来说现象学不得不成为解释学，因为它必须要说明人们的文化语境，同样，对于舍勒来说，现象学也必须要被"知识社会学"语境化。这样，"价值"在舍勒的现象

---

① Frings 为《马克斯·舍勒（1874—1928）诞辰一百周年纪念文集》［*Max Scheler*（1874—1928）*Centennial Essays*］写的"前言"，Frings 编（The Hague: Martinus NIjhoff, 1974），第 vii - viii 页，以及《马克斯·舍勒：一个伟大思想家的世界的导引》（*Max Scheler: A Concise Introduction into the World of a Great Thinker*）（Pittsburgh: Duquesne University Press, 1965），第 23 - 24 页；Lewis Coser,《马克斯·舍勒：一个导论》（"Max Scheler: An Introduction"），载舍勒:《怨恨》（*Ressentiment*），William W. Holdheim（New York: Free Press of Glencoe, 1961），第 10 页。

② 《现象学与认识论》（"Phaenomenologie und Erkenntnistheorie"），《遗著》（*Schriften aus dem Nachlass*），第 1 卷，《论伦理学与认识论》（*Zur Ethik und Erkenntnislehre*），Maria Scheler 编，《舍勒全集》第 10 卷（1957），第 380 页；英译文《Phenomenology and the Theory of Cognition》，《哲学论文选》（*Selected Philosophical Essays*），第 137 页。

③ 参见《观念1》（*Ideen*）德文版第 39 页；英译本第 33 - 34 页。

学的伦理学中就不是非历史的、持久的在场，如海德格尔指责的那样。实际上，在把他自己的价值理论与尼古拉·哈特曼（Nicolai Hartmann）的价值理论区分开时，舍勒就强调："我们不能把知识论与关于人类精神结构之历史的重大问题割裂开来……也不能把伦理学与伦理形式的历史割裂开。"① 而且，作为非–抗阻的心理技艺，现象学被舍勒置于与形而上学的本质关联中来加以思考②，或者与他后来称之为"元生物学"的本质关联中加以思考③。

在胡塞尔那里，给予的意识现象是在意向活动与意向相关项的两极中被构成；而在舍勒那里，世界的实在性是在展示着不断增长的精神化趋向的生命冲力（Lebensdrang）和世界抗阻的两极之间被给予。舍勒拒绝在生物与非生物之间、有机存在与无机存在之间的尖锐区分，他主张有一种唯一富有生机的、生长着的和变易着的趋向（Alleben）渗透于所有自然之中，并且认为这种趋向在亚原子微粒的脉动中就已经能发现。④ 这种冲动性的生命冲力在其变易的运动中并不是任意的或混乱的，毋宁说，在其不断增长着的精神性的展示活动中，它在它自身作为幻影似的图像之前就投射出自己的可能性，自己的能–存在，就像从一个自动前灯中射出的锥形光柱一样。⑤ 生命冲力寻求那些最充分地实现其关切的对象相关物。"我们感知到的任何东西，在我们感知到它之前就必定以某种方式满足和吸引着我们的生命动力"⑥，就是说，必定将其自身作为有价值的东西呈现出

---

① 《形式主义》德文版第三版前言，第 22 页，英译本第三版前言，第 xxx 页。
② 《形式主义》德文版第 22 页；英译本第 xxxi 页。
③ 《遗著》（Schriften aus dem Nachlass）第 2 卷，《认识论与形而上学》（Erkenntnislehre und Metaphysik），Frings 编，《舍勒全集》第 11 卷（1979），第 156 页以下。
④ 只是在第二步这种唯一的变易着的趋向才区分为力量中心和生命中心，后者分别对象化为有机自然和无机自然。Frings，《马克斯·舍勒》，第 33 页，以及《马克斯·舍勒：对于终极实在概念的一种描述性分析》（"Max Scheler: A Descriptive Analysis of the Concept of Ultimate Reality"），《终极实在与意义》三（1980）：第 138、140 页。这样一种观点最近得到了 1969 年诺贝尔生理学和医学奖获得者 Max Delbrueck 的支持，参见他的《心灵来自物质》（Mind from Matter）（Palo Alto: Blackwell, 1986），以及《心灵来自物质？》（"Mind from Matter?"），The American Scholar 47 (Summer 1978): 339 – 353。Frings 指出，在舍勒与 Delbrueck 之间有一种惊人的平行性，见《预言的哲学》，第 46 页。
⑤ 舍勒：《后期著作》（Spaete Schriften），Frings 编，《舍勒全集》第 9 卷，第 230 页；《观念论与实在论》（"Idealism and Realism"），《哲学论文选》第 344 页；Frings：《预言的哲学》，第 48 – 56 页。
⑥ 舍勒：《后期著作》，第 239 页；《观念论与实在论》，第 354 页。

来，或被感受为有价值的。因此，一方面，只有当某物在一个阻滞或抗阻冲力之实现的世界境域中或相对着这个世界境域而呈现自身时，我们才能把该物经验为"实在的"，经验为实存着的。相反，另一方面，生命冲力源初地将自身经验为、给予为、构成为对于它所不是之物、它的它者、亦即"世界"的侵犯的抗阻和阻滞。"实存，或者某种意义上的实在性"，舍勒写道，"是从对于一个已被给予的当前世界中的抗阻的经验中引出来的，而这种对于抗阻的经验是内在于（亦即，不是外在的）生命动力的，是内在于我们的存在的核心生命冲力的"。他接着写道："这种作为抗阻之经验的对于实在性的原本经验，先于任何意识、理解和感知。"① 对实在性的经验发生在生命冲力与世界的共相关的抗阻中，而且这种抗阻经验先于对存在者的任何如在（Sosein）和实存（Dasein）的经验以及对本质的认识。正如舍勒所说："因此，我们在被给予性的秩序中对于某个不定之物（即抗阻）的实在存在（Realsein）的理解先于对它的如在（Sosein）的理解。"②

舍勒完全同意赫拉克利特的格言"战争是万物之父"：如果没有不同动力之间的紧张和战争，没有对于生命冲力之实现（coming-to-be）的"世界"抗阻，没有对于"世界"之入侵的生命的抗阻——在生命中也就没有"实在性"被给予，既没有"世界"的实在性也没有生命的实在性。因此，价值的实在（Realsein）是在抗阻的这种源初现象中被给予：抗阻把生命冲力［Lebensdrang］的实现具体化为感受到的"价值"。"价值"是对于那作为真正的"不定之物"的抗阻的原本的前概念经验，那种不定之物首先自行宣告于生命关切的光亮之中。此外，价值的这种宣告就可以不是一个意愿主体的单纯的投射，因为它在任何类似于"自我"或"主体"的东西的构造之先而得以展示。或许我们可以想象一个像16世纪佛兰德画家老勃鲁盖尔（Pieter Bruegel）所描绘的德国童话"安乐乡"（The Land of Cockaigne）中那样的被幻想的世界，在那里任何一种人类欲望——无论是口腹之欲、性欲还是权力欲——都立即地得到满足：这样一

---

① 舍勒：《人在宇宙中的地位》（"Die Stellung des Menschen im Kosmos"）（1928），载《后期著作》第43页；Hans Meyerhoff 英译本 *Man's Place in Nature*（New York：Noonday，1961），第53页。第一处强调是补充的，第二处是原来就有的。
② 《认识与劳动》，《知识形式与社会》（*Wissensformen und die Gesellschaft*），第372页。第一处强调是补充的，其他的是原有的。

个世界必定是一个想象的世界，一个"非实在的"世界，一个其中没有什么具有实在价值的世界，恰恰是因为它是一个没有战争、没有对于生命冲力的抗阻的世界。而且对于舍勒来说，现象学是建立在悬置或取消生命冲力中的抗阻因素的精神能力之中的："实在性"因此被"加上括号"，被"观念化"（ideated），由此被提供的现象学的观看才得以可能。

在黑格尔和胡塞尔的现象学中，舍勒批评最力的就是它们缺乏恰当的抗阻概念；而在海德格尔《存在与时间》的"基础存在论"中，舍勒发现最让人反对的也是这一点。这就是说，在精神展开为历史的过程中，在先验主体性中，以及在 Dasein 的在世界之中存在的方式中，都没有恰当的抗阻因素。这种缺乏恰恰解释了海德格尔没有能力把握"价值"之于基础存在论的适当性。

即使胡塞尔根据抗阻来描述知觉之意向对象的被给予性，但是世界的客观性还是被构造为抗阻活动。"*Eidos*"作为对于想象变更的抗阻而熠熠生辉。抗阻是构造活动的一个特征，而非这种客观性于其中得以构造的意识本身的本质结构的因素。而且，对于胡塞尔来说，抗阻严格说来是心灵的，而对于舍勒而言，抗阻则完全是生命的，被感受到的，先于意识的任何一个特定对象的被给予性，并且是这种被给予性的条件。

在海德格尔那里，情况要更为复杂。因为，尽管海德格尔没有用［抗阻］这个的术语，但是在海德格尔根据工具的已经上手状态（readiness-to-hand）和现成在手状态（presence-at-hand）而对工具的存在所做的描述中，某种像"抗阻"一样的东西还是处于这种描述的中心：亦即，工具之非上手状态作为工具之被给予 Dasein 的现成在手（present-at-hand），本质上就是抗阻情形，一如《存在与时间》中的下面这一段话所表明的那样：

> 操劳交往不仅会碰上在已经上手的东西范围之内的不能用的东西，它还发现根本短缺的东西。这些东西不仅不"称手"，而且它根本不"上手"。这种方式的缺失又具有某种揭示作用，即发现某种不上手的东西；它在某种"仅仅现成在手的存在"中揭示着当下上手的东西。在注意到不上手的东西之际，上手的东西就以窘迫的样式出现。我们愈紧迫地需要所缺乏的东西，它就愈本真地在其不上手状态中来照面，那上手的东西就变得愈窘迫，也就是说，它仿佛失去了上手的性质。它作为仅还现成在手的东西暴露出来。如果没有所短缺的

第二部分　现象学与伦理学

东西之助，就不能把它推进分毫。①

尽管舍勒无疑会用不同的语词来表达这里的关键点，但我相信他从根本上会同意海德格尔。他们的不同点在于：海德格尔指责把对实在的经验植根于"抗阻"之中，认为这种做法忽视了 Dasein 于其中显现的"指引整体"，亦即 Dasein 的在世界之中存在。这正是他将之与价值理论对立之处。此种价值理论亦即：被预设的"指引整体"是"存在的丧失"，而存在，他认为被具体化为"价值"。海德格尔写道：

> 如果不是现身在世的存在已经指向一种由情绪先行标画出来的、同世内存在者发生牵连的状态，那么无论压力和抗阻多么强大都不会出现感触这类东西，而抗阻在本质上也仍旧是未被揭示的。从存在论上看，现身中有一种开展着指向世界的状态，与我们发生牵连的东西是从这种指派状态方面来照面的。②

——［这与我们发生牵连的东西］也就是作为有价值的某物。他又写道：

> 向着某某东西汲汲以求撞上抗阻而且也只能够"撞"上抗阻；而这个汲汲以求本身已经寓于因缘整体性。因缘整体性的揭示则奠基于意蕴的指引整体的展开状态。在存在论上，只有依据世界的展开状态，才可能获得抗阻经验，也就是说，才可能奋争着揭示阻碍者。阻碍状态描述出世内存在者的存在。抗阻经验实际上只规定着世内照面的存在者的揭示广度和方向。并非这二者的总和才刚导致世界的开展，它们的总和倒是以世界的开展为前提的。"阻"和"对"在其存

---

① 海德格尔：《存在与时间》(Sein und Zeit), 15ᵗʰ ed. (Tuebingen: Max Niemeyer, 1979), 第73页；英译本 Being and Time, 第103页。最后一处强调是补加的，其他强调皆为原文所有。（中译文参见海德格尔《存在与时间》，陈嘉映、王庆节合译，熊伟校，陈嘉映修订，生活·读书·新知三联书店1999年版，第86页——译者注）

② 《存在与时间》德文版第137页，英译本第177页。强调为原文所有。（中译文参见中译本第161页，稍有改动——译者注）

· 153 ·

在论的可能性中是由展开的在世来承担的。①

而且，由于在世界之中的存在的展开状态发生在处于操心现象之中的 *Dasein* 那里，所以"实在回指到操心现象上"②。

舍勒对于海德格尔的回应有几处，它们值得在这里加以概述，因为它们有助于澄清他后期的价值理论奠基其上的抗阻概念；因此对抗阻概念的辩护构成了对价值理论的辩护的一个重要部分。

首先，舍勒指出，当海德格尔把舍勒的抗阻概念与狄尔泰的抗阻概念混在一起时，海德格尔严重地误解了他的抗阻概念。③ 确实，纵观《存在与时间》对于"抗阻"的讨论，海德格尔都把狄尔泰和舍勒放在一起甚至互相替代着来谈，没有把他们各自的概念区分开来。在回应海德格尔于那本书中对抗阻概念的打发时，舍勒评论道："这种批评也许有其意义，但它不适于我。"④ 对抗阻的经验并没有被等同于对实在的经验和对世界内的可对象化的存在者的经验，如海德格尔所做的那样。对于舍勒来说，"抗阻"不要求像在狄尔泰那里那样的存在者层次上的地位。而且，抗阻的源泉不是外在于生命（*Lebensdrang*）的，一如对于狄尔泰那样，而是生命的本质特征。因此，当海德格尔把抗阻经验重构为对于世内存在者的揭示，"对那阻碍我们之努力者的揭示"，海德格尔就完全错了。正如舍勒相当清楚地表明的那样，抗阻经验先于对存在者的任何如在或实存的经验并且是这种经验的一个条件，而且情况当然不是这样：抗阻经验预设了 *Dasein* 的指引性的意蕴整体亦即它的在世存在的被揭蔽状态。相反，"抗阻"描画了这样一种方式，凭借这种方式，*Dasein* 发现它自身已经源初地处于这样一个"意蕴脉络"之中——亦即价值之网、偏好之网中；是这样一种方式，凭借这样一种方式在世存在先于任何世内存在者的构成而向 *Dasein*

---

① 《存在与时间》德文版第 210 页；英译本第 253－254 页。强调为原文所有。（中译文参见中译本第 242 页。——中译注）

② 《存在与时间》德文版第 211 页；英译本第 255 页。

③ 参见狄尔泰《论我们对于外部世界及其权利的实在性的信念的起源问题之解决》（Beitrage zur Loesung der Frage vom Ursprung unseres Glaubens an die Realitaet der Aussenwelt und seinem Recht）（1980），《精神的世界：生命哲学导论，pt. 1，为精神科学奠基》（*Die geistige Welt: Einleitung in die Philosophie des Lebens*, pt. 1, *Abhandlungen zur Grundlegung der Geisteswissenschaften*），第 4 版，《狄尔泰全集》第 5 卷，Georg Misch 编（Stuttgart: B. G. Teubner, 1964），第 90－138 页。

④ 转引自 Frings《舍勒在 1927 年对于〈存在与时间〉的阅读》，第 112 页。

揭示自身——因此［抗阻］是由在世存在预设的。

而且,那经验抗阻者把"世界"经验为它自己的实现的阻碍,把它自己经验为对于"世界"的阻碍——也就是说,生命冲力决没有被舍勒赋予存在者层次上的地位;亦即,在抗阻经验那里还没有一个主体。他写道:

> 当我在实在存在论的意义上把实在存在规定为由生命冲力设定的图像时,我并不意味着要进一步把 realitas 强加于生命冲力自身之变易的状态上。对于实在存在的"欲望"、"渴望"本身根本不是实在的,这恰恰是因为它不是可对象化的而首先是"寻求"实在化（Realsein）。我完全同意海德格尔下述观点：现在是时候最终停止把那些在狭窄的物理存在范围中发现的存在范畴和存在模式转移到生命、意识、自我等等之上了。①

毋宁说,生命冲力是一种纯粹的变易趋向（Werde-sein）或者变化之流（Wechsel）,是在行动中存在（being-in-act）,它完全是非对象化的,不是那种正在"变易着的某物"（Sein-werden）。

其次,更严重的是,舍勒指责海德格尔的 *Dasein* 概念在像生命冲力这样的东西中没有基础,因此这个概念缺乏相应的统一性并代表了一种"唯我论"学说。简单地断言 *Dasein* 把自身首要地和源初地经验为"在世界之中存在"并不足够,因为舍勒说道："这里的'在之中'被认为是意味着某种像'被束缚于……中'或'被卷入于……中'之类的东西。除非那个'solus ipse'［单独的自我］也把自身经验为独立于世界——某种海德格尔不会承认的东西,否则这种［关于'在之中'的］观念能从根本上有意义吗？"② "抗阻"比"在世界之中存在"更恰当地描述了存在论差异的环节。我们把我们的存-在（Be-ing）的特出方式不是经验为一种模糊的"在世界之中存在",而是更源初地经验为一个统一性的变易；抗阻

---

① 舍勒:《后期著作》,第260页。
② 同上。

的充满生机的活动-中心——舍勒将之标示为"人格"而非"*Dasein*"①——不是在"世界"中，而是与"世界"相对抗。反之，所有关于"实在性"的认识都奠基于其上的世界的被揭蔽性②，都被置于"对于动力中心之统一体的抗阻的统一体中"③。海德格尔未能把 *Dasein* 植根于某种像统一的生命冲力的东西之中，这一点意味着他不仅不能说明 *Dasein* 的统一性，而且意味着他不能说明——但是仅可以断言——世界的动力学的统一性，*Dasein* 是在这个世界之中的（Being-in）。④ 舍勒写道：

> 与单个的动力中心和生命中心相对抗的抗阻，在产生所有个别的实在性之前产生了实在范围的统一体，因为这些个别的实在性以一种次一级的方式受惠于感性的这种存在功能和性质……。我很抱歉地说，一种作为现象（不是作为"理念"）的"世界情调"对于我来说是绝对未知的。"意蕴的指引整体"（《存在与时间》德文版第210页）在我看来似乎是一个非常模糊和未明确规定的概念。简直没有证据表明动力冲动是海德格尔称为"操心"的那种非认知模式的行为举止的"变样"，也没有证据表明抗阻把存在预设为我们为之操心的那种东西（或者把我们常人的存在预设为我们为之忧心的东西）。⑤

的确，海德格尔无法说明缺乏统一的生命行动中心的 *Dasein* 的"被抛状态"和 *Dasein* 本身，这个 *Dasein* 既抗阻着"世界"又被"世界"所抗阻。

而且，或许除去极少的瞬间之外，生命冲力在其对抗着"世界"之抗阻、追求精神之不断增长的实现过程中，总是忍受着缺乏满足之苦：生命冲力的实现是不完全的。受苦是我们日常状态的最基本模式。就是说，受

---

① Frings：《人格与此在：论价值存在的存在论问题》（*Person und Dasein：Zur Frage der Ontologie des Wertsein*）（The Hague：Martinus Nijhoff, 1969），该书是对舍勒和海德格尔的这些术语的最为广泛的比较。也可参见 Frings《海德格尔与舍勒》（"Heidegger and Scheler"），*Philosophy Today* 12（Spring 1968）：21-30。
② 参见《存在与时间》德文版第202页，英译本第246页。
③ 舍勒：《后期著作》第262页。
④ 同上，第261页，第266-267页。
⑤ 同上，第263页。

苦是与"实在性"一道被共同给予的，而实在性乃是处于生命冲力之实现范围内的世界-抗阻的发生中：受苦是抗阻经验中的"实在性"的主观相关项。① 这样，价值也就而且相应地只发生于受苦之中：价值是生命中的绽出的剩余，由于这种剩余，在世界之中存在的受苦就是"值得"忍受的——亦即，海德格尔（错误地）主张的真正的绽出的时间性否定了"价值"：Dasein 在世界之中存在的方式本质上是评价性的。

舍勒把抗阻/受苦的发生描述为"Wechelphaenomen"["交替现象"]，就是说，描述为一种纯粹的、非对象化的变更运动或变更之流，这条流在一种动力学的张力中把一些基本的二元对立结合在一起——实存与本质、存在与变易、变易与非变易、生命（有机）与机械（无机）、在场与不在场、同一与他异、部分与整体、存在者的与存在论的、空间与时间——他又把最后一组还原为可逆性趋向和不可逆性趋向。这样一条流逃避了同一化和命名：正如我们已经看到的那样，它是一个不定的"那"，对象化的意识将它捕获为"事物"和"概念"，捕获为对象化的"价值"。

我相信，舍勒会把德里达的解构奠立其上的"延异的经济"（economy of différance）视为他的"交替现象"的相似物。对于德里达而言，"经济"意味着一种"交换"模式，一如德语的"Wechsel"所意味的——比如在"Geldwechsel"（货币兑换）中。"延异"包含着一种双重的运动，既是主动的也是被动的，这种双重运动把当前的瞬间从其自身内部分裂出一种时间化和空间化的运动。作为本源的时间化，延异是一种"延迟（deferring）活动……一种对时间进行考虑、估量的活动，它迫使时间进入一种运作，这种运作意味着一种经济的计算（亦即一张要付的账单）、一种迂回、暂缓、延宕、保留、再现……"。这种延迟或延宕乃是时间化自身，"是把'欲望'或'意愿'之实现的完成悬搁起来、或以一种消灭或缓和其效果的方式来实现欲望或意愿的迂回的中介"②。在作为延迟的延异内部，"时间在与自身的关系中把自身打开为本原（亦即'欲望'或'意

---

① 参见《人的地位》德文版第 16-17 页，英译本第 14 页；《论社会学与世界观学说》（*Schriften zur Soziologie und Weltanschauungslehre*），第二版，Maria Scheler 编，《舍勒全集》第 6 卷（1963），第 43-44 页；《受苦的意义》（The Meaning of Suffering），Daniel Liderbach, S. J. 翻译，见《马克斯·舍勒（1874—1928）诞辰一百周年纪念文集》，第 129-130 页。

② 德里达：《声音与现象》（*speech and Phenomena*），D. B. Allison 翻译（Evanston, Ill.: Northwestern University Press, 1973），第 136 页。

愿')之延宕"①。这种延迟源起于一种"本性中的缺乏"②；用舍勒的话说，亦即生命"受苦"于它自己的内在的抗阻，"受苦"于欲望和意愿的没有实现，从中就产生了延异的延迟运动，一如德里达所刻画的。延异的延迟运动作为基本的时间化，是对"价值"的源初偏好：它描述了价值化的本质结构和"价值"的涌现。③

延异也是差异化，并因此是所有标志着我们的语言的对立概念的源泉，正如在舍勒的"交替现象"中的情形一样。延异是差异的生产和源初构造，这些差异是"通过 polemos［战争、冲突］内部的一个敞开、之间和深渊而发生的"④。因此延异也是基本的空间化："在'差异化'中，间隔、间距、空间化必然地发生于不同的环节之间，而且是主动地、动力学地、伴随着某种对重复的坚持而发生"⑤。

而且，延异是在延迟化和差异化之间并对之进行综合的"变更着的差异"⑥，是在时间化过程和空间化过程之间并把它们统握在一起的流动之流，正如舍勒在"交替现象"中所描述的。这样一种运动，无论对于舍勒还是德里达，都为作为"对象"的对象构造留下余地，因此为概念构造留下余地：它是文本化本身。"交替现象"和"延异"都指向胡塞尔在其关于时间意识的讲座中已描述为基本的"不可命名的"运动的东西，这种运动为所有那些向意识本身当场呈现的东西的可能性奠基。⑦ 德里达声言，这种"运动"，时间化和空间化的这种更替着的、难以捉摸的敞开，是一切形而上学概念性的本质条件，并且正因此而不能在形而上学中得到表达。作为一切逻辑对立的基础，它自身不能被逻辑所把握：绝对理性没有能力思考延异。舍勒会同意这一点，并且因此对于他来说，对延异、对交

---

① 德里达：《哲学的边缘》(Margins of Philosophy), Alan Bass 翻译 (Chicago: University of Chicago Press, 1982), 第 290 页。

② 《哲学的边缘》(Marge de la Philosophie) (Paris: Editions de Minuit, 1972), 第 149 页。

③ Frings 提供了一种对于价值的时间化的不同的说明，尽管是一种我相信可以与上文表明的内容相容的说明。Frings: "'Eeinleitung' to Karol Wojtyla Johannes Paul II", Primat des Geistes, Philosophische Schriften (Stuttgart: Seewald Verlag, 1980), 第 19 – 33 页。

④ Rudolphe Gasche, 《镜子的锡箔：德里达与反思哲学》(The Tain of the Mirror: Derrida and the Philosophy of Reflection) (Cambridge: Harvard University Press, 1986)。

⑤ 德里达：《声音与现象》英译本第 136 – 137 页。强调为原文所有。

⑥ 德里达：《哲学的边缘》英译本第 290 页。

⑦ 胡塞尔：《内时间意识现象学》(The Phenomenology of Internal Time Consciousness), J. S. Churchill 翻译 (Bloomington: Indiana University Press, 1964)。

替现象的思考要求一种特殊的直观技艺——亦即，无抗阻的心灵技艺，他会在解构中看到这种技艺的范例，正如他在现象学中看到的一样。

结语

因此，"价值"，至少是作为舍勒理解的价值，就不是"持久的在场"，如海德格尔认为它应该是的那样；毋宁说，"价值"于其中发生的偏好是真正的延迟运动，是本源的时间化，是时间性自身，生命的变易之流就在这种时间性中受苦。在存在论差异的澄明中，*Dasein* 忍受（suffer）着存在的丧失和弃绝，不是因为对于"价值"的任何一种主观的设定，如海德格尔主张的那样，而是因为延异的时间性本身，亦即延异的经济和延迟着的运动的展示。在这种受苦中，我们把存在的意义、"存在的真理"经验为价值，亦即存在的化合价（valence）或吸引性的强力，由于这种化合价或强力，对于延迟的忍受得以持续。"价值"远不是对"存在之真理"的模糊，如海德格尔所谴责的那样。"价值"就是它自己的倾听和揭蔽本身；不是"对于存在的最大的侮慢"，而是标志着存在的最基本的、本真的召唤。

第三部分

现象学的研究与运用

第三部分　现象学的研究与运用

马克思与海德格尔的形而上学批判①

［德］汉斯－马丁·格拉赫②

"由于对独断论——它什么都没有告诉我们——感到了厌烦，同样由于对怀疑论——它什么都不向我们保证，甚至连自甘于无知这种坦率态度都不敢承认——也感到了厌烦，由于受到我们需要的知识的重要性的促使，最后由于长时期的经验使我们对我们认为已经具有的、或在纯粹理性的标题下提供给我们的一切知识发生怀疑，于是我们只剩下一个批判的问题可问了，而根据这个问题的答案，我们就能规定我们未来的做法。"康德在《未来形而上学导论》中这样认为，并由此提出这个问题："形而上学究竟是可能的吗？"③ 我们知道，康德（有鉴于他的形而上学批判，他曾被他的同时代人 M. 门德尔松称为"碾碎一切者"）曾把他的"碾碎一切的"活动首先引向一个方向，即对于"老独断论"的批判。由此他甚至断言，这种"批判"之与"学院形而上学"，一如化学之与炼丹术，或者天文学之与预言的占星术。④ 康德（尤其受到休谟的鼓舞）把这种"老的"形而上学的中心挖空了，这个中心就是实体概念，但是事实表明（对此康德自己随后也提出了证明），形而上学并没有借此自动冲出这个领域。毋宁说，他本人为形而上学打开了一个新的维度。

---

①　该文原题为"Kritik der Metaphysik bei Marx und Heidegger"，选自 Albert Raffelt 编的《马丁·海德格尔：继续思考》（*Martin Heidegger weiterdenken*），München，Schnell & Steiner，1990。中译文曾以删节版发表于《求是学刊》，2005 年第 6 期，第 35 - 40 页。此次为全文收录，并对译文稍作修订。——中译注

②　汉斯－马丁·格拉赫（Hans-Martin Gerlach），男，德国哈雷－维滕贝格大学哲学系哲学史教授，从事 19 世纪和 20 世纪哲学史研究，尤其是克尔凯郭尔、尼采、德国生存哲学、启蒙运动等方面的研究。——中译注

③　康德：《未来形而上学导论》，载伊曼纽尔·康德，《十卷本著作集》第五卷，达姆斯塔特，1981 年，第 134 页。（中译文参见康德《任何一种能够作为科学出现的未来形而上学导论》，庞景仁译，商务印书馆 1978 年版，第 29 - 30 页，稍有改动。——中译注）

④　同上书，第 243 页。

康德因此对于事情做了双重的推进。一方面，他推动了对于学院（抑或"更老的"）形而上学的"批判"，这种形而上学对于他来说只是一种"似是而非的虚假科学"；但是另一方面，由于考虑到，在人类身上也许必定有一种"形而上学的倾向"，这种倾向以把"我们的概念从经验的枷锁中和单纯自然观察的限制中"解放出来，并让我们的目光向超感性之物敞开为目的（自然目的），由此康德同时也就致力于使形而上学再一次移居到新的领域中。因为人不能离开形而上学。即使当他想这么做时，他也无法做到，因为形而上学必然属于他，一如呼吸。当然，这一点并不是"健全的人类理智"，也不是可以是其基础的经历方面的经验知识（Empirie der Erfahrung）。如果形而上学要作为科学而出现，它就只有作为"批判的先验哲学"；不是作为关于理性之物的肯定性知识，而是作为关于理性之界限的否定性知识。只有通过纯粹理性批判，形而上学才能成为真正的科学，不过不是作为关于自在之物的科学，而是在"哥白尼转向"的意义上关于可能经验对象之知识条件的科学。所以，对于康德来说，形而上学就从一种过时的"科学体系"转变为一种现代的"关于方法的小册子"。①

当然，正如我们所知，康德也并不就此止步，因为除去在任何划界中存在的"消极的运用"外，也正需要"积极的运用"。自然，人们不能通过以往关于最初或最终之物的绝对知识的封闭体系的方式获得这种积极的运用。虽然康德还一直接受作为"纯粹理性（也是形而上学）之不可避免的任务"的上帝、自由和不朽的观念，但是，它们已不再是纯粹理论的对象，而是实践理性的公设。因而，康德就为形而上学打开了一个新的维度，"实践兴趣"的维度。"因此我必须悬置知识，以便为信仰腾出位置……"②他的著名的格言如是说。

以其风趣讽刺的文笔而著称的海涅，在其1834年的《论德国宗教与哲学的历史》一文中已经着手探讨这些理由与必然性。在这篇论文中他强调，康德已经攻占了天国并且杀死了所有的卫戍部队。"……现在再也无所谓大慈大悲了，无所谓天父的恩典了，无所谓今生受苦来世善报了，灵魂不朽已经到了弥留的瞬间——发出阵阵的喘息和呻吟——而老兰培作为一个悲伤的旁观者，腋下挟着他的那把伞站在一旁，满脸淌着不安的汗水

---

① 康德：《纯粹理性批判》，载伊曼纽尔·康德，《十卷本著作集》，第三卷，第28页。
② 同上书，第33页。

和眼泪。于是康德就怜悯起来,并表示,它不仅是一个伟大的哲学家,而且也是一个善良的人,于是,他考虑了一番之后,就一半善意、一半诙谐地说:'老兰培一定要有一个上帝,否则这个可怜的人就不能幸福——但人生在世界上应当享有幸福——实践的理性这样说——我倒没有关系——那末实践的理性也不妨保证上帝的存在。'"①

但是[关于这一点]②,我们希望到此为止,因为我们的任务毕竟不是"形而上学问题"或康德的"形而上学批判",而是马克思与海德格尔的"形而上学批判"。我之所以再次触及这一点,乃是因为,显然,即便是在"碾碎一切者"的康德那里,形而上学批判的痛苦也在于:一切对于形而上学的批判都不能阻止它一再"复活",例如 1920 年彼得·乌斯特(Peter Wust)的书的标题就这样说。形而上学改变了它的形式,这对于它的内容的确并非没有影响,但是形而上学也并没有被置于死地。于是以下这一点也就并不令人惊奇,即:那种把形而上学作为批判的先验哲学(它限制知识以便获得信仰和道德领域的公设)来经营的康德式计划,在德国唯心论的从费希特到黑格尔的后继中经历了变形,仿佛在这样一个后继行列中,形而上学系统一个接一个地从那个被耕作的先验地基上生长出来。形而上学在黑格尔的泛逻辑主义中经历了一场复兴。正如文艺复兴绝对不是古典文艺的复制而是表现出某些独特性一样,黑格尔的泛逻辑主义也不只是巴门尼德的思维与存在的同一思想的复制,相反也表现出某些独特性:恰恰是黑格尔式的思维与存在的同一。为了能够看到不是作为某种永恒、不变、不易之物,而是作为过程性的变易之物,因此也是变化之物和历史之物的各种形而上学对象,这种同一必须要历经各种主体的(因此也是历史的)"炼狱"。

按照黑格尔在《精神现象学》中的洞见,问题的关键原则上恰恰因此而在于:"不仅把真实的东西或真理理解和表述为实体,而且同样理解和表述为主体。"③ 这个活的实体就是存在:"这个存在真正是主体,或者换

---

① H. 海涅:《论德国宗教和哲学的历史》,载《亨利希·海涅著作集》,一百周年版,第 8 卷,柏林、巴黎,1972,第 201 - 202 页。(中译文引自亨利希·海涅:《论德国宗教和哲学的历史》,海安译,商务印书馆 1974 年修订第二版,第 112 - 113 页。——中译注)
② 方括号内的文字为译者所补。下同。——中译注
③ G. W. F. 黑格尔:《精神现象学》,载《黑格尔全集》(纪念版),第二卷,斯图加特,1951 年,第 22 页。

个说法也一样，这个存在真正是现实的……"① 现在，黑格尔的明显的和最主要的意图是为新的形而上学奠基，还是想（像康德一样）只把旧的形而上学完全摧毁？在回答这个问题时，阅读一下黑格尔在《逻辑学》的"第一版前言"中可能确定的内容并非无关紧要。他在那里确定的是，那至今"被称为形而上学"的东西可以说已经"被连根拔除"，并且已经"从科学的行列中消失了"。②黑格尔为此而追究两个案犯的责任。这就是"康德哲学的显白的学说"和"一般的人类知性"，它们"携手合作，导致了形而上学的崩溃"。③就这点而言，它从历史上看是正确的——但它是否妥善，就是个问题了。不过无论如何，黑格尔毕竟立刻在此停住，并确定：看起来在我们的（他的以及他的时代的）眼前，出现了一个相当"奇怪的景象"，即"看到一个有教化的民族竟没有形而上学"，这让他再次觉得就像那种不幸，它让"一座其它方面装饰得富丽堂皇但却没有至圣的神的庙宇"出现在我们面前。④但是这种至圣的神（它正是那些在更为古老的形而上学中发挥作用的问题）本质上已被康德的二律背反学说摧毁了，因为——如黑格尔所说——"它们［指'二律背反'——译者］首先导致了以前形而上学的垮台，并且可以看作是到近代哲学的主要过渡……"⑤

如果说，康德现在已经在理论领域里将形而上学摧毁了，为了将它再次移居到实践领域里，那么黑格尔就想在更老的形而上学的真理、同时也是它的先验批判的辩证扬弃的意义上，在否定之否定的意义上，达到一种对于形而上学的事实上的新的奠基。形而上学的那种失败的感觉必须要在一个民族中得到补偿。因此毫不奇怪，黑格尔在断言［形而上学的］失败之后，即刻从［其］利益出发。"科学再一次重新开始的必要性……"出现在他面前。⑥因此不是摧毁，而是革新的建造或改造。

---

① G. W. F. 黑格尔：《精神现象学》，载《黑格尔全集》（纪念版），第二卷，斯图加特，1951 年，第 23 页。
② 黑格尔：《逻辑学》"第一部分·客观逻辑"，载《黑格尔全集》第四卷，斯图加特，1958 年，第 13 页。
③ 同上书，第 14 页。
④ 同上。
⑤ 同上书，第 226 页。
⑥ 同上书，第 16 页。

但由于这门科学不能从任何从属的科学中引出（也不能从数学的一般原则中引出），它就必须从自己本身出发得到论证。形而上学的这种再生产现在是在形而上学的原则中发生的，思维与存在的统一再次运行起来，而这对于黑格尔就意味着，形而上学与逻辑学的统一的再次确立。但是它之发生，又是通过在"逻辑学"中再次确立概念与实在的统一，一如这种统一初次在亚里士多德那里就已经是他的哲学活动的一种范式一样。因此，在《哲学体系·第一部分·逻辑学》中我们读到："按照这些规定，思想可以叫做客观的思想，甚至那些最初经常在普通逻辑学里加以考察，而只被当作自觉思维形式的形式，也可以算作客观的思想。因此，逻辑学与形而上学，即与研究思想所把握的事物的科学，便会合起来了，而思想被认为是表达事物的本质的。"① 当然，一如人们有可能会匆忙认定的那样，黑格尔并没有简单地回到亚里士多德。毕竟，在古希腊古典哲学之终结处的那个天才②与这个构成了德国古典哲学之顶点的天才之间，横亘着2500年的哲学亦即形而上学的发展，这个发展过程被黑格尔自己消化吸收了。

在这期间，尤其还存在着那个随市民社会以及现代科学的形成而来的哲学活动的新阶段，这个新阶段一方面越来越多地坚持于那种自主的、自身意识到的和自动的主体，另一方面也越来越多地坚持于由严格的方法所确保了的明确的知识的统治，众所周知，这种知识后来对于海德格尔来说，甚至恰恰应当成为欧洲形而上学之"存在遗忘"的"权杖"。这个发展阶段连同它的动力，连同它的资本形成的过程以及资本管理的过程，连同知识的爆炸式的增长——这种知识一直不是作为智慧安静下来，而是不间断地增长和变易，它同时也包含有人的形象，后者本质上首先不是凝视着对准它的内部，而是在世界中主动地行动着起作用——让思想与存在的同一，让这种形而上学的原则以新的方式出现，恰恰作为一个行动者。我们现在更明确地理解了，为什么黑格尔在《精神现象学》中更愿意把真实的事物把握为主体而不是实体，把握为变易而不是已变之在（Geworde-

---

① 黑格尔：《哲学体系·第一部分·逻辑学》，载《黑格尔全集》第八卷，斯图加特，1955年，第83页。（中译文参见黑格尔《哲学全书·第一部分·逻辑学》，梁志学译，人民出版社2002年版，第68页。——中译注）

② 指亚里士多德。——中译注

nsein)。从一种关于僵硬的第一原则之存在的形而上学中，产生出了一种关于普遍的思想规定之变易的形而上学，那些思想规定同时也是存在规定。这是一个动力化的过程，此过程不能摆脱历史化而发生。结果是，对于黑格尔来说，唯有作为历史的－辩证的逻辑学的形而上学还是可能的。所以赫尔穆特·赛德尔（Helmut Seidel）在一份迄今尚未发表的"论理性概念"的研究中指出，黑格尔在《精神现象学》中已经"窥见"并借此已经经验到那在其道路上通往绝对知识的人类知性和人类理性的活动："人类的观念的活动并不单是通过它自身，而是通过历史（＝客观精神），并最终通过绝对精神而被规定……"① 赛德尔强调，康德哲学的突出之处在于："在它之中理性作为立法者出现了。"② "黑格尔哲学的伟大之处则在于，在它之中理性的历史劳作过程被把握到了。"③ 考虑到19世纪哲学中的形而上学批判的生产性的扬弃过程和形而上学的新的奠基，他继续指出，"只有当通往各种理性概念之规定的新的起点已经达到，只有当不是理性的劳作而是理性被认为是通往开端的分娩着的劳作时"④，这种伟大的遗产才能被创造性地扬弃。因此，在一段某种程度的漫游之后（但毕竟只是一个简短的漫游，因为哲学的整个世界历史自然都应当着眼于此问题而被把握入眼帘），现在让我们来考察马克思及其形而上学批判。

这是19世纪的三四十年代，基本上是黑格尔死后的两个十年，但是在此期间并非只有马克思才开始对形而上学进行批判。这是欧洲哲学发展和精神发展的诸多重要的"交汇点"之一，哲学的康庄大道在达到了许多高峰与低谷之后也伸展到了这个交汇点上，并且，在这个交汇点上产生出这样一种境况，人们在其中察觉并认识到：现在不能再如此继续朝前走了，哲学必须最终脱下形而上学的外衣。造成这种境况的原因很多。对此既有内部因素也有外部因素，我们在这里不能一一处理分析。但是对我来说值得强调的是：黑格尔的形而上学改革已经到达了它的可能性的边界，也已经充分步测了它的对象域。形而上学的"众神之黄昏"以德国唯心论的方式到来了。这个末日开始（或业已开始）——用马克思描述当时状况

---

① H. 赛德尔：《论理性概念》（未刊稿），第6页。
② 同上。
③ 同上。
④ 同上。

的《神圣家族》中的"反对法国唯物主义的批判的战斗"那一节中的一个表达来说就是——"在实践上"丧失"全部信誉",① 因为,比如黑格尔的全部"现实之物"的"合理性"观念或理性的现实性的"合理性"观念,或世界历史(它必须不顾也无须顾惜个别,或者就是个别利益的刀俎)之进展中的前沿阵地的观念,在一定程度上就已经陷入了与现实性的冲突之中,这种现实性从它的所有其他社会维度来看对于个别者来说显得是合理的;与此同时,实践上的人的外化、出让(Entäußerung)这样一些事实,也烙满社会的与个人的异化标记;而进步不仅显示在精神之中,实际上也显示出它的雅努斯的两面性(Janusköpfigkeit)。②

在一种唯心论的总体性统握意义上的黑格尔的形而上学变革中,开始怀疑并因此批判这种总体性统握的,是个别个体的社会性的实践与实在的实存。但是即使从理论方面来看,黑格尔的对现实进行理论占有的体系中的泛逻辑主义,对于其他的精神学科来说也不再有益或鲜有裨益。它的思辨特征使它日益与自然科学(但也包括社会科学、精神科学)研究工作的结果处于冲突之中。因此在实践与理论上,黑格尔的形而上学丧失了它的信誉。在它的批判与蔑视者中不仅有个别的科学家,而且首先是——哲学家,他们的主要行业应当再度变为"形而上学批判"。形而上学批判同时首先是对黑格尔的泛逻辑的唯心论的批判。整个黑格尔左派都攻击黑格尔哲学,并且试图在它的逻辑学与形而上学的唯心论统一这一点上克服这种哲学,当然方式各异:如,费尔巴哈的人类学唯物主义方式、鲍威尔(Bauer)的宗教批判的主体主义方式、施蒂纳(Stirner)的无政府主义唯我论方式、马克思的历史唯物主义方式。但是也有其他立场,它们在那时(或更早时已经发展出来了,但后来才起作用)首先通过与黑格尔的辩难(Auseinandersetzung)推进形而上学批判。在此,从根本上说必须要提到克尔凯郭尔。他以基督教的实存经验的名义与黑格尔的形而上学的泛逻辑主义及其"客观的""量"的辩证法相互辩难,并针锋相对地提出一种"主观的""质的"辩证法;或者要提到叔本华,他从一种意愿主义的和

---

① 马克思、恩格斯:《神圣家族》,载 K. 马克思、F. 恩格斯《著作集》第二卷,柏林 1985,第 134 页。
② Janus,罗马神话中的守护门户和万物始末的神,头部前后各有一张面孔,故也称两面神。——中译注

欲望理论的基础出发引导出他与黑格尔的绝对精神的形而上学的辩难。那种欲望理论直到19世纪40年代末才开始被理解，尽管在黑格尔在世时它就仿佛作为黑格尔的体系的对抛而被发展起来。

并非最后才需要指出的还有由孔德发展出来的实证主义的形而上学批判。众所周知，孔德在他的三阶段理论中把从经验材料那里寻求"最终奠基"的做法批判为形而上学的行为，然而，在他的三段式中，他又认为这种作为向实证知识之过渡阶段的对"最终奠基"的寻求是必然的。

因而得以表明：19世纪自黑格尔死后的这两个十年，再次成了一个时代片段，它从里里外外的各个要素出发，对任何一种具有形而上学风格的思想都进行了原则性的批判。

在从历史上简略地介绍了一个特定的背景之后，我们现在要转到马克思对于形而上学的批判上。第一个问题是：马克思在"形而上学"这个概念下所真正理解到的究竟是什么，以及他的形而上学表象是否最终是在那里找到，并被还原为它，他在他的作品中什么地方明文提及"形而上学"？需要立即给出一个在先的说明：后面一个问题在语文学上固然是必要的，但在哲学上它并不会成为全部。就此而言，它也不是真实的。我们必将引向进一步的层面。

马克思首先是在他的《黑格尔法哲学批判》中第一次使用"形而上学""形而上学的"概念（也可参照就目前已出版的新的《马恩全集》的内容索引），而且在这里是专门在对黑格尔的国家法的形而上学内容的批判的意义上使用它们，即以这样一种方式："立宪国家"是这样的国家，"在这种国家①，国家利益作为人民的现实利益，只是形式上存在，但作为一定的形式，它又同现实的国家并存；这种国家利益……成了一种形式性，成了人民生活的调味品，成了一种礼仪"②。但是对于1843年的马克思来说，这是"形而上学的、普遍的国家幻象的最适当的安身之所"③。此处的形而上学对于这里的马克思来说是黑格尔式的使用方式：即在人民

---

① 此处在引文中为"indem"，但查对马克思原文应为"in dem"（见马克思、恩格斯《著作集》第一卷，柏林1969，第268页），指"在这种国家"。——中译注

② 马克思：《黑格尔法哲学批判》，载《马克思、恩格斯全集》（MEGA），第一编，第二卷，柏林1982，第69页。（中译文参见《马克思、恩格斯全集》，人民出版社2002年版，第82页。——中译注）

③ 同上。

的现实利益之上建立一种只是形式的利益,建立一种刚好是"普遍的国家幻象",借此使任何一种这样的使用方式得以继续进行。虽然黑格尔没有单独标明这种使用方式,但是马克思对这种使用方式的运用却达到了真正精通的地步,一如他后来在历史唯物主义的历史理论的经典著作《德意志意识形态》中提出的那样,亦即,超越于实在的国家本质之上构建一种超感性的东西:"思想统治着世界,把思想和概念看作是决定性的原则,把一定的思想看作是只有哲学家们才能揭示的物质世界的秘密。"①

尽管是在上面的这种已经表明的意义上,马克思后来在前文已经提到的著作《神圣家族》(它同样出版于1843年)中,仍然广泛直接地在哲学史的语境中以批判的眼光使用着这个形而上学概念。在此,马克思使用"形而上学概念"是为了与一个确定的近代哲学流派进行辩论。他不仅在"思辨构造的秘密"这一节中使用,也在被用来"反对法国唯物主义的批判的战斗"这一节中使用,用于这样一种"形而上学"——(顺便指出,人们能够以同样的权利把这种形而上学标识为"形而上学的思维方式",而无须借此从它之中推论出辩证结构一般;参看莱布尼兹、黑格尔、库萨)——这种形而上学自行单独运行于"思辨理性"的王国之中,把所有感性的区别都宣布为"非本质的和无所谓的",并且自行向最高的实体攀升。②"正当实在的本质和尘世的事物开始把人们的全部注意力集中到自己身上的时候,形而上学的全部财富都只剩下想象的本质和神灵的事物了。形而上学变得枯燥乏味了。"③作为对17世纪的形而上学的单调性与比埃尔·培尔(Pierre Bayle)的那种只是怀疑论的批判(它被用来针对神学与形而上学)的单调性的回应,人们需要"一种实证的、反形而上学的体系。人们感到需要一部能把当时的生活实践归结为一个体系并从理论上加以论证的书。这时,洛克关于人类知性起源的著作很凑巧地在英吉利海

---

① 马克思、恩格斯:《德意志意识形态》,载马克思、恩格斯《著作集》,第三卷,柏林,1983,第14页。(中译文参见《马克思、恩格斯全集》第3卷,人民出版社1960年版,第16页。——中译注)
② 同上书,第60页。
③ 马克思、恩格斯:《神圣家族》,载马克思、恩格斯《著作集》,第二卷,柏林,1969年,第134页。(原文错注为《德意志意识形态》,马克思、恩格斯《著作集》第三卷,兹改正。——中译注)

峡那边出现了，它像一位久盼的客人一样受到了热切的欢迎"。① 对于马克思来说，首先是感觉主义者洛克、孔狄亚克以及某种程度上的启蒙者伏尔泰，他们决定反对最终的、超越的原则的可经验性，而这些原则恰恰是所有形而上学体系的主要对象。精神的这种反形而上学运动，在马克思看来并不是偶然出现的，而是有待于从当时生活的"实践形态"出发加以解释。"这种生活趋向于直接的现实，趋向于尘世的享乐和尘世的世界。和它那反神学、反形而上学的唯物主义实践相适应的，必然是反神学的、反形而上学的唯物主义理论。形而上学在实践上已经威风扫地。"② 此处马克思对"形而上学"的使用带有某些哲学学说的特征——具体地说，从笛卡尔延伸到莱布尼兹的 17 世纪的哲学学说的特征——这些哲学学说本质上关心的是，在感性经验的彼岸假定超越的本质之物和"真正的"哲学的第一原则——如不朽、上帝、自由等，它们避开所有那些借助于感官经验而进行的科学的检查，而只为纯粹的思辨理性所通达。因此，那些恰恰固持于下述观点的体系对于马克思来说就必然是反形而上学的，这些观点即："经验与习惯的事情不仅是灵魂，而且是感觉，不仅是创造观念的艺术，而且是感性知觉的艺术。"③

如果现在只从这种"教育剧"的角度来看待马克思的形而上学批判，那么人们也许会以为，马克思接受了一种以经验主义－感觉主义方式来接近事物的立场。然而这并不是他前进的真实步伐。他在辩证的意义上扬弃了这一在其后果中可能包含了唯物主义（在孔狄亚克那里实际上已经包含了）的立场。但是这种扬弃是紧随同时代的扬弃而发生的，后者也是对从康德的先验哲学到黑格尔的革新形而上学的尝试的批判立场的真正内容的扬弃。在这个意义上，"形而上学批判"在马克思那里（亦如在持批判态度的其它代表那里）不仅意味着对于哲学史的一定分支的批判，或对一定的思维方式的批判，而且涉及对于哲学一般的新规定，关系到对哲学对象的新规定，对思维与存在、主体与客体、自由与必然的关系的新规定。在这个意义上，形而上学批判首先将自身表达为宗教批判，然后是意识形态

---

① 马克思、恩格斯：《神圣家族》，载马克思、恩格斯《著作集》，第二卷，柏林，1969 年，第 135 页。
② 同上书，第 134 页。
③ 同上书，第 137 页。

批判，最后也作为形而上学（或哲学）批判被包括其中。这一过程从他的博士论文一直延续到他的晚期著作；在其中间阶段发展出了历史唯物主义的历史理论，重新规定了人在现实中的地位。对于他来说，这就是对于"思辨构造的秘密"的揭示，这种构造是一切唯心论以及所有形而上学的功能模型。但是这首先需要对宗教的批判，这种批判——一如他在1844年的《〈黑格尔法哲学批判〉导言》中可能注意到的那样——对于德国来说据说本质上已经结束了，而"宗教的批判是所有批判的前提"①。这种批判的基础是："人创造了宗教，而不是宗教创造了人。……但是，人不是抽象的蛰居于世界之外的存在物。人就是人的世界，就是国家，社会。"② 然而宗教批判还不是一切。它虽然"撕碎了铁链上那些虚构的花朵，但不是要人依旧戴上没有幻想没有慰藉的锁链"，马克思说，"而是要人扔掉它，采摘新鲜的花朵"③。

因此，宗教不仅应当摧毁现实形态，而且应当促使现实形态理性化。就此而言，我认为马克思完全处于启蒙和古典传统之中，他必须要把费尔巴哈的哲学视为"炼狱"，由此，整个左派黑格尔主义者都必须将自己不仅从宗教中而且也要从哲学形而上学中解放出来。但是对于马克思来说，至少从1843/1844年以来就已清楚了：事情并不能就此了结，人们"揭穿了人的自身异化的神圣形象"④，"神圣家族"似乎消散在尘世中了。现在，在费尔巴哈的人类学唯物主义的观点之外，毋宁需要继续采取一种针对历史和社会批判的步骤，费尔巴哈及其和谐性的爱的想象并没有采取这一步骤，这一步骤意味着，"揭露在其非神圣形象中的自身异化。于是，对天国的批判变成对尘世的批判"，……变成"对法的批判"，"对政治的批判"。⑤ 为此它需要一种实证的科学，后者就当时的境况而言单独就能有助于深入尘世的、实在的、社会的进程的秘密。在17世纪以及部分地在18世纪，那有益于对哲学进行批判和新奠基的是数学和物理学，如今在19世纪则变成了除最新的自然科学知识（它们针对僵硬的形而上学的

---

① 马克思：《〈黑格尔法哲学批判〉导言》，载马克思、恩格斯《著作集》，第一卷，柏林，1988年，第378页。
② 同上。
③ 同上书，第379页。
④ 同上。
⑤ 同上。

原则和体系,恰恰是针对一种"从永恒的观点看的哲学")之外的政治经济学(紧接着是社会学)和历史。

因此也无须惊奇,我们在马克思的《德意志意识形态》中读到(无须片面地解释这一点):"我们只知道一种科学,这就是关于历史的科学。"① 因此,那由黑格尔哲学引入的突出的历史意义不仅进入了马克思的形而上学批判,而且也进入了对于他的新思想的实证的论证之中。当然没有思辨,因为"在现实生活面前,正是描述人们的实践活动和实践发展过程的真正实证的科学开始的地方。关于意识的空话将销声匿迹,它们一定为真正的知识所代替"②。于是,马克思得出了这样一个历史唯物主义的论断:"人们是自己的观念、思想等等的生产者,但这里所说的人是现实的,从事活动的人们,他们受着自己的生产力一定发展以及与这种发展相适应的交往(直到它的最遥远的形式)的制约。意识在任何时候都只能是被意识到了的存在,而人们的存在就是他们的实际生活过程。"③ 但是这里并不一般地涉及历史唯物主义的诸理论原则,而是涉及"形而上学的问题"及其批判。与此相关,我们可以在马克思那里读到:从这个原则出发,"形而上学与其它意识形态,以及与它们相适应的意识形式"就不再保持"独立性的外观"④。它们的历史与发展不能被视为与现实的、生产性的人类发展相分离,因为"生活决定意识"⑤。由此,人类关于历史意义以及它与世界之存在意义的千年之久的问题,就被马克思关于经济的与政治的实际状况(Sachverhalte)(或实际压力<Sachzwänge>)的事实性知识解决了?换言之:哲学以及形而上学的这些大问题在早先被奥卡姆的剃刀从人类社会的现实性的鲜活身体上分离开之后,现在它们在实证知识的腐蚀性的浸液中得到解决了?

事情并非如此。马克思把这些问题完全保留下来,认为它们对于人来说不仅极富意义和充满趣味,而且对于在世界中的定向认知(Orientierungswissen)来说也是必要的问题,而它们的哲学答案就在这种定向认知的构想之中。马克思在这里就这些问题所反对的,一方面是它们在抽象的

---

① 马克思、恩格斯:《德意志意识形态》(出处同上),第18页。
② 同上书,第27页。
③ 同上书,第26页。
④ 同上书,第26-27页。
⑤ 同上书,第27页。

经验论者对"僵死事实的单纯收集"中的上升,另一方面是各色形而上学的唯心论者的"思辨"。马克思对问题的历史唯物主义的以及同时是辩证的提法,一方面显示出一种反对一切形而上学体系的批判姿态。这些形而上学体系在永恒的外表下进行哲学活动,它们让思维与存在之统一的形而上学原则在一个本源的实体、上帝等中叠合,它们或被认为是泛神论(如在斯宾诺莎那里),或被认为是自然神论(莱布尼兹),或被认为是唯物论(霍布斯)。但是它们就此把整体视为绝对者、自成一体者和不变者,而这些东西的本质标志真正说来就是非历史主义。"非历史主义是形而上学的一种本质标志。"① H. 赛德尔在他于 1977 年举行的莱比锡斯宾诺莎国际会议上提交的报告"关于马克思主义与斯宾诺莎哲学的关系"中继续指出,"当斯宾诺莎使实体和全然的绝对(schlechthin Absolute)成为认识的对象时,当他试图把这无法包容者包容进他的体系时(这个体系提出了绝对知识的要求)",就此而言,他依然停留在形而上学的框架之内。"斯宾诺莎的哲学——如任何真正的哲学一样——是对总体观察的追求"②。它的那些重大问题,它对那种在理论上有待穿透的世界的本质、它的特性的本质、人与世界的关系本质和人在世界中的状况的追问,他的认知与行动,无疑都算得上哲学史的"永恒的问题"。③

17 世纪的古典形而上学本质上是在永恒的观点(sub specie aeternitatis)下进行的哲学活动,但是众所周知,它经历了我已经提到的从康德经费希特、谢林直到黑格尔的批判。在这之前先行发生的是 18 世纪的启蒙运动(紧接着的是经验主义的感觉主义、部分是怀疑主义的哲学立场)对于同样的思辨特征的总体攻击,这种思辨特征的问题恰恰处于超感性的领域,因此而居于一切经验的彼岸。各种实证科学开始与形而上学分离,它们的原则导向(在脱离这些原则的情况下)一种独立生活。"形而上学的全部财富都只剩下想象的本质……"④ 马克思也接受了这种对于古老的形而上学的批判,当然也看到了它的片面性。虽然唯物主义被提升到了经验主义的感觉主义之上,但是对于马克思来说,还是需要上述的那种已经

---

① H. 赛德尔(H. Seidel):《关于马克思主义与斯宾诺莎哲学的关系》,载《马克思主义与斯宾诺莎主义》,莱比锡,1981 年,第 15 页。
② 同上书,第 16 页。
③ 参见 T. I. 奥伊斯曼《哲学与哲学史的诸问题》,柏林,1972 年,第 236 页及以下。
④ 马克思、恩格斯:《神圣家族》,第 134 页。

展开了的德国哲学古典的形而上学批判，哪怕是着眼于他自己的哲学思想，因为首先是通过这种批判（尤其是黑格尔的）——如他在 1845 年的《关于费尔巴哈的提纲》的第一条所表达的那样——"结果是，能动的方面……被发展了，但只是被抽象地发展了，因为唯心主义是不知道真正现实的、感性的活动的。"① 在此，思维形式与存在形式再一次走向统一。但是与此同时马克思批判道：这是以唯心主义的方式发生的，思维规定是自在且自为的存在者，并且因此再一次形而上学地变成了物的本质。黑格尔的构想——即：逻辑学是纯粹理性的体系，纯粹思想的王国，它的内容"是上帝的展示，展示出永恒本质中的上帝在创造自然和一个有限的精神以前是怎样的"②——是形而上学的再次建立。但是特殊之处——这一点正是马克思在费尔巴哈提纲尤其是第一条中强调的——在于，思维与存在、逻辑学与形而上学、思维形式与存在形式，通过活动（这里是理性的活动）被带往统一。

对于马克思来说这正是一个动因，促使他在唯物主义的基础上以其理论构想的方式辩证地扬弃随着这种思想而被纳入哲学的历史辩证法。在马克思那里首要的是从"事情的逻辑"出发，然后从中引出"逻辑的事情"。③ 尽管有如下天才的想法，即主体的能动性超越于历史生成之上而将思维形式并因此也将存在形式加以历史化和动态化，黑格尔却仍然还在寻找"按其起源在个体之彼岸的……作为普遍者的人类精神的此在"④。尽管如此，马克思重视以下这一点，即对总体与整体的思考是且必须保持为哲学的一个任务，但是，此总体或整体恰恰不再是一个自身封闭的绝对。"在总体下，马克思理解到的是对人类说来在实践上、理论上和感性上已经变化和正在变化的自然的与社会的对象性……自然与社会的总体因此不再是一成不变之物，一劳永逸地被给予之物，而是在持续的发展中。

---

① 马克思：《关于费尔巴哈的提纲》，载马克思、恩格斯《著作集》第 3 卷，第 5 页。
② 黑格尔：《逻辑学》，第一部分，载《黑格尔全集》第 4 卷，第 46 页。（中译文参见黑格尔《逻辑学》上卷，杨一之译，1966 年，第 31 页。——中译注）
③ 马克思：《黑格尔法哲学批判》，载《马克思、恩格斯全集》，第一编、第 2 卷，第 18 页。
④ M. 托姆：《卡尔·马克思博士：新世界观的形成（1835—1843）》，柏林，1986 年，第 306 页。

第三部分　现象学的研究与运用

因此哲学不再能是那种在一个封闭的体系中找到其完美表达的绝对知识。"① 非历史主义被历史性的思想所克服，泛逻辑主义被一种新的唯物主义所克服，这种新唯物主义的出发点是，思维与存在通过那表达着人类物质实践的具体的历史活动而被中介。马克思几乎可以说是汇集了从 17 世纪到 19 世纪的所有先行的形而上学批判，从而在他关于被理解了的历史的哲学构想中，也就是在他关于自然、社会和人类思维的历史的哲学构想中，既肯定地扬弃了迄今为止的形而上学的成就，也扬弃了它的批判的成就。他的那种关于被理解了的历史的哲学构想，又是建立在通过人类及其理论加工而对周围世界进行占有的现实的行动的基础上。

但是形而上学批判绝非只是 19 世纪上半叶的事情。它在德国的市民思维空间中经历了不同情形的延续（如在狄尔泰那里、尼采那里、新康德主义那里，但是也在不同形式的实证主义以及后来的批判理论那里）。众所周知，由于海德格尔，形而上学批判和拯救形而上学的尝试就对第一条线索（在以克服的和加工的方式容纳胡塞尔现象学的情况下）负有义务。如奥托·珀格勒（Otto Pöggeler）在他的那本对于同样的阐明如此重要的书中所强调的那样，海德格尔的整个思想道路，是"一条通往存在之近邻的道路"，因此也是通往"西方思想之古典形式、形而上学"的主题的道路。② 一如我们所知，追问存在和存在的意义的问题，事实上并不是一个他只在《存在与时间》中以极富效果的崭新方式在哲学讨论的空间中提出的问题；毋宁说，我们必须承认，在他的以不同方式且伴随着各种不同问题域的哲学思想的发展的各个阶段上，这个问题按其重点已经引起了他的思考。在他的最早一批著作中，亦即那经常被遗忘了的最初的文学尝试与资格论文中③，他就特别地思考了在逻辑学、认识论与形而上学之间的领域勘定、界限划分与关系构架（Beziehungsgefüge）。对于作为"有效性王

---

① H. 赛德尔：《关于马克思主义与斯宾诺莎哲学的关系》，第 16 页。乌特·古佐尼在其著作《同一与否》（弗莱堡/慕尼黑，1981 年）中涉及了马克思那里的这个难题（对象性的能动性、占有、主体－客体－关系）。

② 奥托·波格勒：《海德格尔的思想道路》，普夫林根，1963 年，第 9 页。

③ 如他早期"关于现代哲学中的实在性"的论文以及"逻辑学研究中的新成果"（参见《海德格尔全集》第一卷，v. F. -W. 封·海尔曼编辑出版，法兰克福/美茵，1978）。他的博士论文与高校教职资格论文以及为了大学任教资格证书（Venia Legendi）所做的报告（全部刊登于《海德格尔早期著作》，法兰克福/美茵，1973）也是如此。

国"（Reich des Geltenden）的逻辑来说，海德格尔要求，它必须要在它的"原则上既相对于感性－存在者又相对于超感性－形而上学之物的整个范围内、在它纯粹本己的本质性中被突出出来"①。

在心理主义者（在世纪之交的这个科学理论的原则争论中，海德格尔的确持有自己的立场）把逻辑拉下到感性存在者的领域之中时，柏拉图却使"逻辑的"实在的原型"成为形而上学的存在者"。② 由于在海德格尔看来，哲学史上这两极之间迄今为止并没有一种幸运的综合得以成功，所以他转向后期新康德主义者 E. 拉斯克（Emil Lask）。后者虽然从李凯尔特（Rickerts）的价值理论出发，但是却试图批判地克服这种理论；并且目标明确地想为巴登州的新康德主义的先验逻辑哲学开出一条通往一种新形而上学的道路。受此鼓舞，海德格尔也想走一条近似的道路。在有效性和逻辑意义之外，那自行显示为"存在"者的基础被再次追问。拉斯克指出，本来有一种向主体敞开的富有意义的存在。此处无须进一步研究新康德主义的先验逻辑的立足点的转变过程，一种普遍的时代倾向——即意图向那种"新的存在论"出发的倾向——仍清楚地显现出来，这种倾向随后也应当影响了海德格尔。虽然那时他还没有用他的"基础存在论"的概念来思考，但是对于他来说已经很清楚——正如他接着在他的高校教职资格论文的结尾处所表达的那样——甚至任何一种未来的哲学都"不能长时间地缺少它的本己的光学，形而上学"③。

我认为，海德格尔此后的思想道路显示出两个不同的方向。一方面，欧洲形而上学发展的整个确定的形式在他思想变化的不同阶段中经受了一种原则的批判；另一方面，当人们认为他的最突出的任务就是把目光对准整体以便操心于存在与人的统一时，对于他来说，无论怎样，真正的关键还在于新的构建。当然，在这里人不再合乎本质地被看作理性的动物，而存在也恰恰不再被还原为一种元基础功能（或者作为观念或者作为实体）。借助于存在状态－存在论的（ontisch-ontologischen）差异的思想，海德格尔也很清楚，关于"存在"人们不能再像对具体事物那样做出陈述了。具

---

① 海德格尔：《逻辑学研究中的新成果》，载《天主教德意志文学评论》，第 38 期，1912 年度，第 469 页。
② 同上书，第 470 页。
③ 海德格尔：《邓·司格特的范畴学说和含义理论》，载《海德格尔早期著作》，法兰克福/美茵，1972 年，第 348 页。

体的存在者存在，关于它的陈述可以从科学上得到证实或证伪。如果情况如此，那么在最终有效的普遍真理（它包裹在哲学话语的外壳中）的意义上，就不可能有一种科学的形而上学。尽管如此，存在被追问这回事仍表现出一个事实，这个事实表明，在语言中已经有一种关于存在者之存在的领会的"前理解"，这种前理解无须已经在概念上加以固定。在此，传统存在论对于这种分析工作来说几无帮助。海德格尔更多地坚持把现象学作为方法。于是古典二元论必须被克服。主体与客体不再作为相异的二元相互对立，当确定的存在者也就是此在被追问时，它的"存在理解……本身就是此在的存在规定性"。此在的这种存在规定性即是实存（Existenz）。但是自此克尔凯郭尔以来，关于实存的本质上是传统形而上学意义上的陈述已经不再被用于人的本质。结果是，海德格尔在《存在与时间》前后采取了双重策略：一是在一种隐约暗示的意义上摧毁古典形而上学；二是在《康德书》的导论中所坚持的，从现在开始为康德所断言的在所有人身上存在着的形而上学的"自然倾向"奠定"一个基础"，但不是以一个已完成了的建筑物的基础的方式，而是以"勾画建筑图纸"的方式。从海德格尔后期哲学的立场看来，这似乎仍有形而上学的嫌疑，因此必须被克服。于是这个问题使我们进一步思考：这种双重策略是继续保持着，还是被放弃了？或者，在所有严格进行的形而上学批判中，形而上学的基本要求（Grundanliegen）仍继续保持着，只是不再以形而上学的色彩与我们相遇？

当我们在这个世纪末考察与分析这个世纪的哲学讨论时，在我看来，它们从根本上受到两个人规定——海德格尔与维特根斯坦。我们在今年将庆祝他们的百年诞辰，可是他们在哲学思考、政治介入与个人性格上的特征却截然相反。然而，如果我们追问一下二者的计划，如果看看他们在社会背景中的理论发展与个人发展，那么我们就能遇到显而易见的相似性，即便这些都还只在于对20世纪人类的下列精神问题的提出中，即人类的幻想负担、他们语言的和现实的异化，以及那些针对这种异化的治疗术——这种治疗术在维特根斯坦那里是语言批判，在海德格尔那里则是作为科学批判与技术批判的形而上学批判。海德格尔是想用德国形而上学的思辨语言来超越这个语言本身；而维特根斯坦则处在英国分析思想的反思辨传统中，他用普遍的"无意义的嫌疑"来表达对所有存在论的-思辨命题的反对。

但是，卡尔-奥托·阿佩尔于1967年在他的令人感兴趣的论文《维特根斯坦与海德格尔：追问存在意义的问题与反对一切形而上学的无意义嫌疑》中已经强调指出：把他们两个仍相互联结在一起的，是对意义的追问，对作为存在论的传统形而上学的意义批判的怀疑。① 尽管继续追踪这个问题很吸引人，但我还是要把目光转回到海德格尔身上并坚持，他对于精神生活所产生的持续不断的影响的基础或许应当到这里去寻找，即：他在普遍呈现的形而上学的消解过程中（这个过程与世纪初尤其是一战后人类的意义丧失最紧密地联系在一起），为了批判地重提意义问题而动身上路。随着《存在与时间》，海德格尔成功地提出了一种新的世界观的整合（Integration）。"这一整合成就在海德格尔那里获得了成功，借此，通过对历史实在之反映的形而上学形式采取一种可靠的方法上的行动，他就把社会处境及其社会哲学的反思提升到了基础的存在理解的等级上，并且把关于晚期市民日常意识的现象学的术语存在论化。"②

因此，他的基础存在论就反对所有把世界双重化的做法，即在这样一个无时间的抽象物之观念－本质性的本质状态与有终的－实在的事物状态之间进行双重化的做法。他把统一和关于中介的思想赋予人的此在结构（Daseinsstrucktur），而后者总同时是一种"在世界之中存在"。众所周知，此在并不是一个随心所欲地偶尔获得与世界之关系、并是世界关系的存在，"因为此在如其所在地作为在世界之中存在而存在"③，总已经在此了。在传统德国大学哲学（它直到世纪初都尤其倾向于先验的认识论）的思想规范与行为规范发生巨大社会震荡后的那些年里，海德格尔在他的形而上学批判的思想的特殊条件下，使一种思路活跃起来，我们在马克思的转向历史唯物主义的《关于费尔巴哈的提纲》中已经发现过这种思路。这就是："人类的感性活动（Tätigkeit），实践（Praxis）"恰恰在主客体统一的实现中不断地建立着这种统一，也就是在与自然和人类社会的日常交道中建立着这种统一。"因此，马克思主义的唯物主义就把自然与历史理解为有机的、为人类活动所多重中介了的、在此意义上是'辩证的'关系；

---

① 参见卡尔－奥托·阿佩尔《维特根斯坦与海德格尔：追问存在的意义的问题与反对一切形而上学的无意义嫌疑》，载《哲学年鉴》75 卷，1967 年，第 56－94 页。重印于《海德格尔：对其作品解释的诸视角》，科隆/柏林，1969 年。

② H.-H. 霍尔茨：《形而上学》，载 M. 布尔（编）《十九、二十世纪市民哲学百科全书》，莱比锡，1988 年，第 147 页。

③ 海德格尔：《存在与时间》，图宾根，1979 年，第 57 页。

理解为'总体性',它的自在存在(现实之客观性)自明地存在于我们的生产/再生产的日常行为(Akten)[比如换言之,人类的作为(Tuns)与行动(Handelns)]中,存在于作为'感性的人类活动'的实践中。"① 不言而喻,此处的生产(Produktion)不能仅仅被还原为借助于工业或手工而实现的工作活动的生产,或还原为人与自然之争执;而是,我们[借此]刚好又认识了占有自然的另一种形式。海德格尔也会避免世界与人之间的分裂,他在此在的生活世界上设置了个体的日常世界,个体感到自身被直接地绑定于这个日常世界之中,而借助于这些个体的哲学反思,在世界与人之中的分离现象就应当遭到扬弃。在世界与人的这种一体存在中,在对意义关联的把握中,"此在"必定"不是首先要从它的内在范围出去……而是:按照它源初的存在方式,它倒一向'在外',一向寓于属于已被揭示的世界的、前来照面的存在者"。② 在"存在状态的"和"存在论的"层次上被赋予优先地位的此在,在关系到存在意义时自行"摆明为首须问及的东西"。③ 被这样一种此在所经验到的是"日常性"(Alltäglichkeit,或译"日常状态"),这种"日常性"并不是"源始性",而毋宁是"此在的一种存在样式",这种样式"活动于一种高度发展的和已经分化的文化之中",④ 并显示自身为"历史性"。因此,在海德格尔的形而上学批判的基础存在论中,人类的那些尤其能被归于"否定感受"领域的日常经验,如畏惧(Angst)、操心(Sorge)、死亡(Tod)、有终性(Endlichkeit)、沉沦状态(Verfallenheit)、人的非人状态(Unpersönlichkeit)等,就被规定为永恒的实存论性质。尽管有全部的针对"存在论历史"(恰恰是一个被从整体上规定的存在论历史)的"解构努力",人在异化的周围世界中并伴随此周围世界的危机经验仍再次保持着它的存在论的庄严,只是这一次首先把这种庄严保持在历史的主体身上,这个主体的"存在命运"乃是:在其在世的否定的实存结构中,总是作为在此的历史性去存在。

在《康德与形而上学疑难》的导论中,海德格尔在讨论"形而上学

---

① Th. 麦彻尔:《存在论-活动-文化》,载《辩证法》,第十六卷,《百科全书与摆脱束缚。总体知识》,科隆,1988年,第101页。
② 海德格尔:《存在与时间》,第62页。
③ 同上书,第13页。
④ 同上书,第50-51页。

疑难"时已经强调指出基础存在论应当起到那种"使可能的作用":"基础存在论是为了使形而上学成为可能而必然要求的、人的此在的形而上学。"① 它使得那种以前一直被遗忘的、人的决定性的存在方式——恰恰是"日常性"——变得清晰可见了,这种"日常性"使我们注意到此在的现身情态与被抛状态,以及它的有终性,并以一种新的方式向我们表明了"世界的展开状态"。海德格尔的"此在形而上学"据说应当成为任何一种哲学的基础。在对海德格尔为这种新的"此在形而上学"进行奠基的基础存在论的概念的所有批判中,我们还必须强调,海德格尔——在此无须考虑他在其《存在与时间》中的发展及围绕着该书的发展——已经把日常性(不是在"源始性"的意义上)的问题以及与此相关的、向世界与人敞开的前科学、前概念的知识的问题坚定地提了出来并因此诉诸于讨论了。在那种前科学、前概念的知识中,抽象的理论还没有严格地走到实践的对立面,那种知识"历史地和逻辑地处于任何科学之前"②。但是在此,又有一些问题冒出来。它把那些不同于只是以科学-理性的方式占有现实的过程置于哲学思考的光学之中,因此比如那种通过艺术的想象或其他的想象等对于现实的占有。所以,在他对迄今为止的存在论的批判中,海德格尔至少使人们注意到重视对于现实所采取的科学之外的、前概念的占有形式的必要性;他也又一次把活动概念推到了前台。不是对于最终有效之物的理论的反思,而是有终之此在的实践的作为,占据了先于所有"纯粹"本质世界的优先地位,并唯独它为我们打开了存在的意义。人是作为历史的主体而思考,但是它之为主体只有作为历史性才是可能的,后者的"隐蔽的根据"是"本真的向死存在,亦即时间性的有终性"。③ 在马克思那里,作为行动的历史虽然关涉主体,但是关涉的是类主体,它的人的本质并不是存在于单个个体中的抽象("在其现实性上,它是社会关系的总和"④);而在海德格尔那里,历史的主体却是一个唯一的、被抛于自身的个体,对于这个主体来说,真正的最后或最终有效之物只是它的死。于是,20世纪对于永恒的形而上学思想(也就是古典形而上学)之

---

① 海德格尔:《康德与形而上学疑难》,波恩,1929年,第1页。
② Th. 麦彻尔:《存在论-活动-文化》,第110页。
③ 海德格尔:《存在与时间》,第386页。
④ 马克思:《关于费尔巴哈的提纲》,载马克思、恩格斯《著作集》,第3卷,第6页。

批判中的显著方面或新的开端,就被海德格尔确定了。

第一,如果存在依赖于此在,而之所以如此,按海德格尔是因为"惟当此在在,才'有'存在"①,而且此在之本质是实存(Existenz),那么他必定反对任何永恒坚固的、超越的本质性的实存。

第二,通过对于此在之有终性、时间性以及它的领会特征的定向——这种领域特征尤其与从此在之操心结构而来的生活世界的展开有关——任何一种沉思的、仅仅是理论的对于真理的占有,就被一劳永逸地拒绝了。

第三,伴随着"存在与时间"这个标题的程序规划(Programmatik),永恒存在与时间性的变易之间的分离再次被试图扬弃。"时间对于存在来说不是非此即彼的,毋宁说,存在自身是时间性的。"②

第四,最后要注意的是,在其坚持不懈的个别化中的个体自我抛掷,而并没有超越的参照点保留下来并且必须要与现代市民世界的异化现象作斗争。自我抛掷的个体只是以其朝向"本真性"的"决断"中的"英雄般的坚执"来反抗这种异化现象。海德格尔与"常人"及其"非人性结构"的辩难无疑比当时其他的文化批判和文明批判具有更大的原则性和作用力,但是它也有重大的(比如政治的)后果,因为在那虽然是"英雄的决断"但人们却不知道向何决断的时刻,政治的-意识形态的实行与目标就会迅速出现。1933年,那种致命的后果在海德格尔身上也表现出来了。

从这个四个方面,我们可以看到海德格尔对于20世纪的形而上学批判的根本贡献。当然,在我看来,这样一种批判也包含了一大堆问题。当人之此在被当作中心,当存在之意义应当从这个有终的维度展开,人们同时就必须得考虑,这不仅关系到整个人类,而且关系到一种缩减了的还原主义。它的在世界之中存在和共在的结构,它的向来我属性,把它从真实的社会性中排除出去。鲁滨逊至少还有他的星期五,海德格尔的此在只有——无。"为什么毕竟有存在者而不是无?"③ 他的著名的弗莱堡就职演说(1929)的结束语原文甚至就是这么问的。他的关于时间性的论题在其

---

① 海德格尔:《存在与时间》,第212页。
② W. 弗兰岑:《马丁·海德格尔》,斯图加特,1976年,第39页。
③ 海德格尔:《什么是形而上学?》,载海德格尔《路标》,法兰克福/美茵,1967年,第19页。

超越性中的确"纯粹"脱离于实在的时间，而他的无与伦比的历史性也与世俗的真实历史毫无直接关联。过去、当前与将来不是作为一种按照客观法则历史地自身行进的过程而被把握，而是实存的此在的被抛与筹划。因此，海德格尔大概反对人与永恒不变的法则流程之间的一种只是被动的过去关联与当前关联，这种法则流程使我们绝对地依赖于命运的事实和实际的天命，并使个体只能听命于世界装置上的小轮子的功能。但是因为主动因素本质上是坚定地漂浮于个人被抛与个人筹划的无与伦比的灵巧性的空间上，所以个体的历史的主动性就是不具体的，笼罩在与此相关的"决断"上的摩耶面纱也没有被揭起。那种孤绝性的感受就蔓延开来。也就是说，当个体的构成因素（Konstitutiv），即人类社会，被自觉地排除在外时，历史并没有为历史性所遭遇到。

在反对古典形而上学的斗争中被引进的对于生活世界、日常性以及前理论的知识的本质性的定向，后来在海德格尔那里也显示出它的雅努斯的两面性。在海德格尔"转向"之后的后期阶段（此后期阶段本质上是在形而上学历史的命令下作为"存在的沉沦史"而持存着），从《存在与时间》的那种科学批判的、前科学的展开对之加以强调的冲动那里，变异出了一种意义明确的、规模宏大的科学与技术批判，这种批判知道自己奠基于形而上学批判之中。恰恰是在这一点上，"后现代主义的亲王们"在他们对于"现代"的疏远与拒绝的态度中，在海德格尔身上看到了他们的"祖先"。[①]

当然，这种情况也不无实际背景，海德格尔在他"转向"之后、随着他的"转向"和自从他的"转向"以来，就在强化和昭示着这个背景。当然不再是借助于如我们从《存在与时间》中所了解的那些手段、方法和重点内容。据说它最终也没有通达存在，因为这部著作还说着"形而上学的语言"。据说这种语言现在最终要被放弃。但是，这需要海德格尔那里的存在－人－语言/思想之间关系构架（Bezugsgefüge）发生一种姿态更换。在《存在与时间》中以下这一点是有效的，即：源初的"真实的"此在也就是揭蔽着的存在[②]，而一种与未揭蔽的、遮蔽着的存在的意义相

[①] 参见 W. 梵·罗松《海德格尔的纳粹色彩有多浓？》，载《时代报》，第46号，1987年11月6日，第64页。

[②] 参见海德格尔《存在与时间》，第220页。

第三部分 现象学的研究与运用

对立的主动因素是与它相适应的。以后在20世纪30年代初，海德格尔认为这种立场还是存在于新的欧洲主体性形而上学的传统之中，这种传统——在真理被还原为正确性之后——以一种认知的专横相信可以像支配存在者一样支配存在，相信能使存在成为可支配的。科学，众所周知，它"不思"①，而技术，它虽然是一种"解蔽"，但却不是在产出（Her-vor-bringen）、诗作（Poeisis）的意义上，而是对自然的"促逼"②。科学与技术代表了传统形而上学的这种近代精神的顶峰。

所以，从现在开始的海德格尔形而上学批判的基本特征就闪耀于20世纪精神讨论的舞台上，在我看来，这种讨论在两条轨道上行使。一方面，通过形而上学批判的方式（这种批判在科学与技术的胜利历程中看到了形而上学的最高峰）的推动，一种在浪漫主义的工业化批判传统中存在着的、针对现代工业社会发展的毁灭性后果的辩难得到实施。这种辩难起因于周围世界可为人普遍控制的思想。另一方面，是那种不愿或不能看到科学-技术进步之消极后果的辩难。因此，除去对盲目行动的技术体系的毁灭性——这种毁灭性在70年代以来的生态讨论中起到越来越重要的作用——的谈论之外，一种关于20世纪尤其是该世纪末的理论思考着和实践行动着的人类个体的现实的异化处境也被讨论着。事实是，在存在者的世界之过程性的物性之中，人越来越使这个世界屈服于他的认知着的知性和他的技术性的可支配性；然而，这个世界同时对于他来说却总是变得更加异化，甚至更加可怕。人对存在者认识得越多，存在者就变得越成问题，存在就隐藏得越深。我们的"地球显现为迷误（Irrnis）的非世界。它从存有史上说（seynsgeschichtlich）是迷途之星（Irrstern）"③。按照海德格尔的看法，它标明了"存在的遗忘"和"存在的弃绝"（Seinsverlas-senheit）。

在1856年的《在〈人民报〉创刊纪念会上的演说》中，马克思已经

---

① 海德格尔：《何谓思？》，载《演讲与论文集》，普夫林根，1954年，第133页。
② 海德格尔：《追问技术》，载《技术与转向》，普夫林根，1962年，第14页。
③ 海德格尔：《克服形而上学》，载海德格尔《演讲与论文集》（出处同上），第97页。[该句中的seynsgeschichtlich中的Seyn原是古高地德语的Sein，海德格尔后期用它来代替Sein，因为Sein已经成了一个传统形而上学的概念。我们这里将之译为"存有"以示区分。该句中的Irrstern原指"彗星"，但海德格尔这里用这个词显然是与上文的"迷误"（Irrnis）相呼应，所以我们这里按其构词结构译为"迷途之星"。——中译注]

对进行中的市民工业社会之分工的奴役性条件下的进步所具有的矛盾特征（此处最终要涉及它）展开了批判性的辩难。在那里我们读到："在我们这个时代，每一种事物好像都包含有自己的反面……机器具有减少人类劳动和使劳动更有成效的神奇力量"，因此却引起了劳动者的饥饿和过度的疲劳。"财富的新源泉，由于某种奇怪的、不可思议的魔力而变成贫困的源泉。科学的胜利，似乎是以道德的败坏为代价换来的。随着人类愈益控制自然，个人却似乎愈益成为别人的奴隶或自身的卑劣行为的奴隶。……我们的一切发现和进步，似乎结果是使物质力量成为有智慧的生命，而人的生命却化为愚钝的物质力量。"① 对于马克思来说，这毕竟是一个从实际现成的、可逐步检验的社会性的力量对抗出发的过程，在它身上没有什么神秘。它是"我们时代的生产力与社会关系之间的对抗……"② 在马克思看来，应当塑造人类状态的，是非常现实的行动着的人类的创造物，甚至是那种分工的产物，那种处于他们要将之扬弃的奴役关系中的雇工——无产阶级。也就是说，是在这个过程之内而不是从外部，是行动着而不是观察着。在他们两人这里（显然带有一个世纪的具体社会发展所造成的区别），异化状态的表现包括同样的现象。

但是，正如人们能够注意到的那样，对于［异化的］原因的追问却得到了完全不同的回答。对于海德格尔来说，现代人的沉沦史的原因，恰恰在于欧洲的形而上学历史的存在遗忘。他的众所周知来自于荷尔德林的指导原则是："哪里有危险，哪里也会生出拯救。"而这就是自身"疏明着的存在"，对于它来说，人，他的语言与思想，获得了一种新的关系。现在，英勇无畏的此在变成了"存在的看护者"，在它的看护之中存在自行发生，而它则由于处于"存在的疏明"之中而显得突出。但是，真正的"看护者不可见地居于已被毁坏了的地球的荒野之外"。他们要"守护存在的秘密"，"要照看可能之物的不可侵犯性"，并且阻止"单纯的行动"应当"改变世界状态"。③ 从现在起，吓得发抖的"虚无的占位者"变成

---

① 马克思：《在〈人民报〉创刊纪念会上的演说》，载马克思、恩格斯《著作集》，第12卷，柏林，1961年，第3页及以下（中译文参见《马克思、恩格斯选集》第一卷，人民出版社1995年版，第775页，稍有改动。——中译注）

② 同上。

③ 海德格尔：《克服形而上学》，第97—98页。

了"存在的邻居",① 这当然不是说,它放弃了前者。这样,存在就变成了拯救者。它之所是,不再能为传统哲学语言所把握。唯有一种"与诗同源"的"新的思想",才能揭示它,更好地"照亮"它。这种新的思想沿着后期形而上学批判的轨道闪耀,后者表达了沉沦发生(Verfallsgeschehen),并从此成了神秘的拯救发生(Heilsgeschehen)行进于其上的第二条轨道。在每一条轨道上,遵循逻辑规则的语言都不再能表达这种"存在"。毋宁说,它需要一种新的语言,成为"存在之居所"的语言。因此,海德格尔只还用神秘的同义反复来说它:"它是它自身。""它给出自身并同时放弃自身。"② 从本己上说他只能否定地规定它,也就是说以这种方式:他说它不是什么;从肯定上他只能指出,它是传统存在论和形而上学之存在的完全的他者。现在,存在的这种完全的他者与那种"新的思想"就构成了一种新的神秘的统一性(存在的居所,人能栖居于其中)。

在我的阐述的最后,对"关于人道主义的书信"(它与萨特有关)中一个海德格尔句子的改写,可以作为一个与正在讨论的问题有关的疑问句出现:"形而上学的完全他者难道最终不也只是完全他者的形而上学?"

---

① 海德格尔:《关于"人道主义"的书信》,载海德格尔《路标》,第173页。
② 此句中的"它给出……"原文为"Es gibt…",在德语中这是一个固定用法,意为"有……"。海德格尔这里是在强调其中的那个"它"(Es),所以按其本义译为"它给出"。——中译注

对现象的两种解构：
德里达的悲观主义、瑜伽行派佛教的乐观主义，
以及对于基督教神学的后果[①]

[英] 大卫·R. 彭斯加德[②]

解构，作为西方哲学大陆传统内部的新近发展，延续了那种把意识置于研究中心的潮流。胡塞尔是从正面这样做，海德格尔是从反面这样做，而解构则对那位于意识概念之下的基础本身进行质疑。[③] 后面这一运动当然引人入胜，但它也许只是开辟了一条通往怀疑主义与虚无主义的新道路。不过，解构内部的那些基本概念也许并不必然导向认识论的和形而上学的困境。事实上，其他文化已经达到了既不带有怀疑主义也不带有虚无主义的相似的洞见。几十年来，一些哲学家已经注意到在西方现象学与东方佛教之间存在着相似性。甚至更进一步，在东方佛教中观派（Madhyamaka Buddhism）及其支派与德里达和解构之间，我们也至少拥有一种非常接近的类似之处。

文化间的比较导致一种必然的去中心化，这种去中心化所起的作用就

[①] 该文原题为"Two Deconstructions of the Phenomena: The Pessimism of Derrida, the Optimism of Yogacara Buddhism, and the Implications for Christian Theology"，是作者于 2006 年在自由大学哲学与宗教学院攻读硕士期间为课程"后现代主义与存在主义"提交的课程论文。中译文曾发表于《唯识研究》（第三辑），杭州佛学院编，中国社会科学出版社 2014 年版。

[②] 大卫·R. 彭斯加德（David R. Pensgard），美国天主教大学哲学学院兼职教授，主要研究宗教哲学、形而上学、神学等。

[③] 比纳·格普塔（Bina Gupta）：《Cit：意识——印度哲学要义》（*Cit Consciousness, Foundations of Philosophy in India*）（New York: Oxford University Press, 2003），ix，'Cit' 是"意识"在梵文中的对应词，是其大略的翻译。

像去掉有色眼镜。① 如果避免把"无尽的复杂性"还原为"虚假的统一性",② 那么,这种范围的扩展——后现代心态一方面对此加以鼓励同时又宣称真正的翻译是不可能的③——就具有那种揭示出恒常概念的潜在可能,我们本能地被引导着把这些恒常概念思考为绝对概念。假定这些相似性并没有被直接模仿,那么它们便暗示也许存在某种客观的东西,这种东西在两个相距甚远的文化与时代被独立地认识。德里达可能并不支持这种观点,然而他的确曾经拒斥过它的对立面。单纯的文化(历史)相对主义是一种为德里达所拒斥的立场,这种相对主义无法鉴别那些被独立地引申出来的结论的价值。它假定所有的视角都平等地有效,或者换言之,人们可以以让人接受的方式选择最适合于其需要的视角,这是一种尼采所采纳的方法论。这是最容易被批评为非理性的相对主义形式。当德里达暗示说有一种复杂形式的文化相对主义,这种相对主义可以给予我们更多信息而非允许谋取私利——当德里达暗示这一点时,他看起来同意任何接近于尼采的东西。单纯的文化相对主义所无法推论出的事情恰恰是:"逻辑中心主义……只是最原本的和最强有力的种族中心主义。"④ 这是因为,通过禁止在各种文化及其语言间进行质的比较,单纯的相对主义就抹去了对种族中心主义的批评所具有的全部客观意义;也是因为,逻辑中心主义自身也是一种文化的视角,单纯的相对主义必须根据它的基本公理而把这一视角视为有效的。

当代比较哲学家们,即使充满了逻辑中心主义的观点,他们通常也都在比较中秉持较高层次价值的某种意义,同时秉持这样的信念:那些遥远的传统实际上可以为任何一种哲学路径所具有的不同的孤立思想提供一种

---

① 雅克·德里达(Jacques Derrida):《论文字学》(*Of Grammatology*), trans. Gayatri Chakravorty Spivak, (Baltimore: Johns Hopkins University Press, 1997), p. 76。对于在德里达和佛教那里的去中心化概念的比较,参见斯蒂芬·奥丁(Steve Odin)《德里达与佛教禅宗的去中心化的宇宙》("Derrida and the Decentered Universe of Ch'an/Zen Buddhism"),载《中国哲学杂志》(*Journal of Chinese Philosophy*) 1990 第 17 卷第 1 期,第 61—86 页。

② J. J. Clarke, *Oriental Enlightenment: The Encounter Between Asian and Western Thought* (New York: Routledge, 1997)(中译本:克拉克《东方启蒙:东西方思想的遭遇》,于闽梅、曾祥波译,上海人民出版社 2011 年版。——中译按),第 10 页。

③ 德里达:《论文字学》(*Of Grammatology*),第二部分。在这一点上,更深一层的考察促使我们不仅要考虑文化间的翻译,还要考虑作为一种翻译的对任何一个文本的阅读。对于德里达来说,这甚至包括对自身的"阅读"。

④ 同上书,第 3 页。

真正的检验。① 如果像德里达本人所表明的那样，在西方传统之外发现智慧是可能的，那么，正是在这些相距千山万水、令人惊异的相似性内部，我们有可能跨越藩篱而发现某种形式的形而上学上的他异性和认识论上的真理。这是因为，在认识到许多与西方解构主义的疑难相同的疑难时，至少一种东方传统，瑜伽行派佛教（Yogacara Buddhism）——对中观学派的一种现象学式的回应——宣称允许进入自我与世界的那些类似于文本的现象，而无论是在中观学派还是大陆传统中，这些现象都是一些曾被无望地思考过的事物。

瑜伽行派佛教的现象学一旦建立起来，它就可以为基督教神学提供一些希腊时代——连同它的在场形而上学——所无法提供的洞见。这后面一步在提出一种逐渐清晰的第三种立场时，证明无论是德里达的解构还是东方的现象学都在某些方面是正确的。

一、去中心化的比较

> 我背叛了我对于其他公民的忠诚与义务（obligations），对于那样一些人的忠诚与义务：他们并不说我的语言，我既不对他们说话也不回应他们。——雅克·德里达：《死亡的礼物》②

> 无论对于法［真理］的个体性特征的标示是什么……它都应当被理解为只是一个标示。它既不是法的本性（the essential nature），也不是与之完全有别。那个［本性］既不是言语（speech）的范围，也不是言语的对象；它也不是全然有别于这些。情况是这样的：法的本性并不以它被表达的方式被发现出来。——无著（Asanga）：《认识真实》（*On Knowing Reality*），西元5世纪③

从一种德里达式的观点来看，佛教令人感兴趣的东西是，它既是

---

① 参见克拉克（J. J. Clarke）《东方启蒙：东西方思想的遭遇》，第122页。

② 德里达：《死亡的礼物》（*The Gift of Death*），trans. David Wills (Chicago: University of Chicago Press, 1995), p. 69。

③ 约翰·M. 科勒（John M. Koller）、帕特里夏·科勒（Patricia Koller）：《亚洲哲学资料集》（*A Sourcebook in Asian Philosophy*）（Upper Saddle River, NJ: Prentice Hall, 1991), p. 313; *On Knowing Reality: The Tattvartha Chapter of Asanga's Bodhisattvabhumi* ［《认识真实：无著〈菩萨地·真实义品〉》，珍妮丝·狄恩·威力斯（Janice Dean Willis）翻译］是对无著（Asanga）在西元5世纪文本的翻译。

存在神学的（因此它需要被解构），又是解构性的（它提供了如何进行解构的一个不同的样本）。从一种佛教的观点来看，德里达类型的解构让人感兴趣的是，它是逻各斯中心论的。——大卫·洛伊（David Loy）：《佛教的解构》（"The Deconstruction of Buddhism"）①

东方与西方之间的相似性

在19世纪晚期，西方的跨文化哲学家们已经开始在东方哲学与西方的相似观念之间进行比较。② 特别是瑜伽行派佛教与当代欧洲思想尤为接近。

比如，舍尔巴茨基（Stcherbatsky）（1866—1942）——一位俄罗斯的东方哲学学者——就曾指出在康德的一些观念和瑜伽行派佛教之间存在着一些相似性。③ 看起来，这两个系统都强调心灵借以构造感性世界的方式。不久之后，另一些学者把瑜伽行派的意识概念——alaya（alayavijnana）[阿赖耶识]——与弗洛伊德（Freud）的无意识进行类比，其他一些学者则将之与荣格（Jung）的集体无意识进行类比。它与胡塞尔的内时间意识的联系——无论多么潜在——也被认识到。④ 然而，不仅是早期胡塞尔的现象学，而且他所激发起的整个传统，包括海德格尔、萨特、梅洛-庞蒂、拉康、利奥塔，直至德里达的解构思想，都是与中观学派（而非它的支派瑜伽行派）更为近似。⑤ 最近，悦家丹（D. Lusthaus）认识到，那长久以来被视为贝克莱观念论之一种形式的瑜伽行派实际上是现象学的一种非常特殊的形式；借助于这一认识，他更为仔细地考察了瑜伽行派与整个

---

① 大卫·洛伊（David Loy）：《佛教的解构》（"The Deconstruction of Buddhism"），载《德里达与否定神学》（*Derrida and Negative Theology*），哈罗德·科沃德（Harold Coward）和托比·福谢（Toby Foshay）编，（Albany: SUNY Press, 1992），p. 227。

② 重要的是要特别指出，在东方，大多数宗教只是哲学和其指导下的践行的结合。因此，研习东方宗教所涉及的更多是哲学而非神学或神秘主义。

③ 悦家丹（Dan Lusthaus）：《佛教现象学：对于瑜伽行派和成唯识论的一项哲学研究》（*Buddhist Phenomenology: A Philosophical Investigation of Yogacara Buddhism and the Ch'eng Weishih lun*）（New York: Routledge Curzon, 2002），v。

④ 比纳·格普塔（Gupta）：《Cit: 意识——印度哲学要义》，第87页。

⑤ M. J. 拉腊比（M. J. Larrabee）：《一与多：瑜伽行派与胡塞尔》（"The One and The Many: Yogacara Buddhism and Husserl"），载《东西方哲学》（*Philosophy East & West*），1981年第31卷第1期，第3页。

西方现象学传统之间的相似性。

东西方现象学

如果我们聚焦于每一传统中最易找到的形式——西方解构主义者德里达的洞见和东方早期佛教瑜伽行派①——并从这一双重聚焦出发,那么我们将会分别发现一些派生概念,它们将独立地彼此证实。这两个系统是极其相似的哲学系统,它们都把现象作为被意识所认识和构造的事物来加以详细考察。这两个系统在聚焦于认识论的关切时,看起来都包含甚至漠视形而上学的蕴含(implications)。然而,正是通过形而上学的蕴含,这些系统才能在基督教神学内部得以区分和应用。这是因为,如果真理独立存在的话,那么唯有一种与客观实在或真理的充满希望的关联——尽管我们不能完全通达客观实在或真理——才具有到达真理的无论何种机会。正如将要表明的那样,就通达一个实在自我和实在世界来说,瑜伽行派是充满希望的。在这一点上它与基督教神学而非德里达的解构有共同之处。② 德里达与瑜伽行派形成对比而与中观学派并行不悖,他积极地致力于毁掉我们在意识作用中不自觉地确信、假定和经验到的自我性(self-ness)的感觉。相应地,自我性这一概念意味着一种错觉,在这一错觉中我们认为我们存在,我们假定自我实体,[其实]那里只有延异(différance)的游戏。③ 当格普塔(Gupta)说出下面这段话时,他则揭示出这一思想的一种类似的、然而乐观的版本:"瑜伽行派意在拒绝把持存性——然而它又是有限的——归于阿赖耶识(alaya),它使阿赖耶识成为一系列的踪迹、踪迹的踪迹,如此等等以至无限;因此它使阿赖耶识几乎真正成为德里达所说的'延异'的等价物。"④ 两个系统都用不在场与踪迹来取代实体,与此同时,格普塔这段话中的"几乎",正如我们将会看到的那样,指向两个系统所追求的最终目的中的差异。

---

① 重要的是要把对瑜伽行派佛教的研究限制在它的源始的、早期的形式上,因为自从其开创以来,它的根本的教导事实上已经丧失了,只是最近才被一些批判性的文本研究重新找回。详细情况参见理查德·金(Richard King)《早期瑜伽行派及其与中观学派的关系》("Early Yogacara and its relationship with the Madhyamaka school"),载《东西方哲学》(*Philosophy East and West*)1994年第44卷第4期,第659-683页。

② 德里达:《论文字学》(*Of Grammatology*),第20页。

③ 同上书,第166页。

④ 格普塔:《Cit:意识——印度哲学要义》,第87页。

胡塞尔以降的大陆传统

胡塞尔的早期工作给现象的本性——它与贝克莱的观念论相关但又与之不同——带来了新的洞见。这一行动产生了一个新的传统,这一传统变得一心追求现象而排除实体形而上学。紧接着的则是对于含义与语言学的关注。这一关注在德里达的解构那里臻至顶峰;在解构那里,主体是一个巨大的、难以理解的、与文本有着惊人相似性的网络的一部分。从这一角度看,实在应被理解为一种建立在符号结构之上的非线性的关系综(complex of relationships)。

对于形而上学的客观性来说,德里达的解构是悲观主义的,它不忘嘲弄任何想获得客观性的尝试。形而上学的支配性形式,在场形而上学,以从古希腊继承而来的系统性的实体思想为前提。① 实际上,根据德里达,我们的符号所能把握到的仅是那被意指之物的踪迹。但是,"踪迹本身并不存在"②,亦即,它并不是一种实体。德里达并不否认踪迹的作用、效果和角色,但是否定它具有形而上学观点上的实体内的存在。

从解构的角度看,关于终极实在的(形而上学的)问题与回答,以及我们对于终极实在的(认识论的)进路,都变得毫无意义。怀疑主义和虚无主义并不仅仅是结论,它们是心灵的状态,由对一种按定义为真的异化之普遍意义的揭示所牢固建立起来的心灵状态。凭借对否定性的辩证论证的运用,德里达拒绝承认意识具有实质性的(实体性的)本性,他揭示出形而上学的假定(assumptions)具有任意性。例如,如果我们假设在在场形而上学内拥有在场,那么言语与书写的替补就被认为是多余的,但它们仍然是不可或缺的。这一悖论之提出是为了揭示那最初的假定是不正确的。③ 文字学利用延异——语言中的一种在不在场与在场之间的张力——并把它的应用范围扩展到语言之外,扩展到文字的外部/高级形式。延异,凭借这一作为辩证法的张力,又允许它所禁止之物,并把这一张力作为一种只能导致虚无主义和怀疑主义的形而上学的特性④而呈现出来。

---

① 德里达:《论文字学》(*Of Grammatology*),第 13 页。
② 同上书,第 167 页。
③ 同上。
④ 同上书,第 143 页。

从无著（Asanga）和世亲（Vasubandhu）以降的瑜伽行派传统

瑜伽行派在回应其先行者中观学派佛教时，实际上也回应了德里达。中观学派与德里达的解构有许多共同之处；这一派的佛教不仅警告在对语言的所有使用背后都隐藏着哲学上的预先承诺和假定①，而且它还利用否定性的辩证论证来揭示所有形而上学论断的任意性与内在的不一致。应成法（prasanga）这一论证方法，是归谬法的一种形式，它看起来与德里达式的否定有紧密联系。② 这些论证的结果就是表明人们关于实在的概念是不融贯的。根据中观学派，在显现的背后，并没有终极实在的存在，只有无或空（sunyata）。③ 从佛陀本人的原初身份乔达摩王子开始，佛教就已经处于空这一概念的发展过程之中。在瑜伽行派的创始人无著与世亲这一对兄弟的洞见之先，中观学派就已经达到了一种真正悲观的"状况"，这一状况既类似于实践上怀疑论的后现代状况，又类似于与之相关的否定神学。④ 它们已经推论出一切皆空，空使得包括自我与教义（无论是哲学的还是宗教的）在内的一切知觉物都必定是非实在的。

上述这些概念强调，心灵必须认识到它自己的错觉以便继续进行下去；借此，这些概念似乎很自然地引起悲观主义；瑜伽行派则致力于终结这种悲观主义。⑤ 瑜伽行派给佛教增添的那种让人惊异的、关键的洞见是"把同一性解构为他异性"⑥。然而与西方传统不同的是，事情后来演变为

---

① 内森·卡茨（Nathan Katz）：《应成中观与解构：西藏解释学与乘派之净》（"Prasanga and Deconstruction: Tibetan Hermeneutics and the Yana Controversy"），载《东西方哲学》（*Philosophy East and West*）1984年第34卷第2期，第186–187页。

② 蔡宗齐（Cai Zongqi）：《德里达与僧肇：语言学的与哲学的解构》（"Derrida and Seng-Zhao: Linguistic and Philosophical Deconstructions"），载《东西方哲学》（*Philosophy East and West*）1993年第43卷第3期，第389页。也可参见Bimal Krishna Matilal《"Prasanga"是解构的一种形式吗？》（"Is 'Prasanga' a Form of Deconstruction?"），载《印度哲学杂志》（*Journal of Indian Philosophy*）1992年第20卷第4期，第345页。

③ 约翰·P. 基南（John P. Keenan）：《作为神学婢女的佛教瑜伽行派哲学》（"Buddhist Yogacara Philosophy as Ancilla Theologiae"），载《日本宗教》（*Japanese Religions*）1988年第15卷第5期，第203页。

④ 托比·阿瓦德·福谢（Toby Avard Foshay）：《否定、非二元性与语言：以德里达与道元为例》（"Denegation, Nonduality, and Language in Derrida and Dogen"），载《东西方哲学》（*Philosophy East and West*）1994年第44卷第3期，第544–545页。

⑤ 悦家丹：《佛教现象学：对于瑜伽行派和成唯识论的一项哲学研究》，第6页。

⑥ 同上书，第8页。

一种对实在和经验的有力且有用的描述,而这种描述则建立在那时被广为接受的"遮遣"(apoha)(德里达的"踪迹"的对应物)概念之上,这一概念赋予不在场在命名活动中相对于在场的优先性。① 无著与世亲一道再次对空加以明确的阐述,这一阐述非常类似于西方自怀特海(A. N. Whitehead)以来称作过程形而上学的东西。从这一角度看,空并不真正是无,而只是实体的不在场。作为一种过程,事物经由其他过程的作用而获得其特性。② 但不幸的是,根据瑜伽行派,这一点并没有被一般人本能地认识到。事实上,将自我和对象(我与法)假定为具有自主性(或自性)的实体,这只是一些错觉;这些错觉被创造出来是为了抑制我们对不存在的焦虑与害怕。我们终其一生都在构建诸如实体这样起作用的理论,以解释我们所经验的事物,但这些理论总是处于错误之中。③

尽管瑜伽行派从来没有被明确地与文字——对过程实在观的恰当隐喻——联系起来,但它的确体现了其中一些本质性因素。瑜伽行派并不勉强满足于像[德里达的]文字学这样的东西,在文字学里,关于广义文字观的辩证法是作为绝对的限制被接受下来的;瑜伽行派的洞见是认识到,如果从过程形而上学内部来看自我与世界的本性的话,那么它们的本性就并不是矛盾的。从这一角度看,自我与世界就是同一回事情。于是强烈的自我审查(self-scrutiny)就变为形而上学的客观科学,这一客观科学能够在实在论上宣称给一种非实体的"在场"以多样性。这一做法的确给出一幅令人失望的、关于作为连续否定的意识的图画,④ 但与此同时它又并没有走得如此之远,以至于把意识完全消除。并且,正如听起来是矛盾的那样,至少瑜伽行派提交出一种意识,后者实际上是某物!在其认识分析中,瑜伽行派拥有极其丰富的词汇,它们包含了用于精细区分的术语,这些区分并没有被以其他方式认识到。⑤ 这既与中观学派的立场(至少就其为其追随者所理解的那样)形成对比,也与那和语言学转向密切相关、并包含从尼采到德里达一系列思想家的解构的视角形成对比。⑥

---

① 格普塔:《Cit:意识——印度哲学要义》,第171页。
② 基南:《作为神学婢女的佛教瑜伽行派哲学》,第208-209页。
③ 悦家丹:《佛教现象学:对于瑜伽行派和成唯识论的一项哲学研究》,第1页。
④ 格普塔:《Cit:意识——印度哲学要义》,第171页。
⑤ 悦家丹:《佛教现象学:对于瑜伽行派和成唯识论的一项哲学研究》,第vi页。
⑥ 克拉克:《东方启蒙:东西方思想的遭遇》,第213页。

瑜伽行派并不止步于对实在——作为本质上是关系性的和被构造的现象——的空性做出承认。它把现象学重新加工为一种方法论，这恰恰是现象学在西方为何不能继续前进的原因。① 尽管德里达试图把文字学重新做成一种超级科学，做成所有其他科学之始祖，但他仍然反对方法论和科学性所预设的主/客区分。② 与之形成对照的是，瑜伽行派把对自我的研究视为最高科学。通过把自我认识为过程网络的一部分，人们就可以借由在自己内部寻找而发现通往实在的通道。当真实的自我觉知逐步成长时，这就导致一种对于他异性的部分的，但却循序渐进的展开。在一种与黑格尔之前出现于西方的思辨唯心论相类似的行动中，并且以一种与康德之后的西方内在化神学相类似的方式，瑜伽行派鼓励深刻的自我沉思和极其严格的意识分析，以便直接通达实在。这不应与西方中的那些寻求通过这样一些方法通达上帝的努力混为一谈，因为佛教传统是无神论的。不过，这种方法论作为一种通达自我和现象世界的手段显得更为有效。

当然，记住下面这一点也很重要，即与胡塞尔不同，海德格尔已经认识到一个类似的概念，他认为亚里士多德的内在性概念允诺了一条经由内在化的通道。然而，包括德里达在内的一些人所认识到的永恒的任意性难题，在下面这一点上变得不可解决：它被接受为一种无情的事实，被接受为实在的一种特征。③ 瑜伽行派则努力通过接近意识来克服这一难题；这一接近充满怀疑论色彩，但却带有最终除去大部分错觉的希望。

二、悲观主义的解构

　　这样一种安排已经向一些人提出建议，即需要以一种极其不同的思考方式进行大范围的争论。在这一争论的核心处会是一种深深的谦卑，它承认严肃的人类限度；我们不能宣称获得一种跨语言的上帝之眼的视角，并由此出发去判断观念与语词之间或语词与事态之间的假定存在的符合。我们把我们共同体的语言实践……作为一种使交往得以可能的礼物接受下来——但仅仅是在语法的界限内。何其耻辱！——南希·墨菲（Nancey Murphy）和布拉德·J. 卡伦伯格

---

① 悦家丹：《佛教现象学：对于瑜伽行派和成唯识论的一项哲学研究》，第9页。
② 德里达：《论文字学》（英译本），第4页。
③ 同上书，第158页。

(Brad J. Kallenberg)①

德里达追求的是佛教徒的第一步。尽管解构经常被与摧毁（destruction）区分开来，但它还是已经变为最具摧毁性的。德里达把文字学定义为对柏拉图式的哲学传统之终结的确切的见证。然而，德里达又看到他自己处于某种正揭示着其本身之过时性的事物之中，而没有一条通往客观视角的出路。② 这样，他与古老传统的决裂就并不彻底，因为这一决裂无法给它自己留出空间。这是一种屈从，它错失了那种"崭新的、非概念的、向着某种截然不同的事物'敞开'的可能性"③。

在避免形而上学的讨论——除非贬义地提到其他文化所做的讨论——时，德里达通过拒绝"先验所指"（他用来表示难以表达者的术语）的客观实在性来含蓄地表明形而上学的论断的鲁莽。④ 他继续摧毁实体形而上学，实际上代之以一种完全是从符号概念中推演出来的过程观。在某种意义上，他通过为这一变动提供一种分析的基础（而非怀特海对一种经验性基础的渴望）而证明怀特海是正确的。然而，德里达并没有做出任何直接的、正面的形而上学论断。相反，通过揭示符号如何准确地代表着我们对所有实在元素之间的关系的理解，通过把现象学与文学研究——它长期陷入文本研究——联系在一起，德里达打开了一条把握现象的新道路。这种"批判性阅读"类似于瑜伽行派的那种作为意识之严格地、无情地自我洞察的方法论；然而，作为一种摧毁性的解构，这一"批判性阅读"似乎是沿着对立的方向奋力前行。德里达的解构与瑜伽行派的总目的，即清除"古典的历史范畴"并含蓄地清除所有习得的甚至本能的范畴这一目的，是一致的；但与此同时，德里达的解构似乎并不朝着拯救自我这一终极目的而努力。⑤ 德里达把我们的世界观包括自我视为一个洋葱头，它并不能

---

① 南希·墨菲（Nancey Murphy）和布拉德·J. 卡伦伯格（Brad J. Kallenberg）：《英美后现代性：一种共同实践之神学》（"Anglo-American Postmodernity: A Theology of Communal Practice"），载《后现代神学剑桥指南》（*The Cambridge Companion to Postmodern Theology*），凯文·J. 范胡泽（Kevin J. Vanhoozer）编（Cambridge, UK: Cambridge University Press, 2003），第35页。
② 德里达：《论文字学》，第4页。
③ 大卫·洛伊（David Loy）：《非二元性：一种比较哲学研究》（*Nonduality: A Study in Comparative Philosophy*）（New Haven, CT: Yale University Press, 1988），第12页、第248-249页。
④ 德里达：《论文字学》，第20页。
⑤ 德里达：《论文字学》，第lxxxix页。

在剥除掉它的所有层次后还继续存在；但瑜伽行派的方法论却努力拯救自我现象，它就像采挖宝石的刀具，努力从位于中心的珍贵的宝石周围去除那些模糊不清的杂层。

尽管上述隐喻可以有助于说明问题，但说明这一点的最好方式或许是用自体性行为（auto-eroticism）这一概念。德里达把自体性行为的隐喻视为对书写中不在场与在场之游戏的一种恰当说明，并且把它延伸为对我们现象经验中的同一种游戏的恰当说明；① 然而，瑜伽行派则会把这一隐喻视为头脑错乱。尽管我们本质上是由关系构成的，在关系中我们的所有特性都归因于他者，然而我们仍是沉思现实中的自己和围绕着我们的世界。只是当我们进而沉思那可能超越我们现实性的神圣他者时，我们才会陷入空洞的思辨。瑜伽行派则并不关心这最后的步骤，它老老实实地处理这个世界的本性。我们在这个世界内部所拥有的那种婚姻一般的关系是真实的，是现实的色情，这与我们与神圣超越者的"游戏"是虚假的还是真正的无关。以此方式，瑜伽行派得以重新捕获"超越者"的原本意义。德里达的悲观主义比康德式的悲观主义走得更远，而瑜伽行派则通过送还我们通往现象自我和现象世界的道路而给予我们为恢复古老的本体/现象之分裂所需要的工具。

一种至多是认识论的警告

西方的解构，就其最好的而言，只是导向一种认识论的警告，但是就其最坏的来说，它是怀疑主义和虚无主义的。这是因为它显示出我们对于显现背后的实在的本质必然是多么的无知，借此在奠基于希腊形而上学时代之上的西方传统内部贬低了任意的猜测。然而，通过显示出这样一种追求的任意性，通过努力超过那持续地威胁要否定意义与存在的"坏的无限性"②，通过蓄意不用符号的基础取代意义与存在，德里达把我们遗留在一种虚无主义状态之中。

尽管［解构］在制定各种理论中有实践价值，德里达还是否定有任何方式可以为一个人自己文化内部的任一特别的出发点做辩护，好像这一出发点是一个研究的有效起点似的。③ 正如解构的遥远的孪生兄弟佛教的中

---

① 德里达：《论文字学》，第 150 – 157 页。
② 大卫·洛伊：《非二元性》，第 256 页。
③ 德里达：《论文字学》，第 162 页。

观学派一样，解构也把我们遗留在一种困惑之中：是否有任何一种普遍的适当方式可以使我们的经验从根本上得到理解？无著和世亲很可能会批评德里达，正如他们曾经对他们的先驱中观学派所做的那样，因为德里达把实在（最大的文本）视为一种对于非实存的在场①的替补（代替物），而不是把实在视为本质上且充分地是关系性的。这是一种极端微妙的区分，这一区分在其实践应用中被归结为究竟是乐观主义还是悲观主义。

通过对符号的使用（dia-graphein），人们可以把他人客观化为自我的一个镜像——这是对德里达的主要拒绝之一的一种肯定。这样，当人们在努力进行描述和交往之际而对其他事物说话并说到其他事物时，人们就重复着自我图像。② 这是人们作为文字学主义者（grammatologist）必须保持在心中的图式；然而与之形成对照的是，这恰恰是那种证明瑜伽行派是正确的方法，因为它把自我认识为现象的一部分、他者的一部分，这一认识使得东方的方法可以成功。他们曾经能够认识到，一种踪迹形而上学有能力把不在场具体化为延异。③ 这里得出的本质性结论是，对于踪迹的认识预设了一个认识者：

> 正如有关于在场的意识，也有关于不在场的意识，以及关于它们差异的意识；如果德里达的批评并不是任意的，而毋宁是由明见性或明见性的失败所辩护的，那么这种明见性或其失败就必定被呈现给与客观世界、客观知识、客观信念相关的意识……但是这种辩护预设了一个见证-意识的在场，所有的肯定以及否定必定被呈现给这种见证-意识，如果没有这种见证-意识，就没有踪迹作为踪迹被呈交出来。④

三、对自我的充分知觉是充分知觉

人们也许会问：推论如何与知觉区别开来？推论被理解为间接知

---

① 德里达：《论文字学》，第 144–145 页。
② 同上。
③ 格普塔：《Cit：意识——印度哲学要义》，第 175 页。
④ 同上书，第 176 页。

识，就是说，在推论中，对象并没有被现实地知觉到，而是因为某种标记或符号而被承认为是当前的。……被知觉到的火和被推论出的火在下面这一点上是类似的，即在这两种存在中，它们并不与关于它们的各自知识有别；因此这里就并没有出现火是否直接当下存在这个问题。知觉的知识和推论的知识这二者之间的区别是：在这两种情形中，对象始终保持同一，同时我们知道对象的方式却不同。——查特吉（Ashok Kumar Chatterjee）①

在5世纪，距德里达1500年前，无著和世亲说明了通往自我和世界的道路，借此提供出一种乐观主义的现象学。尽管这一现象学未能洞察（penetration）真正超越的他者，未能洞察神圣者的领域和本质，但它确实宣称成功地把我们从任何一种自我瓦解中、从无意义中拯救出来。在瑜伽行派思想内部，自我能够穿越时间持续存在，并且在实在论上被认为在死后还继续存在。在形而上学上，我们的实在之所以有意义是因为关系，即每一部分和诸部分的聚合所拥有的那种与其他部分以及其他聚合的关系。在认识论上，我们通往我们自己的通道，一旦被清除掉错觉，就可以成为通往世界之通道的出发地。

这样，瑜伽行派在认识论上就是乐观主义的，在形而上学上它是成功的（凭借过程形而上学，后者通过一种现象学方法）。通过严格地洞察我们自己的意识，我们可以发现我们是谁，可以知道我们与世界和世界中的其他人的关系。尽管困难，但仍有可能依次消除错误的观点，直至一种关于我们心灵之所是的精致观点最终形成。

最为重要的是，瑜伽行派并不必然堵塞与真正超越者的交往。它并不武断地得出结论说文本（语境）之外一无所有。② 事实上，瑜伽行派现象学的隐含的意义既不禁止一种实体上帝的实存也不禁止一种过程上帝的实存，尽管这一点由于佛教的无神论预设而从未得到言明。

与德里达相反，并且与瑜伽行派严格一致，我们的本能可能并不会欺

---

① A. K. 查特吉（A. K. Chatterjee）：《瑜伽行派观念论》（*The Yogacara Idealism*），第2版，（Varnasi, India: Bhargava Bhushan Press, the Banaras Hindu University Press, 1975），第85页。第1版，1962年。

② 德里达：《论文字学》，第158页。

骗我们。并不存在决定性的理由拒绝我们的装备（康德的范畴）在恰当地起作用时（普兰丁格，Plantinga）所总是设定的外部实在的可能性。在我们的知识理论可以（暂时）承认我们的限度的同时，我们的真理理论可以保持［与世界］相符。对最好的材料予以持续的纯化，并拒绝所能发现的任何不好的材料，这能潜在地产生一幅关于我们自己之本性和世界之本性的尽管昏暗但却精确的图画。

实存、存在和神学（存在神学、否定神学和非神学）

从他们各自加工过的视角内部出发，无论德里达还是瑜伽行派的哲学家都可能已经拒绝了那作为语词"实存"和"存在"之所指物（referent）的绝对、永恒的存在者的概念。但是，在瑜伽行派那里，存在并没有被完全拒绝；它只是被搁置了，在它被肤浅地理解时。反之，那只为证得菩提者（the Awakened）所领会到的真实实体之"总已经在"（"always-already"）的本性①，并没有被剥夺掉形而上学的意味，只是它不像本能知觉到它的那样简单②。实际上，唯一被否定的事情是进入绝对的通道，同时这在哲学上并不排除这样的可能性，即实体完全以不同于我们自己的本性的方式实存。佛教思想的许多学派都独立地认识到某种形式的能量，这种能量具有像实体一样的特征；变化永远被归诸于这种能量，关系性的存在者也是由这种能量构成。③ 然而，在大多数情况下，这种教义是被勉强接受的，并且与关于空的基本教导相冲突。只是在瑜伽行派中，这种教义才得到严格辩护，并且是根本性的。

相反，德里达使用"存在经验"作为否定存在之现实性的手段。他认为"存在"一词的所指物（referent）不再是一个实际的事物，以此方式，它把海德格尔的作为存在的本源概念的 Urwort（原词）与"存在"一词之实际意指的含义区分开来。从中德里达引出真理概念是幻觉这样的结论。真理只是一种没有存在论基础的文字游戏。④ "存在"是一个特殊的语词，只是因为它是最基本的语词范畴的最基本的形式，然而它仍然始终

---

① 悦家丹：《佛教现象学：对于瑜伽行派和成唯识论的一项哲学研究》，第 v 页。
② 同上书，第 297 页，参见第 314 页注释 74。
③ 乔安娜·罗杰斯（Joanna Rogers Macy）：《作为一种佛教教义解释学的系统哲学》（"Systems Philosophy as a Hermeneutic for Buddhist Teachings"），载《东西方哲学》（Philosophy East and West）1976 年第 26 卷第 1 期，第 23 页。
④ 德里达：《论文字学》，第 20 页。

是一个在一语言系统内被把握的概念。它被称为"本源的",是因为它试图在不可还原的单纯性概念中并且不在一种存在论的实在中成为所有其他事物的基础。

如果海德格尔是正确的,亦即在我们能够从事存在论之前,我们必须从事存在者的研究;如果索绪尔是正确的,亦即在〔从事〕存在者的研究之前,我们必须从事语言研究;那么,随之而来的似乎就是德里达也是正确的,亦即在我们从事语言研究之前,我们必须拥有关于所有文字之语境的完备知识,以至于它们的边界清晰可见。我们常常很舒服地跳过这种把我们关于实存的语言与观念(这两类形式)和语词连接在一起的假定或预设。但是在德里达看来,对于诸多疑难的仔细考察摧毁了对存在神学的保证。因此关键并不是追问我们自己、外部世界或上帝是否实存……关键在于去怀疑问题甚至是否能够被富有意义地制订出来。①

结果是,在基督教神学内部,一种对于德里达的恰当理解就具有一种强有力的但却否定性的效果,因为它剥除了在场形而上学的有效性,而基督教神学很大程度上就是建立在在场形而上学之上的。然而,当解构被置于瑜伽行派佛教现象学——它有效地在暗中拒绝并竭力反对否定神学②——之内,它就不一定导向神学和有神论的终结。瑜伽行派给予我们一种更为清晰的自我观,以及一种更为乐观的认识论。它是一个稳固的出发点,是一种自我理解;由之出发,我们可以探索其余的现象与它的界限、它的边界。现象的外部边缘并不必定像德里达认定的那样触及虚无,而是留下了给具有其他本性的事物进行划界的可能性。

打个比方,当我们在黄昏的微光中看一种形状时,我们几乎看不清它。然而,即使是在中午的强光中,我们对该形状的理解仍然是不完全的,因为我们只能知觉它的表面。同样,德里达促使我们注意到超越希腊形而上学界限之外的现象的边缘,从而通过否定就揭示出每一个以及所有的形而上学洞见和思辨的界限。而在瑜伽行派那里,我们则拥有一道甚至更为明亮的光,因为它超出否定之外。③ 它帮助我们观入我们自己内部,

---

① 德里达:《论文字学》,第22页。
② 福谢:《否定、非二元性与语言:以德里达与道元为例》,第544–545页。
③ "因为它超出否定之外"的原文是"because is goes beyond negation"。此句中的 is 怀疑是 it 之误。兹据此改译。——中译注

帮助我们以更强烈的认识论的乐观主义和实在论的信任来观看我们的世界，这种信任是对我们通过运用直接知觉——它伴随着经验和背景知识（例如：语境）——正确地进行知觉的能力的信任。

通过视知觉，我们借助有限的反射光度看到对象。在微光中，光度数较小，图像不清晰。在强光中，光度数较大，图像被描述得更为清楚。然而，即使在最亮的光中，描述也只是片面的，因为只有表面得到描述。在瑜伽行派那里，我们拥有以一种与光度和眼睛之间的相互作用类似的、有限但却积极的描述性的相互作用来观看自我和环境的能力。就此而言，我们不仅能够理解对于其他现象的表面描述，我们甚至还可以超出瑜伽行派，或许能够看到那处于现象和位于其彼岸的事物之间的"表面"，类似一种相位屏障（a phase barrier）！水的容器赋予它所包含的水以形状；以同样的方式，那围住现象的东西也可以把它的某些特征赋予边界本身。保罗·蒂利希（Paul Tillich）——一位神学家——同样着迷于无限（上帝？）与有限的交集，并且把海岸想象为一种恰当的隐喻。作为有限，我们与无限的交集必然也是有限的，然而这是我们可能获得的最好描述，除非我们自己以某种方式变为无限。①

德里达曾经能够认识到现象的界限或边界。他要求对这些边界进行过度的抹擦，以求尽可能地摆脱文本（语境）——那建立在符号之上的大全——的界限。② 然而，他忽视了那可能位于文本之上或之外的东西，而只聚焦于文本。不幸的是，瑜伽行派哲学的奠基者做了同样的事。尽管他们提供了通往局部"他者"的通道，但他们也把他们的目光限制在现象上。人们禁不住好奇，为什么他们都不转换方向。然而，我们立刻认识到，这些哲学家们无法为"转换方向直面边界"所必须承担的预设进行辩护。关涉神圣的自然和真正超越的他者时，这两种哲学都把它们自己限制在否定的辩证法上。

在基督教神学的许多流派——包括得到公认的传统东正教——内部，神学哲学家是从神圣"他者"的存在这个预设开始的。这一神圣"他者"

---

① 借助某种有关的末世论的相切（tangent）——然而这是不太可能的——无限可以被获得而不带有神圣性，这一点是可能的。但是，这种变形必定必然是由一种自身是无限的原因发动的。如此看来，如果现实的无限不是由一种有限过程创造的，那么它们是可以被创造出来的。

② 德里达：《论文字学》，第161-162页。

是文本的作者，是那处于文本之上和之外的包容现象的东西。然而，这一预设绝不能随后被揭示为不可能的或非理性的；否则这会意味着神学的死亡。借助于像德里达的观念那样的后现代观念，基督教神学最近已经被从康德式的界限那里拯救出来了；现在，基督教神学也必须借助于其他手段而在德里达之后幸免于难。① 我相信瑜伽行派具有巨大的潜能做到这一点。作为一种哲学，它通过对意识的详细勘察，总是提高着相符的概率；借此，它拥有把世界和我们自己归还给我们的潜力。

然而，自我通过清除自利的（self-serving）错觉以达到正确结论这一能力本身就成为问题。这个主题在基督教神学内部也在"罪的智能影响"（"the noetic effects of sin"）② 的名下得到热烈讨论。在何种程度上，我们的状况，即疏远于上帝，允许我们实现瑜伽行派的那种净化我们自我图像的指令？不幸的是，作为一种无神论哲学，瑜伽行派传统并不研究超越的援助的可能性，而只是依赖于自我规训。与之对照，在这一点上，基督教传统则注意到一种对于启示礼物的固有需要。相应地，即使是为了成功地分析我们自己的意识，也需要认识论的援助。或许，没有这一点，对于认识我们自利的错觉而言，也就没有独立的标准留下给我们。如果这是真实的，那么相符就只有通过可靠的证明（testimony）才是可能的。

如果我们能够创造的书写文本与我们并没有创造的世界、一个包括意识在内的世界非常相似，那么随之而来的就是，对于那难以相信的复杂、建立在符号基础上的关系网的解释就变成主要的两难，这一两难是关于世界－文本解释学的一种形式。瑜伽行派建议我们把我们的研究限制在我们自己的意识上，因为我们通往意识的通道是直接的。如果胡塞尔是正确的，即：使超越的世界成为内在的最好机会是通过意识；而如果这是——如德里达认为的那样——令人绝望地不可证实，那么，瑜伽行派就通过提供一种把这种不可证实性化约为最低限度的方法论而成功地把这一游戏带到下一关。这一措施与南希·墨菲的建议一致，后者认为：通过持续的认识论的完善，思想观念可以被那些更能从经验上加以证实的思想观念所取

---

① 这一声明记住了最初的后现代尼采所预告的"上帝之死"。"拯救"在这里是从现代主义所提出的认识论的二元论出发得到想象的，对现代主义的接受是作为合理性的必要条件而被给出的。

② "罪的智能影响"（"the noetic effects of sin"）在基督教神学中指人的罪会影响乃至阻碍人的心灵接受上帝的启示。——中译注

代。然而，如果没有可靠的引导，这样一些追求在最好的情况下是一个逐渐增高的概率问题，而在最差的情况下则是沿着错误的方向盲目求索。

当我们努力进行理解时，我们便创造理论。所以，除非我们认识到我们按照造物的模样进行再创造这一本能需要，否则我们就无法理解作为一种造物的我们自己。德里达重复了卢梭对这种同时既要逃避我们的自然本性又要恢复这种本性的冲动的认识。① 基督教神学通过认识人性的未完成状态而从概念上解决这一冲突。就我们当下实存之未完成的、建基在过程上的本性来说，瑜伽行派代表着有关它的最清楚明白的可能观点；但与此同时，关于一种神圣的、建基在实体之上的实存的可能性问题，瑜伽行派则悬而未决。

鉴于以上种种，上述思想可以当作一种解答。这一解答弄清楚了德里达对现象的解构，弄清楚了瑜伽行派通过诚实的自我认识而实行的局部重构，弄清楚了基督教经文所提供的对于上帝、基督和神-人关系的常常是悖论性的描述，如接下来得到探讨的那样。

神学的一种新（双重）基础

在中世纪基督教神学家们试图弄清一种由更古老的、犹太传统所描述的上帝时，他们利用了希腊哲学及其实体形而上学。今天，在无论东方还是西方的数世纪的发展之后，一种去中心化必然要发生；在这种去中心化中，基督教神学应当质疑它与希腊思想的同盟。或许，瑜伽行派哲学可以被用作神学的形而上学基础，以代替或补充希腊哲学。如果得到恰当地实行，这一做法可以在对基督教传统内的特殊的启示的研究中产生深刻洞见。瑜伽行派是"对意义的最深层次的一组富有洞察力的、环环相扣的洞见"，它可能会呈现出新的视角，会以另外的方式揭示出启示中蕴有的潜在意义。② 如果瑜伽行派是正确的，那么它对于克服有关人是什么和显现背后的世界是什么的那些被欺骗的观念来说，就是根本性的。早期教父们所创建的希腊化的神学版本可能部分地是错误的，并可能在追求通达真正超越的上帝的过程中充当一种障碍。

对于旧问题的新视角

借助一些简短的例子，瑜伽行派现象学作为一种获得关于自我与世界

---

① 德里达：《论文字学》，第197页。
② 基南：《作为神学婢女的佛教瑜伽行派哲学》，第35页。

的形而上学洞见的方法论,可以证明在解决下述张力中是有用的。作为一种起点,瑜伽行派在解脱论上要求在皈依之前和皈依过程中专注于主体的心灵。① 在前定(predestination)与责任之间的古老冲突,可以由瑜伽行派对意识的负面看法加以解决。通过把心灵的转化重新阐述为不动的实体(上帝)与天生可动的过程(自我)之间的一种冲突,如上帝选民这一名称本身——当这一名称被视为一种状态而非一个种族时②——所暗示的那样,瑜伽行派也可以阐明神圣化过程。

在认识论上,瑜伽行派要求对于所有神学模式进行一种具有语境敏感性的评估。"于是,这就是一种解构的策略,这一策略否认并清空所有那些被假定的确保,即人们已经获得了一种一劳永逸的真理。"③ 只要一种一劳永逸的真理的独立实存的可能性得到保留,那么瑜伽行派的上述要求对于基督教神学来说也可以是有用的。

就那关于完全超越者的形而上学来说,瑜伽行派也可以被证明为是有用的。尽管实体形而上学看起来是一种描述上帝的适当手段,但如果它被用来描述三位一体,即既作为人和上帝、又作为人与上帝之关系的基督,它则已经被证明是有点神秘的、悖论性的,甚或是矛盾的。然而传统上鲜有人认识到这是不可解决的。包含实体与自然的语词游戏已经创造出一些命题,它们像建基于希腊之上的关于三位一体的阐述本身那样晦涩难解。瑜伽行派形而上学可以使一种新的解决得以可能,这种解决把基督重新阐述为本质上是关系性的。根据《圣经》,耶稣总是通过他与其他人的关系——根本上是通过与圣父的关系——得到描述。从一种过程观点来看,基督变成一种渠道和窗户,他充当的首要角色是通往其他事物的道路。正如《约翰福音》14:6 所说的,这会使耶稣真正是"道路",而非仅仅一种指示道路的事物。耶稣,会是一种关系而非一种实体。耶稣作为人(man),正像人性(humanity)一样会拥有一种完全在其与他人的关系中构造起来的同一性。④ 这似乎使得那在《新约》中由耶稣做出的并且关于耶稣本人的、以别的方式看有点神秘的陈述变得好理解了。

---

① 基南:《作为神学婢女的佛教瑜伽行派哲学》,第 40–41 页。
② 注意:"以色列"("Israel")这一名字被翻译为"热忱地祈祷"("wrestles with God")。
③ 同上书,第 39 页。
④ 同上书,第 40–41 页。

第三部分 现象学的研究与运用

相应地，人类凭借我们拥有的与他者——在等级上低于我们（与我们的部分分离开）、在我们之中（与我们的共同体共在）、在我们之上（与我们的每时每刻的创造主共在）——的关系而延续下去。如果我们的实在是一种过程实在，那么我们的目标就应当是消除那样一些错觉，即那些阻止我们理解和接受我们的非实体性的错觉，如无著——或许还有德里达——会建议的那样。然而，这意味着这就是唯一的实在？显然，这会是一种不合逻辑的推论。这并不是，并且我会论证这不应当是我们关于终极神圣实在的结论。如果上帝实存（exists），那么肯定不是以我们自己的实存（existence）的方式存在。事实上，"上帝并不实存（exist），他是永恒的"。① 这是瑜伽行派、其他的东方传统以及西方版本的过程神学误入歧途之处。② 在把过程观扩展到三位一体的其他成员（甚至扩展到作为上帝的耶稣）时，我们便立刻偏离所有关于同为上帝的圣父、圣子与圣灵的经文命题。

因为这一点，似乎过程神学——瑜伽行派的别样近亲——必然是对基督教经文宣言的异端性背离。过程神学对上帝采取的做法与瑜伽行派坚持认为的我们对我们自己采取的做法一样。然而我认为，关于实体和永恒本质的希腊式观念是描述神圣实在的最好方法，同时，对于"经由现象得到估量的过程"（process-appraised-through-phenomena）的瑜伽行派式观念则是观看创造和造物的最好方式，也是观看二者之间关系与交往的最好方式，这种关系与交往是以我们的那种通过基督与圣灵而实现出来的关系的形式出现的。

四、结论

当中观学派佛教——大陆哲学的一位意料之外的孪生兄弟——在寻求把哲学终结于空时，它就与德里达很相似。通过采取现象学作为一种研究自我与关于世界的"思辨"的方法论，瑜伽行派成功地前进到这些犬儒式

---

① 索伦·克尔凯郭尔（Søren Kierkegaard）：《哲学片段的结论性的、非科学的后记》（Concluding Unscientific Postscript To Philosophical Fragments），Edited and Translated by Howard V. Hong and Edna H. Hong（Princeton, NJ: Princeton University Press, 1992），332.

② 过程神学初看起来显得是瑜伽行派过程形而上学的近亲。然而，扩展对上帝的过程描述是过程神学的决定性环节。这一步骤并没有为瑜伽行派哲学家们所做出，并且在本文作者看来，这是一个并没有得到保证的步骤。

的死亡终点之外。但是，在它摆脱否定研究的同时，瑜伽行派并没有成功地前进到现象之外。

基督教神学已经利用了希腊形而上学上千年。然而，如果各式各样难以处理的疑难以及解构的最近结论还算是任何指示的话，那么这一联盟也许就并不是最好的可能进路。或许，根据以上的分析与论证，一种新的形而上学理论，或者更好地说，一种合作理论，将会证明是更具建设性的。

第三部分 现象学的研究与运用

经验与范畴表达[①]

[德] 拉斯洛·滕格义[②]

本文只讨论一个问题:"经验的表达究竟如何与它所表达的经验相关联?"可以说,《逻辑研究》的"第六研究"是围绕这个问题展开的。胡塞尔给了一个貌似合理的回答,假定经验与表达之间有一种"对应性"(parallelism,即"相符",homology)。甚至胡塞尔著名的范畴直观理论,亦可解释为坚持这种假定所做的努力。毫无疑问,这个理论的提出是为了用一种复杂的对应取代简单的——太简单的——对应。然而可以指出,即便经验与表达之间的这种复杂对应也遇到严重的困难。

为了表明这些困难,我将研究现象学范围内(超语言的,extralinguistic)意义(sense)与(语言的,linguistic)含义(meaning)之间的一般关系。我将证明,所有经历的经验都关涉一种流离失所的意义的自发涌现;若从概念上和语言上表达这种经验,必然要回到意义凝固的过程(fixation of sense)。我将更细致地考察经验(在德文词 Erfahrung 而不是 Erlebnis 的意义上)过程,以展现意义成形(sense-formation)与意义凝固(sense-fixation)之间的反差。考察的结论是:凡可冠以经验之名的经验,都使我们面对某种新东西,阻挠我们以前的预期。显而易见,这种意义的经验(Erfahrung)要求一种富有成效的,甚至创造性的表达,这种表达能够改变或丰富现成的、制度化的、凝固的词义。

正是根据这种一般性考察,胡塞尔假定经验与表达之间的对应所遇到

[①] 本文是作者于 2001 年在北京大学举办的"胡塞尔《逻辑研究》发表一百周年国际会议"上提交的会议论文。原译文发表于《中国现象学与哲学评论》特辑《现象学在中国:胡塞尔〈逻辑研究〉发表一百周年国际会议》,上海译文出版社 2003 年版。译文当时曾蒙尚新建教授校对,在此谨致谢意。现收录于本译文集时由译者重新修订。

[②] 拉斯洛·滕格义(Laszlo Tengelyi)(1954—2014),著名哲学家、现象学家,生前为德国乌泊塔尔大学哲学系教授。

的种种困难，便清晰可见了。我们对《逻辑研究》"第六研究"第六章的分析，将更凸显这些困难。然而，我们也将指出，胡塞尔后来如何探究前谓词经验以及该经验的谓词表达，以克服这些困难。

可以说，人们很少反思经验的锐利性（poignancy）。伽达默尔的《真理与方法》有一段著名文字，表明一种狭隘而残缺的经验观如何在西方哲学领域出现，并愈加流行。在亚里士多德主义那里，经验仅仅被视为通往概念普遍性的一种途径，概念的普遍性本身才是理所当然的。在培根的经验主义那里，经验仅仅被当作一个实例，以证实或反驳科学的假说。这两种颇有影响的传统，都把经验解释为一种手段，借此达到欲求的目的——形成普遍概念或发展实验科学。然而，这种目的论的经验概念很成问题。人们或许坚持说，通常的经验乃是人们获得的经验。然而，这层意义上的经验，与事先预设的欲求目的观念没有任何关系，因此，或许应该将经验定义为一种新洞见的发生。

第一个提出这种观点的思想家无疑是黑格尔。伽达默尔受黑格尔启发，却使用胡塞尔的语言，进一步断言，凡可冠以经验之名的经验，"都阻挠某种预期"①。他论证说，经验的出现，正是通过推翻先前的预测，动摇长期形成的观点，反对在它们之上建立起来的计划，因此，经验总是触及痛处；它切中要害，直捣黄龙；换言之，它有一种独特的锐利性。这就是经验为什么就其原本形式——人们获得的经验——而言，是个人亲身经历的经验，这种经验属于个人自身的生活史，并以第一人称单数形式恰当地表达出来。

诚然，并非所有经验都是个人获得的经验。也有共同经验或共享经验之类的东西。"经验"一词不一定表示个人所经历的事件，它同样可以指一种气质（disposition），人们通过学习别人获得的经验而具有这种气质。在"经验表明……"或"经验证明……"之类的固定表述中，"经验"一词并不表示一个过程——甚至不表示一个隐蔽的过程——却暗示一种共同获得的气质。它暗指一种积累的或积淀的经验，可以为我们每一个人共享，即使最初它是由其他人获得的。然而，"经验"的这种气质意义只是次生（派生）意义。它显然以经验的原初意义为前提，原初意义的经验指

---

① H. G. 伽达默尔：《真理与方法》（*Wahrheit und Methode*），J. C. B. Mohr（Paul Siebeck），图宾根，1975年，第4版（1960年，第1版），第330页。

示一个事件或一个过程。当然,两种意义之间的联系很明显:不获取——或曾经获得——经验,便无人可以称作"有经验的",尽管始终保持着对新经验的开放。因此,从前面的讨论中,我们可以得出结论:原初意义的经验是一个事件,并非一种气质,也就是说,它是产生新洞见,阻挠先前预期的事件。

不过,我们千万不要完全忽视经验的气质意义。当我们试图就经验与语言表达的关系分析经验时,除了依赖"我们获得的经验是什么",以及"它如何用语言表达"这类共享的经验外,我们还能指望什么呢?现象学一般可定义为经验("经验"的原初意义)的阐明(elucidation of experience);然而,还应当加上一条:这种阐明为经验本身("经验"的次生意义)所引导——而不是简单地为"经验"一词在语言中如何恰当运用这层意义所引导。

下面的考察将通过一项工作检验这种现象学的概念。我将思考一个相当普遍的问题:"经验的表达如何与它所表达的经验相关联?"为了回答这个问题,首先,我将研究与现象学的(语言的)含义概念相对照的(超语言的)意义概念。其次,我将表明,胡塞尔对经验与表达之间关系的处理面临许多严重的困难。最后,我将提一些建议,讲述现象学如何克服这些困难。

一、经验的意义形成

可以将现象学视为一种努力:在意义中把握实在——甚至将其作为意义加以把握。这里的"意义"一词,表示的不只是语言表达的含义。即使胡塞尔本人,对这个词的使用也已超出语言的领域。他承认,"含义"一词最初只关涉言语(speech)的范围。但是,他认为,扩展该词的含义"几乎是不可避免的",同时也是"认识的重要一步"。① 胡塞尔经常把"意义"一词等同于扩展的含义概念,一些现象学家沿袭了这种用法。

然而,如何界定广义的"意义"?这是一个困难的问题,众说纷纭。

---

① E. 胡塞尔:《纯粹现象学和现象学哲学的观念》(*Ideen zu einer reinen Phänomenologie und phänomenologischen Philosophie*),*Husserliana*,Bd. III/I,hrsg. von K. Schuhmann,M. Nijhoff,Den Haag,1976,第 285 页。英文版:E. Husserl,*Ideas. General Introduction to Pure Phenomenology*,tr. By W. R. Boyce Gibson,London/New York:Collier MacMillan Publishers,1962 年,第 2 版(1931 年,第 1 版),第 319 页。

不过，只要这个问题得不到圆满的回答，广义的意义概念便始终晦暗不明。因此，毫不奇怪，这个问题常常引起怀疑——甚至被当作"世界理性"这一形而上学观念解体的副产品。然而，毋庸置疑，"含义"与"意义"之类的词，通常不仅用于语言表达，而且也用于知觉、行为、连续的事件以及（某些）事物安排。① 因此，澄清这些词的宽泛意义，并确定它与狭义的语言含义之间的关系，似乎是正当的。

广义的"意义"是什么？早期的现象学为我们提供了一个有益的建议。海德格尔，甚至胡塞尔都认为，"意义"的结构一般可以用"某物作为（as）某物"的公式加以表述。他们都凭借这种"作为—结构"（as-structure）界定"意义"。

一个简单的例子证明这个建议是中肯的。我突然看见面前有一张白纸；我可以这样表达这一知觉："我看见面前的一张白纸。"早期的现象学把"作为—结构"赋予所表达的知觉，也赋予它的概念的和语言的表达。正如维特根斯坦可能认为的那样，我可以说，我能把前面的那个对象看作（see as）一张纸，并把它看作白的。"看作……"具体表明了知觉的一种特殊结构。可以断言，胡塞尔早在《逻辑研究》中所说的"知觉意义"（perceptual sense），指的就是这种结构。② 这并非失宜的对应，这一点可由变更法（method of variation）表明，变更法典型地出自胡塞尔。一张白纸在不同的情形下呈现不同的形态。在某些情况下，它显现为纸；在另一些情况下（比如在几何课上），或许显现为一个长方形；或许仅仅算作某种白色的东西；等等。在所有这些情形中，那种一般的方面始终保持同一；正如人们所说，只有它的意义发生变化。

还可以补充一点：超语言意义的"作为—结构"本身必然包含着差异（difference）；甚至可以将这种结构描述为一种差异结构（differential structure）。海德格尔经常采用的德语表达形式"某物作为某物"（Etwas also Etwas），被列维纳斯（Lévinas）习惯性地译为法语的"这个作为那个"

---

① 参见 M. Richir《现象学的沉思》（*Méditations phénoménologiques*），Million，Grenoble，1992，第231页。

② 胡塞尔：《逻辑研究》（*Logische Untersuchungen*），Tübingen：M. Niemeyer，1980，Bd. II/2，第170页；英文版：E. Husserl, *Logical Investigations*, tr. by J. N. Findlay: Routledge & Kegan Paul, London/Henley-Humanities Press，New Jersey，vol. II，第807页。

(ceci en tant que cela)，① 绝非出于偶然。只要某物显现为某物，实际上总是显现为他物："这个"作为"那个"。然而，这种差异暗指一个绝非任意的他异（alterity）。尽管"这个"不同于"那个"，但是严格地说，它们共属一体。否则，就不能确定"这个"即是"那个"，甚至不能将其看作"那个"。用多少有点儿悖谬的方式说，小品词"作为"表达了两个不同事物的同一性——或者，表达了两个彼此同一的事物的差异。如何说明这种差异的同一过程呢？

最简单的方式，似乎莫过于运用纯粹概念的辩证法，凭借"相同"（sameness）与"他异"（alterity），或"同一"（identity）与"差异"（difference）之类的概念，说明意义的"作为—结构"中"这个"与"那个"的关系。这确实是从日常事例通往传统形而上学的一条捷径。马凯（J.-F. Marquet）正确地指出：小词"作为"（as, comme, qua, or inquantum, η）——小品词，有时候，仅由一个音节甚或一个字母组成——本身或许包含了对整个哲学的全面阐述，因为它指出那个"居有"事件（*event of "appropriation"*）（在海德格尔的 Ereignis 的意义上）。② 这个论断并非一句单纯的妙语。这种意义的"居有"事件，就是某物成为真正所是之物的过程。按照这种理解，"作为"一词引发了传统哲学的最深刻的努力：它让我们想起若干思想家的各种尝试，从亚里士多德一直到黑格尔，他们都试图从真正本质上把握个别事物。

当然，现象学不可能遵循这条道路。胡塞尔把自己置于整个形而上学传统的对立面，正是因为他试图寻找一条道路，使他离开判断，离开谓词论述——离开所有思辨的命题辩证法——回到他所谓的"前谓词的经验"。这些历史的议论成为动力，驱使我们在分析意义的作为—结构时求助于经验。

的确，为了给我们的问题提供线索，必须掌握经验的全部锐利性。正是在这里，黑格尔和伽达默尔的经验观念——阻挠先前的预期，产生新的洞见——证明对现象学颇为有益。这种经验观念，很容易与胡塞尔和海德格尔的超语言的意义概念联系在一起，后者是根据"某物作为（其他）

---

① 参见列维纳斯《别于存在或超逾去在》（*Autrement qu' être ou au-delà de l'essence*），Kluwer, Dordrecht/Boston/London, 1990, Édition "Livre de poche"，第 62 页。

② J.-F. 马凯：《个别与事件》（*Singularité et événement*）Million, Grenoble, 1995, 第 75 页。

某物"的差异结构界定的。那个阻挠已预设知识的新洞见,假如不是揭示某物为他物的一个事件或过程,又能是什么呢?这里的"有差异的同一"概念,以适当的方式展示自身;它最终摆脱所有思辨的束缚。这个概念绝非辩证推理的纯粹产物。相反,它表达了经验的一般特征。某物作为他物:这个差异结构就是所谓"经验意义"的结构。

没有人会反对,这种意义可用概念把握,可用语言表达。然而,还有不少人主张,这种概念的和语言的表达,绝不可能囊括经验的全部内涵。因此,考察经验的意义如何与自己概念的和语言的表达相关联,变成为现象学的一个不可回避的任务。

二、经验意义与范畴表达

胡塞尔看到,"表达"这一观念暗示经验的意义与富有含义的表达相对应。然而,假定这种对应有合法依据吗?为了确定这一点,我们必须请教《逻辑研究》的"第六研究",胡塞尔在那里考察这样一个问题:能否将表达看作知觉的"图像般对应物"(image-like counterpart),或者更确切地说,看作所知觉者(percept)的"图像般对应物"。① 他得出下边的结论:

> 对于表达的含义与所表达的直观之间形成的关系,根本无法用某种程度的图像般的表达观念加以描述。②

每一个有结构、有关联的表达——比如像"白纸"等——正如胡塞尔表明的那样,都包含一种"含义的多余"(surplus of meaning),始终远远超出相应知觉的内容。③ 这种含义的多余源于这样一个事实:每一个不同于专名的表达,都包含了"是""不是""一个""这个""和""或者""如果""那么""所有""没有""某物""无物"、量词、数的规定之类的范畴形式。④ 在这里,胡塞尔似乎拒绝假定概念的含义与知觉的意义之

---

① 胡塞尔:《逻辑研究》,德文版,vol. II/2,第129页;英文版,vol. II/2,第774页。
② 同上书,德文版,第134页;英文版,第778页。
③ 同上书,德文版,第131页;英文版,第775页。
④ 胡塞尔:《逻辑研究》,德文版,第138页及以下;英文版,第781页及以下。

间相对应。

然而，一切都随问题发生变化：这些范畴形式，究竟只有空洞的含义，或者本身亦在知觉和想象中获得充实。乍一看，这个问题似乎古怪。难道真有与"是""和""或者"之类的范畴形式相对应的充实性直观，就像与"纸""白"这些含义的每一质料因素相对应的充实性直观？无论看起来多么奇怪，胡塞尔相信，所有范畴形式的特征都是"充实功能的本质同一性"①。这个概念可为事实证明："是"与"或者"，以及其他范畴形式，某种意义上显然都被感知，被直观，或者被经验。我能看见面前这张白纸，假如这是真的，那么，我能看见这张白纸是白的，必然也是真的。我能看见这张纸是白的和这张桌子是棕色的所依据的那个陈述，同样是正确的。我们甚至还能在这样的句子中使用小品词"或者"。比如"我能看见一只乌鸦或者一只渡鸦刚刚飞起来"这一论断，就是正确的。我们通过这些例子得出一个结论：空洞的意指、富于想象的再现与直观的自我体现之间的区别，不仅适用于含义的质料因素，同样适用于范畴形式。胡塞尔为这种考察所激励，区分了感性知觉与范畴知觉（或者，更一般地说，区分了感性直观与范畴直观）。

"范畴知觉"一词指一种意向行为，它以感性知觉为基础，不仅能够充实含义的质料因素，而且能够充实它的范畴形式。范畴知觉的一个最简单事例，是对一个事态（比如："我能看见这张纸是白的。"）的感知，而这种事态的感知，据胡塞尔说，必然以感知一个可感对象为基础（"我能看见这张白纸。"）。感性知觉和范畴知觉之间的这种区分，允许胡塞尔重新思考和重新表述知觉意义与概念含义之间的对应问题。正如胡塞尔所说：

> 我们的对应可以重新设定，它不再是表达的含义意向和与其相应的单纯感知之间的对应，而是含义意向与那些奠基于感知之中的行为之间的对应。②

---

① 同上书，德文版，第142页；英文版，第784页。
② 胡塞尔：《逻辑研究》，德文版，第132页；英文版，vol. II/2，第776页。（中译文参见《逻辑研究》第二卷，倪梁康译，商务印书馆2015年版，第1012页。译文有改动。——中译注）

至此，文本是明确的。然而，进一步的细致考察将表明，这个貌似一贯的概念并非无懈可击。疑问在于，感性事物与范畴事物之间，能否画一条泾渭分明的界限。

我们倘若仔细考察一下感知可感对象（比如我面前的这张白纸）与感知相应事态（比如这张纸是白的这一事实）之间的差异，就能看到一点。胡塞尔说：

> 这张纸被认做白的，或者毋宁说，被认做白色的东西，只要我们在表达所感知者时说"白纸"。"白"这个词的意向只是局部地与显现对象的颜色因素相合，含义中还存有一个多余、一个形式，它在显现之中没有找到任何东西来证实自身。白纸，就是那张是白色的纸。①

然而，我们得知，这同样适用于名词"纸"。胡塞尔补充说：

> 只是那些在纸的"概念"中联合在一起的诸特性含义才在感知之中得到确定；即使是在这里，这整个对象也被认识为纸，在这里也有一个包含着"是"的补充形式，尽管它不是惟一的形式。②

按照这个陈述，即便对可感对象（如我面前的这张纸）的"直接"感知，也展现一种作为—结构。另外，据胡塞尔说，它还包含一个范畴形式，这个范畴形式不仅自身包括是（being），而且——好像可以解释那个神秘的短语："尽管它不是惟一的形式"——包括了每一个普通名词（诸如"纸"）的概念的和一般的特征的形式。

这就是胡塞尔自问的原因：

> 如此一来，只要感性直观构造对象性的形式，它不也就会具有一

---

① 同上书，德文版，第131页；英文版，第775页。（中译文参见《逻辑研究》第二卷，倪梁康译，第1011页。译文有改动。——中译注）
② 同上。（中译文参见《逻辑研究》第二卷，倪梁康译，第1012页。译文有改动。——中译注）

第三部分 现象学的研究与运用

个范畴行为的特征了吗?①

对这个问题,胡塞尔似乎给以肯定的回答。然而,将感性知觉解释为范畴行为,模糊了感性事物与范畴事物的界限。诚然,在康德的模式里,可以将感性事物与范畴事物视作统一经验的不可分割的两个环节,这个统一经验就来源于两者的结合(connection),或者,正如康德经常说的,来源于它们两者的综合(synthesis)。不过,胡塞尔用以说明两个因素之间关系的奠基模式,与康德的图式不同。假如感性事物的发生不能独立于范畴事物,他就无法充当范畴事物的基础。这就是"充实功能的本质同一性"的假设之所以导致严重困难的原因,而这个假设却是整个范畴直观学说的基础。

这也证实《逻辑研究》异常丰富:它所包含的一些思考,已经超出该书主导概念的范围。这些思考使概念含义与经验意义之间的对应成为问题。它们说明,我们可以谈论对象的知觉认同,这种认同不一定非得假定范畴行为的形式。因此,它们不仅鼓励我们,甚至驱使我们,把经验意义特有的作为—结构与概念含义所属的作为—结构区分开来。

我所从事的考察都是为了分析一个过程,胡塞尔将其描述为"连续知觉流"或"系列"。② 在"第六研究"中,事态的范畴知觉不仅与一个对象(譬如一张纸)的瞬间感性知觉相对照,而且还与另一种情形相对照,即从所有方面,一步步地考察这一事物。这就是连续知觉的情形。事态的范畴感知有一个特征,显然为每一个连续知觉所共享:在这两种情形中,若干片段的所感知者结合为一个整体。不过,两者间仍有深刻的区别。在事态的范畴知觉里,一个"高阶"对象(即严格的"事态")被构成,反之,在连续的知觉流里,"自身相同"(self-same)的对象始终在场,尽管它的面目不断发生变化。然而,这个对象的"自身相同性"(selfsameness)究竟在于什么?这个问题没有确切的答案,"第六研究"甚至没有明确提出这个问题。尽管如此,胡塞尔仍然清楚地看到,这种自身相同性

---

① 胡塞尔:《逻辑研究》,德文版,vol. II/2,第 180 页;英文版,vol. II/2,第 815 页。(中译文参见《逻辑研究》第二卷,倪梁康译,第 1062 页。译文有改动。——中译注)
② 同上书,德文版,第 148 页及以下;英文版,第 789 页及以下。

· 217 ·

并非"被当作客观的"① 同一性（identity）；他强调，这里"进行了认同（identification），但却没有同一性被意指"②。然而，胡塞尔似乎并没有从这些观察中得出什么结论。

事实上，这些观察使我们有权利说：一个连续知觉系列的对象自身相同，原因在于一种认同，他并不包含任何范畴形式，甚至不以任何范畴形式为前提。应该承认，这个结论几乎无法与胡塞尔那种错综复杂的论述相协调，我上文引证他的论述，说明"纸"之类的名词常常用来表达感性知觉的情形。我们或许同意这样一种说法，根据这种说法，"在这里，整个对象也被认作纸。"不仅范畴直观，而且直接的感性知觉都展现了作为—结构，否认这一点就等于重新堕入现象学无法接受的经验主义。然而，面对这种作为—结构，就说"这里也有一个补充形式，它包含着是（being），尽管它不是唯一的形式"，却是没有根据的推论。这是该论证中的非法跳跃，因为仍然需要进一步考察，直接的感性知觉所特有的作为—结构，是否与范畴知觉的作为—结构特征同一，或者至少相似。如果我们表明，对象的自身相同性并非被当作客观的同一性，那么，上边假设的那种同一，甚至相似，便十分可疑了。因为这种自身相同绝不意味着对象的概念认同。

以上考察使我们得出两个主要结论。第一个结论涉及连续的感性知觉所特有的作为—结构与范畴知觉的作为—结构特征之间的区别。在连续的知觉流中，那个面目不断变化、本身却保持"自身相同"的东西，不能被看作有明确规定、有固定概念的对象；它毋宁是一个正在创造中的对象（object-in-the-making），一个仍然等待概念认同的对象。因此，连续的感性知觉所特有的作为—结构，以变动性（mobility）为标志，这正是范畴知觉完全没有的。反之，正是通过范畴行为——它所表达的方式，与表述语言含义的方式相同——固定不变的作为—结构才得以出现。

第二个结论涉及连续知觉所特有的自身相同与源于概念认同的同一性之间的差异。可以认为，这种差异使我们有理由将经验意义的准范畴与概念含义的范畴加以区分。对连续知觉系列的考察证明，经验的同一可以说

---

① 胡塞尔：《逻辑研究》，德文版，vol. II/2，第 150 页；英文版，vol. II/2，第 791 页。

② 同上书，德文版，第 150 页；英文版，第 790 页。（中译文参见《逻辑研究》第二卷，倪梁康译，第 1031 页。——中译注）

是准范畴的一种。然而，它的确不是唯一的。在《差异与重复》中，德勒兹（Gilles Deleuze）设想了一种差异概念，它并非等同于纯粹的概念差异。他补充说，康德的不一致的对应物就是这种差异的实例。① 这里暗指的差异是直观给予的，无需概念的把握，这种暗示鼓励我们提出一种经验差异的概念，与概念差异相对立，以此说明经验意义所特有的他异性（alterity）。我们可以说，凡某物突然作为另一物出现的地方，或者说，凡"这个"出乎意料地显现为"那个"的地方，就可以遇到经验的差异。

---

① 吉尔·德勒兹：《差异与重复》（*Différence et répétition*），PUF.，巴黎，1968 年，第 39 页及以下；另参见第 23 页。

第四部分

古典学

王弼对儒家政治和伦理的道家式奠基①

[瑞士] 耿 宁②

在西方的中国哲学史写法中,汉代灭亡之后的那一百年的哲学主流被称为"新道家"(冯友兰/卜德[Derk Bodde]、陈荣捷)。而在中国人自己那里,它则被叫作魏晋玄学(魏晋时期关于玄秘[Geheimnis]③的学说),其中的玄(秘密,幽黑)④字一方面与《道德经》的文本相关,尤其与其第一章的最后一句有关,但是它也与所谓三玄——即《易经》(《变化之书》)、《道德经》与《庄子》——相关。中国的哲学史家们认为,这一哲学思潮尤其是它的两个最重要的代表王弼(226—249)和郭象(252—312)在中国思想史上占有一决定性地位,它被视作一个转折点:汤用彤在它那里看到了从汉代的宇宙论思想或宇宙起源论思想向后期中国哲学的本体论思想或形而上学思想的转折。⑤ 他和王弼著作的编者楼宇烈都把这一哲学思潮视为"宋明理学"(关于原则的学说)的真正开端,后者在西方是作为新儒学而广为人知的。⑥ 陈荣捷、钱穆以及其他一些人也

---

① 本文原文为德文"Wang Bis daoistische Begründung der konfuzianischen Politik und Ethik",原载于 *Asiatische Studien* 44/45(1990/1991),S. 77-106,中译文原收入耿宁《心的现象——耿宁心性现象学研究文集》,倪梁康编,倪梁康、张庆熊、王庆节等译,商务印书馆2012年版,第235-260页。——中译注

② 耿宁(Iso Kern, 1937—),瑞士现象学家、汉学家。

③ 方括号[ ]里的德文为中译文的德文原文,译者标出以供参考;方括号里的中文为译者补充的文字。——中译注

④ 圆括号( )里的文字为文中原来就有的内容:它们有的是作者给出的对括号前的中文拼音文字的德语翻译,其中反映了作者对相应中文的理解,译者一般也会用现代汉语将之译出,以反映作者对相应中文的理解。还有就是作者给出的解释性文字。下不一一说明。——中译注

⑤ 参见《魏晋玄学流别略论》《王弼之〈周易〉〈论语〉新义》,载《汤用彤学术论文集》,中华书局1983年版,第233、264-265页;以及《汉魏学术变迁与魏晋玄学的产生》(汤一介整理发表),载《中国哲学史研究》1983年第3期,第40-41页。

⑥ 参见前引的汤用彤遗稿《汉魏学术变迁与魏晋玄学的产生》,载《中国哲学史研究》1983年第3期,第36页;参见楼宇烈为他的《王弼集校释》(中华书局1980年版)撰写的"前言"。

把中国哲学思考的一些基本概念如"至高的原则"(至理)或"体－用"(实体－功用)追溯到王弼那里。①

下面我想尝试着表明,王弼以哪些方式已经把儒家和道家结合在一起了。在《三国志》关于他的简短传记(《三国志》卷二十八,附在《钟会传》里)中,作为其突出特征而被提及的,就是他把儒道两家统一在其思想中这个事实。②《世说新语》(5 世纪)中的一则故事表明,王弼对孔子的人格要比对老子或庄子的人格更为尊重。③ 进而我想尝试指出,我们在王弼那里已经可以发现政治学/伦理学与"形而上学"(在一种最终奠基意义上的"形而上学",这种最终奠基回溯到一个绝对的根据)之间的那种固有的统一。对于大部分中国哲学思考来说,尤其是对于宋明乃至我们这个世纪的哲学思考(熊十力、牟宗三)来说,这一统一是标志性的;或者换言之,早在王弼那里,形而上学首先就不是元－物理学(在自然学意义上的"物理学"),而是元政治学和元伦理学。

接下来,我将依据王弼所有保存下来的文本来支持我的观点:依据他的《周易注》和《道德经注》,④ 他的《论语释疑》(辑佚),以及他关于《易经》的主要论文的汇编即《周易略例》,⑤ 还有《老子指略》。此外,我还利用了上面提到的楼宇烈的《王弼集校释》(中华书局 1980 年版,两卷本)。在一定程度上,我还把刚刚提到的《老子指略》作为[王弼思想的]一把钥匙或引线来使用,在我看来,这本书似乎简明扼要地表达了王

---

① 例如参见陈荣捷《作为原则的新儒家的"理"概念的演进》("The Evolution of the Neo-Confucian Concept *Li* as Principle"),载《新儒学论文集》(*Neo-Confucianism Essays*),香港:1969年;以及他为王弼的《老子道德经注》所写的"前言",隆普(Ariane Rump)翻译,夏威夷,1979年。顺便说一下,就"体－用"这对概念而言,我并不相信人们在王弼那里已经可以发现它的实体[Substanz](根本真实)－功用(效用、表现)的含义。在王弼那里,"体"并没有根本真实(本体)的含义,而是有身体、个体的含义。但是王弼的思想,比如他的本－末这对概念,可能也参与规定了体－用那对概念的意义。那对概念原本是来自于佛教文本。

② 这一传记已经由林振述(P. J. Lin)在《王弼注老子道德经》(*A translation of Tao te ching and Wang Pi's Commentary*)中译出,参见《密歇根中国研究文丛》(*Michigan Papers in Chinese Studies*),第 30 卷,1977 年,第 151－155 页。

③ 参见冯友兰、卜德《中国哲学史》(*A History of Chinese Philosophy*),第 2 卷,第 170 页。

④ 林振述(P. J. Lin)的英译本;以及隆普(Ariane Rump)的英译本。

⑤ 贝热隆(Marie-Ina Bergeron)的法译本:《王弼:无的哲学》(*Wang Pi. Philosophie du non-avoir*),台北/巴黎/香港,1986 年,第 145－176 页;英文的部分翻译见冯友兰、卜德《中国哲学史》,第 2 卷,第 180、184 页,以及陈荣捷《中国哲学文献选编》(*A Source Book in Chinese Philosophy*),第 318－319 页。

弼的基本立场。

《老子指略》已为王弼的传记作者何邵在《三国志》中所提及，甚至在唐宋，该文还多次被引用（陆德明在他的《经典释文》中也曾引用过）。但是到了宋代末期，它就完全佚失了。在 20 世纪三四十年代，王维诚认为张君房《云笈七签》（北宋时期）第一卷中的一篇文字和《道藏》第 998 册中的一篇文字就是佚失了的《老子指略》，他的研究结果以及对该文的考订于 1951 年在北京发表（《国学季刊》第七卷第三号，第 367—376 页）。楼宇烈 1980 年编辑出版的《王弼集校释》就是根据这个版本。另外很显然，严灵峰在完全独立于王维诚工作的情况下，也于 1956 年在台北把《道藏》中的有关文字确定为王弼的作品（《老子微旨例略》）。看起来，这篇文字所涉及的并不像《周易略例》那样是一个完全统一的文本（尽管无论王维诚还是楼宇烈都把它作为一个统一的文本发表），而是由至少两个相互包含的文本编纂而成，在张君房《云笈七签》中只能找到它的第一个文本。①

一、对儒家道德的解析

在王弼的《老子指略》中，尤其是在它的第二部分，《道德经》的第十九章发挥着核心作用。这一章表明，为了给人民带来一个好的状态，[圣]人必须要放弃"圣"、智、仁、义这些儒家德性，而且也要放弃功与利。《道德经》第十九章对于儒家道德的这种弃绝与《庄子·骈拇第八》至《在宥第十一》（开头）的主旨相当一致，在《胠箧第十》中可以发现一段与《道德经》第十九章几乎完全相同的文本。②《胠箧第十》是这样来为它对道德的弃绝做论证的：强盗，尤其是"大盗"，也就是政治篡权者，也采用"圣人"之德并恰恰因此保住权力。王弼接受了这种对于儒家道德的弃绝，尽管他作为儒者高度评价仁、义等理想。

王弼把道家对于文化的敌视与儒家的文化理想统一在一起，而他之所以能这样做，是通过下面这个首先让人感到悖谬的理解，即人们要想实现

---

① 第一个文本包含 1350 个字，在楼宇烈的版本中截至第 198 页第 2 行。整个文本包括 2552 个字（根据王维诚的统计）。

② 参见《庄子集释》，郭庆藩撰，中华书局 1961 年版，第 353 页；卫礼贤（R. Wilhelm）的德译本，第 112 页。

儒家的文化理想，就必须放弃这种理想："故古人有叹曰：甚矣，何物之难悟也！既知不圣为不圣，未知圣之不圣也；既知不仁为不仁，未知仁之为不仁也。故绝圣而后圣功全，弃仁而后仁德厚。"（《老子指略》，《王弼集校释》，第199页，第10—12行）反过来说，如果人们把儒家道德理想提升到引导性概念（名）或准则的高度，并想直接实现它本身，力求去从事于（为）它，如王弼说的那样，那么它本身就会颠倒，变得"反常"："夫恶强非欲不强也，为强则失强也；绝仁非欲不仁也，为仁则伪成也。有其治而乃乱，保其安而乃危。"（《王弼集校释》第199页，第12—13行）"患俗薄而名兴行、崇仁义，愈致斯伪。"（《王弼集校释》第199页，第6行）

在王弼那里，对于道德上的邪恶的产生有详细的说明，这些说明完全可以被视为是与他对德性之产生的看法相平行的："夫邪之兴也，岂邪者之所为乎？淫之所起也，岂淫者之所造乎？"（《王弼集校释》第198页，第5行）正如一种德性不可以通过它自身（通过依"名"而"为"）而产生出来那样，道德邪恶也不是通过它自身而产生出来的。王弼由此得出，为了摆脱邪恶，人们不应该借助于法令、惩罚和审察来与道德邪恶进行直接斗争："故闲邪在乎存诚，不在善察；息淫在乎去华，不在滋章；绝盗在乎去欲，不在严刑；止讼存乎不尚，不在善听。故不攻其为也，使其无心于为也；不害其欲也，使其无心于欲也。谋之于未兆，为之于未始。"（参见《道德经》第六十四章）（《王弼集校释》第198页，第5—8行）在这背后，仍是《道德经》第五十七章中的一句话："法令滋彰，盗贼多有。"

二、返本（原）：回到道，回到无，回到静

显然，王弼触及的是社会性德性与社会性邪恶的原因。看起来，对于这种原因性，他持有一种完全特殊的理解，一种完全特殊的原因概念。他几乎是把它表达为一个普遍的法则："凡物之所以存，乃反其形；功之所以尅，乃反其名。"①（《王弼集校释》，第197页，第6行）我们必须努力查明这一法则尤其是它的反［Gegensatz/Gegensinn］、形［Form］、名

---

① 这一句的德文为："Das, wodurch die Wesen bestehen, ist im Gegensatz (oder: im Gegensinn) zu ihrer Form; das, wodurch Leistung kraft haben, ist im Gegensatz zu ihren Namen."——中译注

[Name]等概念的严格意义。王弼从《易经》"系辞"（Ⅱ，5）中摘引事例来对这一普遍法则加以说明："夫存者不以存为存，以其不忘亡也；安者不以安为安，以其不忘危也。故保其存者亡，不忘亡者存；安其位（认为很安全）者危，不忘危者安。"举了这些例子之后，王弼又上升到那个普遍的、原则性的层次："善力举秋毫（万物之至轻者），善听闻雷霆；此道之与形[Form]反[Gegensatz]也。"接着，王弼再次回到那些说明性的例子："安者实安，而曰非安之所安；存者实存，而曰非存之所存；侯王实尊，而曰非尊之所为；天地实大，而曰非大之所能；圣功实存，而曰绝圣之所立；仁德实著，而曰弃仁之所存。"（参见《道德经》第十九章）随后王弼再次以一个原则性的命题作结："故使见形而不及道者，莫不忿其（老子的）言焉。"（《王弼集校释》第197页，第6—10行）

根据上述这些说明性的例子，人们也许会产生这样的印象：王弼持一种尤其是表达在阴阳思想中的"辩证法"学说，即事物总是由其各自的相对的对立面产生出来并持存下去。朝着这个方向，我们还可以指出一些来自《道德经》的段落，王弼看起来也采用了它们，比如："贵以贱为本，高以下为基。"（《道德经》第三十九章，王弼在其对《道德经》第三十九章的注中引用了这句，在四十章也引用了）另外，王弼《周易略例》中的"明爻通变"章看起来也强调了相对的对立面对于变化所起的作用。（参见《王弼集校释》，第597页；贝热隆译本，第152页）但是王弼并不对这些相对对立面之间的因果性感兴趣，阴阳学说在他那里并不起积极的作用。当他看起来用相对的对立面说明他的思想的时候，他只是想借此指出，具有确定的形和名的事物并不是出自于它本身，或者说，植根于它所不是之物。《道德经》第七章中的"圣人后其身而身先"对于他来说意味着："身先非先身之所能也"；而他从那一章接下来的"外其身而身存"这一句中则引出如下教益："身存非存身之所为也。"（《王弼集校释》，第199页，第13行）

如同这一节开头所引那段话（《王弼集校释》，第197页，第6—10行）中的那几句原则性的命题所清楚表明的那样，那使王弼感兴趣的对立[Gegensatz/Gegensinn]（反）并不是一种形与它的对立性的形之间的那种对立（反），而是形与道之间的对立（反），或者换言之，是形、名这一方与无形无名者那一方之间的对立（反）。《老子指略》是以下面这句既与自然有关、又与文化成就有关的普遍命题开头的："夫物之所以生，功之所以成,① 必生乎无形,由乎无名。无形无名者,万物之宗也。"对于王弼来说,这种无形无名者无非就是道。《道德经》第五十一章注中的一段话恰好与刚刚提到的那句引文的开头一样,但是接下来在无形无名者那个地方说的却是道:"凡物之所以生,功之所以成,皆有所由。有所由焉,则莫不由乎道也。故推而极之,亦至道也。"(《王弼集校释》,第137页,第2—3行)

有时候,王弼也不说无形无名者或道,而干脆就说无。在他的《论语释疑》里他写道:"道者,无之称也,无不通也,无不由也。况之曰道,寂然无体,不可为象。"(《王弼集校释》,第624页)所以对于王弼来说,"无"也代表着最终的原因:"有之所始,以无为本。将欲全有,必反[zurückkehren]于无也。"(《道德经》第四十章注)

我们在这一句引文中又遇到了反这个词,在这一节的开头我曾用"对立"[Gegensatz/Gegensinn] 来译它,而在这里我则从字面上用"回返"[zurückkehren] 来重述它。这段引文再度表明,王弼自己感兴趣的"对立"[Gegensinn],并不是个别的、相对的对立[Gegensätze],而是反转[Gegenwendung],向无的回‐转[Rück-wendung]。在《道德经》第四十章注的同一段文本中,王弼写道:"有以无为用,此其反[Rückwendung]也。动皆知其所无,则物通矣。故曰(《老子》四十章):'反[Rückwendung]者,道之动也。'"王弼也说"反虚无"。(《老子》第四十八章注)

在王弼的思想中,寂与静也占据着与无形无名者、道、无、空同样的位置。在他对寂与静的论述中,反(回返,对立)这个表达与复——它也被译为"回返"[Rückkehr]——这个表达联系在一起。《复》是《易经》中的一个特别重要的卦的名称,在《道德经》里,复与反和归(也是"回返")一起也发挥着重要作用。此外,王弼也把反和复连接在一起使之成为一个统一的表达:反复。(《老子注》第十六章)王弼并不把寂和静看作是语[Rede] 和动[Bewegung] 的相对对立面,而是视为处在对立性的动和语之上。对于相对的对立来说,他在这个语境中不用反这个表

---

① 此句德文译文为:Das, wodurch die Wesen entstehen und wodurch die Leistungen vollbracht warden...——中译注

达,而是用匹(是一对中的一个,有一个反面)和对(相对而立)。①

在他为《道德经》第二十五章作的注中,王弼写道:"寂寥无形体也。无物'匹[Gegenstück]之',故曰'独立'(自立,不依赖)也。"在他对《易经》《复》卦的注中则写道:"复者,反本之谓也。天地以本(本原)为心(为其中心)者也。② 凡动息则静,静非对(相对的对立)动者也;语息则默,默非对语者也。然则天地虽大,富有万物,雷动风行,运化万变,寂然至无是其本矣。故动息地中,乃天地之心见也。若其以有为心,则异类未获具存矣。"(《复》《象辞》注,《王弼集校释》,第336页第14行—第337页第2行)"故为复,则至于寂然大静。先王则天地而行者也,动复则静,行复则止,事复则无事也。"(《复》《象辞》注,《王弼集校释》,第337页,第4—5行③)在这段论述中,"寂然至无"与"寂然大静"有着完全平行的地位,所以它们确实刻画着同一个"本"。这也是《老子道德经注》的第十六章所要确认的:"以虚(王弼也把虚等同于无)静观其反复。凡有起于虚,动起于静,故万物虽并动作,卒复归于虚静,是物之极笃。"

因此根据王弼,自然事物的原因(Wurzel:本)与文化成就(尤其是政治伦理文化)的原因应当是无形无名者,是道、无、廖和静。但是,在上面引述的那段话中,这个思想在王弼心目中真正意味着什么,对于我们来说仍是相当晦暗不清的。冯友兰在其最新的、仍未完成的《中国哲学史新编》(1982年及以后)中,用普遍与特殊之间的逻辑关系(普遍包含所有的特殊之物、被规定之物,但其自身完全不是<特殊之物、被规定之物>)来解释王弼关于"本"、道、无等这一方面与存在着的自然事物和文化成就那另一方面之间关系的观点,并批评王弼非法地从一种逻辑关系过渡到一种实在的、宇宙论的因果关系。④ 这种解释的片面性是如此明显,它根本没有考虑下述情况,即王弼几乎不是从理论-逻辑问题出发,而毋

---

① 我只知道有一个地方王弼用反来表达一种相对的对立:在《周易略例》的"明爻通变"章,《王弼集校释》,第597页,第6行。另外,这个地方也并不清楚,楼宇烈和贝热隆对它做了不同的解释。

② 参见《老子道德经注》第三十八章:"天地[虽广],以无为心。"

③ 此处原文为3-4行,核对《王弼集校释》,当为4-5行,故改之。——中译注

④ 冯友兰:《中国哲学史新编》第四册,人民出版社1986年版,第51页、53页、54-55页。

宁是从政治-伦理问题、实践问题出发进行思考的。他的"本"[Wurzel]首先不是一种逻辑基础，而是一种实践的原因。所以他在他的《老子道德经注》中这样写道："无形无名者，万物之宗也。虽今古不同，时移俗易，故莫不由乎此以成其治者也。"（《老子道德经注》第十四章，《王弼集校释》，第32页，第7行）"言无者，有之所以为利，皆赖无以为用也。"（《老子道德经注》第十一章，《王弼集校释》，第27页，第4行）我们在王弼那里一再发现这样的说法："以无为用。"（《老子道德经注》第一、十一、三十八、四十章）他写道："上德之人，唯道是用。"（《老子道德经注》第三十八章，《王弼集校释》，第93页，第11行）纯粹从语言上看，他的因果概念一般而言已经具有实践的印记：它之出现大多是为了那样一些事物，这些事物之所以被接受或使用，是为了获得或产生某物："天不以此，则物不生；治不以此，则功不成。"（《老子指略》，《王弼集校释》，第195页，第11行）

虽然王弼总是一再提到宇宙论的事物（天地、万物），但他总是在与政治-伦理事物的对照中提及它们，一如汉代儒学中的常见情形那样。他首先并不是自然的观察者，而是首先对政治和伦理感兴趣（他也并没有退隐山林，而是居于庙堂之上），对于他来说，天地乃从政治-伦理事物出发而被投射出去的政治-伦理事物本身的榜样。在他那里，重要的首先是政治的和伦理的德性或"力量"（德）的原因。借助于一种语词游戏，他把德性（德）解释为获得、得到，而道则是那在德性中所获得者："何以得德？由乎道也。"（《老子道德经注》第三十八章，《编王弼集校释》，第93页，第7行）

如果我们能把王弼关于无形无名者、关于无、关于作为政治伦理之"本"的静的学说置于思想史的语境中——王弼的学说将在与那些其他学说的对照中凸显自身——加以分类和认识，那么对于王弼的学说在他本人那里究竟意味着什么，我们将会有更好的理解。为此，在王弼那里处于核心地位的无形无名者或许是一个有用的指引。

汤用彤在他后期的、部分是身后才发表的著作中指出，在魏初第一个皇帝曹丕（220—227）时期，"形名"[Form und Name]之学曾产生很大影响。当时，这一学说无论是与"法家"的"名实"学说还是与儒家的"正名"学说都处于密切的关联之中。这一学说本来也可以不用"形"这个字而用一个同源字"刑"——它一般被译为"刑罚"[Strafe]——来表示。①［一方面，］汤氏指出，这一学说曾是当时所说的名教的一个重要部分，卜德用"道德与体制"［morals and institutions］来从字面上翻译名教这一名称，并用这一名称来刻画一种形式主义的儒学。② 另一方面，顾立雅（Herlee G. Creel）在许多大约与前面提到的汤氏文章同一时期撰写的论文中指出，刑名是一种政治-管理方法，它可以沿着法家的线索一直追溯到申不害（死于公元前337年）。这一方法的名字据说应当被译为"成就与名称"［Leistung und Titel（per-formance and title）］，它的含义据说与法家传统中用名实（Name und Wirklichkeit）所表示的内容相同。其关键在于，统治者在选择与控制他的官员时用相关的官职名称，也就是用这些官职名称所规定的义务来衡量他们的成就。顾立雅指出，早在公元3世纪，那种方法之名称意义上的刑的含义就已经不再为人所理解，并且被用表示形式的符号（形）来代替。③

很可能，王弼对自然与文化成就之基础是"无形无名"的并因此是"无"这一点的坚持，与"刑名"［Leistung und Titel］这一方法直接或间接有关。虽然在王弼那里，"无形"应当用"没有形式"［ohne Form］而不是"没有成就"［ohne Leistung］来翻译，但这一译法显然是产生于这一表达的语境（比如参见《老子指略》的开头，《王弼集校释》，第195页，第2行以下）。道必须是无形的，因为否则它就不会拥有"能为品物之宗主"的"能"。④ 但是王弼所说的"形"不仅指不同的"自然的形式"（与"凉"相对的"温"，与"宫"相对的"商"），而且可能首先是指不同的实践性的行事形式、社会成就模式，其中包含仁等儒家德性。在王弼那里，形（"形式"）这个词与分这个词密切相关，与分有、区分以及某种不同的社会职能（今天的写法：份）所意指的东西密切相关："有形则有分。"（《老子道德经注》第四十一章）对于王弼来说，"名""形""分"三者紧密相联："形必有（是）所分。"（《老子指略》，《王弼集校

---

① 汤用彤：《汤用彤学术论文集》，中华书局1983年版，第298页。
② 汤用彤：《汉魏学术变迁与魏晋玄学的产生》，载《中国哲学史研究》1983年第3期，第38页。
③ 顾立雅（Herlee G. Creel）：《何谓道家？》（*What is Taoism?*，Chicago and London，1970），第62，71/2，79-91页。
④ 此句若按德文原文翻译则为：……否则它就不会拥有化为所有不同的、对象性的形式的能力。——中译注

释》,第195页,第5行)"名必有(必然关涉)所分。"(同上书,第196页,第2行)王弼强调自然与文化的原因乃是无形无名者,他的这一强调也可以被理解为是对名教的批判,对他那个时代的形式主义的、浸透了法家精神的儒家的批判:政治与伦理的基础不可能简单地是一些固定不变的行事模式;一些单纯作为基础的政治与伦理导致了一些颠倒的关系("伪")。王弼称为名行以及我们前面用"Verhalten gemäss den Namen"[依名而行]来翻译的东西,在当前这个上下文中变得更清楚了。即使王弼赋予静以一种奠基性的角色,这可能也与这里的上下文有关:"本"是各种不同的运动与活动(动)的基础,因此它自己不是动而是静。

或许,在这一论述王弼返回到无的小节的结尾指出下面一点是很适当的:即他并不是想简单地返回到无、返回到无形无名者——并就此完结。毋宁说,他的意思是:这一"无"乃是本,从其中必然生出那些"形"。没有这些形和名,无形无名的道也不可能显示自身,没有它们,道不可能在场(《老子指略》,《王弼集校释》,第195页,第6行)。在我们进一步探讨这一思想之前,我们必须在王弼"本"的观念上再补充一个更进一步的概念:一的概念。

三、无与一

在王弼的哲学思考中,一是非常重要的。这一点提出了下面这个问题:一与道、无是否处在同一个层面上。根据《道德经》第四十二章,它们并不属于同一个层面,因为这一章说:"道生一,一生二……"据此,一并不是最终的根据,而已经是某种派生物。"道"与"一"在中国哲学史上曾获得非常不同的解释,它们的关系也曾得到过不同的说明。这些不同在朱熹(1130—1200)与陆象山(1138—1191)于"鹅湖之会"上关于周敦颐(1017—1073)"太极图说"开头的无极("无限者"[das Grenzenlose]或"极端的无"[das äusserste Nichts],出自《道德经》第二十八章中的一个表达)与太极("最高的界限"[oberste Grenze],"最高的原则"[oberstes Prinzip],不是在《道德经》中出现而是在《易经》"系辞传"中出现的一个表达,并且经常被等同于一)之关系的辩论中也曾起过某种作用。朱熹认为,无极与太极是同一个终极根据的两个方面,而陆象山则认为,无极是不同于太极的道家的"无"。

如果我们阅读王弼对《道德经》第四十二章所作的注,我们首先能获得这样的印象：他把道与一置于不同的层面上。他写道："万物万形，其归一也。何由致一？由于无也。"然而他又继续写道："由无乃一，一可谓无。"① 接着他对此给出了一个论证，这个论证的范本可以在《庄子》中找到："已谓之一，岂得无言乎？有言有一，非二如何？有一有二，遂生乎三。"② 显然，王弼试图（如后来的朱熹那样）把无（道）与一"等同"起来，或者——对于这一思想来说这可能是更恰当的表达——"结合"起来。他还写道："无在于一。"（《老子道德经注》第四十七章）

在王弼的思想中，一所占有的地位与无形无名者或无所占有的地位相同。他在《老子道德经注》第三十九章中写道："一，数之始而物之极也。各是一生，所以为物之主也③。物皆各得此一以成。"根据这段注，各物都是经由此一而得其特殊的"德性"和品格：天得其清，地得其宁，神得其灵，谷得其盈，等等。正如依照王弼其他的文本，仁的德性不是通过仁，而是在向道的回转（反）中、通过对无的使用而获得的那样，在这里，天就不是通过清而是通过一而获得其"德性"清的："用一以致清耳，非用清以清也。……清不能为清，盈不能为盈，皆有其母（它的起源），以存其形。"事物皆有这样的趋势，即疏离这一"母"、一，而抓住其既成之形："既成而舍'一'以居成④，居成则失其母，故皆裂、发、歇、竭、灭、蹶也。……（天）守一则清不失，用清则恐裂也。故为功之母不可舍也。是以（天、地等）皆无用其功，恐丧其本也。"在王弼关于《易经》的主要文本之一《明象》中，一也起着这种根本的作用。⑤

四、实践的根本规则

王弼的基本思想是：人们不可以把"形与名"作为最高规范来遵循，而必须返回到它们的"原因"，返回到道，并运用此道，由此形与名才能

---

① 在楼宇烈的《王弼集校释》中，"一可谓无"这一句后面是问号而非句号。——中译注
② 郭庆藩：《庄子集释》中册，第79页；卫礼贤德译本第46页；沃森（Watson）英译本第43页。
③ 此句根据楼宇烈做了修正，见楼宇烈校释：《王弼集校释》，第107页，校释一。
④ 成［Das Gewordene］应被理解为既成之形（成形）：见《老子道德经注》第三十八章注，《王弼集校释》第95页，第5行。成形这一表达来自《庄子·齐物论第二》。
⑤ 在《周易略例》的《明象》章中，一的概念也是处于核心位置，参阅《王弼集校释》，第591页；陈荣捷译本第318页。

变得"全"与"真"。他的这一基本思想是通过一条实践规则表达出来的，而人们可以一再发现，这一实践规则在他那里总是处于不同的变形之中。此规则有两种基本形式，即：

第一，"崇本以息①末"。（《老子指略》，《王弼集校释》，第196页，第11行；第198页，第3行和第11行）

第二，"崇本以举末"（《老子道德经注》第三十八章），或"守母以存子"（《老子指略》，《王弼集校释》第196页，第11行；《老子道德经注》第三十八章）。王弼在这一双重形式的规则中看到了老子的核心要义。其《老子指略》的第二部分就是以这一规则的第一种形式开始的："老子之书，其几乎可一言而蔽之。噫！崇本息末而已矣。"（《老子指略》，《王弼集校释》，第198页，第3行）他在第二部分中则以下面这段话作结："功不可取，美不可用。故必取其为功之母而已矣。篇（《道德经》第五十二章）云：'既知其子'，而必'复守其母'。寻斯理也，何往而不畅。"（《老子指略》，《王弼集校释》，第199页，第14—15行）

这一规则的两种形式所意指的意思并不相同，但是它们却是以同一种观念为根据。第一种形式有一种批判性的对立表达，王弼很可能用它来刻画儒家-法家的形式主义者的行为，这一对立表达因此说的是人们不应当如何行动："舍本而攻末"（《老子指略》，《王弼集校释》，第198页，第13行），或者"舍本以治末"（《老子道德经注》第五十七章）。在王弼看来，第一种形式的意义及其批判性的对立表达就意味着：人们不应当试图去直接治理和压制任何不好的弊端（末），如错误、纵欲、抢掠等，而是要返回本源（本），这样这些弊端就会自动终止。

这一规则的第二种形式也有一种批判性的对立表达："用其子而弃其母。"（《老子指略》，《王弼集校释》，第196页，第14行）规则的第二种形式——包括其批判性的对立表达——的意义是：人们不应当试图去直接实现任何期待的结果（"末""子"），如儒家的德性，也就是说，不应当试图通过它们自身（通过它们的"名"）产生它们，而应当守护其本，这

---

① 在这一语境中，多义词息的意思是"终止"［aufhören］。在王弼那里，此词在其他的语境中也具有这一含义，比如《周易注》（《王弼集校释》第336页，第14行）、《老子道德经注》第五十七章、《老子指略》（《王弼集校释》，第198页，第6行和第9行）。

样它们就会自动从中出现。①

但是，"守母""崇本"或者"用道""用无"在实践上体现于何处呢？这些表达只有通过它们所唤醒的实践的行事、行事方式和生活方式，才能获得具体的意义。为了把这些抽象表达的意义具体化，所以我们必须翘首以盼王弼用它们所意指的那种行事形式和生活形式。

五、见素朴与寡欲

在《老子指略》中，王弼写道："故见素朴以绝圣智，寡私欲以弃巧利，皆崇本以息末之谓也。"（《老子指略》，《王弼集校释》，第 198 页，第 10—11 行）

"朴"或"素"［das Einfache oder Elementare］在王弼那里与标志着本原之维的一密切相联。这一点已由《道德经》提出，我们可以在《道德经》中发现"抱朴"与"抱一"这些平行的表达（《道德经》第十章与第十九章）。在王弼那里也有两种意义相同的说法："复归于朴"［zum Einfachen zurückkehren］与"复归于一"［zum Einen zurückkehren］（《老子道德经注》第二十八章）。他既用真［das Wahre, Echte］来解释"朴"，又用真来解释"一"："一，人之真也"（《老子道德经注》，第十章），"朴，真也"（《老子道德经注》，第二十八章）。

朴和素这两个词原本分别指未经加工的、未被雕刻过的木料（朴）和未经加工的、未曾着色的丝（素）。第一个词在《道德经》中很常见（第十九、二十八、三十二、三十七、五十七章），第二个词只出现过一次（第十九章）。在其意义被普遍化后，这两个词泛指某种未经人工处理、加工、提炼和精巧化的事物。王弼把这两个词作为同义词使用，并且经常把它们连接在一起组成一个二项式：素朴（《老子道德经注》第三十八章；《老子指略》，《王弼集校释》，第 198 页第 14—15 行），如同它们在今天的口语中也被连接在一起成为一个表达（朴素，较少素朴）一样。我们用"纯一"［einfach］、"纯朴"［schlicht］和"基本"［elementar］来再现这两个词。

素朴在王弼的政治学与伦理学中起着核心作用。这一点尤其清楚地表

---

① 关于这些说法，请参考商聚德在《中国哲学史研究》1985 年第 3 期第 55–57 页上的文章。

现在其《老子指略》的第二部分："故竭圣智以治巧伪，未若见质素以静民欲；兴仁义以敦薄俗，未若抱朴以全笃实。"(《老子指略》，《王弼集校释》，第 198 页，第 8 行)"夫镇之以素朴，则无为而自正；攻之以圣智，则民穷而巧殷。故素朴可抱，而圣智可弃。"(《王弼集校释》，第 198 页，第 14—15 行) 而在其《老子道德经注》中，王弼则写道："守夫素朴，则不顺典制。"(《老子道德经注》第三十八章，《王弼集校释》，第 95 页，第 1 行)

素朴性对于王弼来说究竟意味着什么？他对此做出了如下解释："朴之为物，以无为心也，亦无名。故将得道，莫若守朴。夫智者，可以能臣也；勇者，可以武使也；巧者，可以事役也；力者，可以重任也。朴之为物，憒然（据楼宇烈订正）不偏，近于无有。故曰（《老子》第三十二章）：'莫能臣'也。"(《老子道德经注》，第三十二章)

据此解释，人们有这样的印象：对于王弼来说，素朴与特殊者 [das Spezialisierten] 处于对立之中。这一对立可能起某种作用，因为根据儒家传统，"君子不器"(《论语·为政第二》，章十二)。荀子在这一传统中也写道："农精于田，而不可以为田师；贾精于市，而不可以为市师；工精于器，而不可以为器师。有人也，不能此三技，而可使治三官。曰：精于道者也。精于物者也。精于物者以物物，精于道者兼物物。故君子壹于道，而以赞稽物。"(《荀子·解蔽篇第二十一》) 但毕竟，在王弼关于素朴的观念中并不只可以发现儒家思想。也许，在老子的追随者中，素朴更多地意味着"遗失"了意欲、要求（欲）意义上的片面偏好，而非仅仅意味着从单纯特殊者状态中摆脱出来。这一点在前引王弼《老子道德经注》（第三十二章）的那段引文的后半部分中非常明显。"遗"在那里暗指着《道德经》第二十章："众人皆有余，而我独若遗。"王弼对此注曰："众人无不有怀有志，盈溢胸心，故曰'皆有余'也。我独廓然无为无欲，若遗失之也。"

在《道德经》中，素朴与无欲（很少的欲求，没有欲求）密切相关（参见第十九、三十七、五十七章）。第五十七章中有这样一句："我无欲而民自朴。"王弼对此注曰："我之所欲唯无欲，而民亦无欲而自朴也。"在此段话中说话的是神圣的（理想的）统治者，他通过其自己的无欲促使民众达到素朴的状态。与王弼在注《老子》第三十八章时关于素朴所说的内容（见前文第 235 页）相类似，他在《老子指略》中写道："……绝巧弃利，代以寡欲，盗贼无有。"（《老子指略》，《王弼集校释》，第 199 页，第 8—9 行）素朴与无欲之间的这种密切关联在王弼的一些阐释中是非常清楚的，尤其是在《老子指略》的第二部分。

对于王弼来说，这种无欲意味着什么？或者说，他如何刻画"欲"？他用两样东西来刻画它们：首先，如果欲走向外部，它们就意味着一种由外物导致的诱惑，并由此损害内在的"神"。在这个意义上，它们被刻画为物欲、外物的欲。其次，王弼还通过自私自利、通过欲的利己本性来刻画欲。王弼就此谈到私欲、"利己的、自私的欲求"（《老子指略》，《王弼集校释》，第 198 页，第 9—10 行）。

在第一个特征的意义上，王弼对《道德经》第四十六章的"天下无道，戎马生于郊"这句话给出如下注解："贪欲无厌，不修其内，各求于外，故戎马生于郊也。"对于同章的"天下有道，却走马以粪"则注曰："天下有道，知足知止，无求于外，各修其内而已。"在同样的意义上，他在对第三十二章的注中写道："抱朴无为，不以物累其真，不以欲害其神，则物自宾而道自得也。"

在王弼看来，欲或欲望是"利己的"或"自私的"，因为它们超逾了那对人而言自然适宜的事物："故天下常无欲之时，万物各得其所。"（《老子道德经注》，第三十四章）欲导致纷争（《老子道德经注》，第三十七章）"无欲"是知足，而这种足是由"自然"规定的："若将无欲而足，何求于益？……自然已足，益之则忧。"（《老子道德经注》，第二十章）按照王弼，欲与素朴性相对立，因此欲是人为的需要和野心，它们的要求多于自然的满足。这种自然的满足可能与王弼称为性命的东西有关（参见下文）。

在王弼那里，无欲状态与静相连，我们前面（第二节）已经把静认作是"本"这个维度的特征。这一点是由《道德经》第三十七章提供给他的："无名之朴，夫亦将无欲。不欲以静，天下将自定。"在这个语境中，"静"首先具有一种心理学的含义，它意味着从欲望与欲求的驱动中摆脱出来。[在此意义上]王弼曾说及过"静民欲"（《老子指略》，《王弼集校释》，第 198 页，第 8 行）。

王弼把静与"性命"[Natur-Geschick]、自然的无生命[natürlich Lebenslos]联系起来，就像他在前面的引文中曾把无欲状态与自然的满足、与合乎自然的位置联系在一起一样："归根则静……静则复命……复命则得性命之常。"(《老子道德经注》，第十六章，第36页，第6行）性命（Natur-Geschick, natürliches Lebenslos）这一表达在《道德经》中并没有出现，在《易经》(《乾》卦的《象辞》中）里零星可见，然而它在《庄子》中、更确切地说是在其《骈拇第八》和《在宥第十一》（开头）中尤为重要，也就是说是在那些文化批判性的系列文本中非常重要，我们已经在与《道德经》第十九章（"绝圣……"）——它对王弼来说处于核心位置——的密切关联中讨论过这些文本。① 在《庄子》的这些篇目中，"性命"对立于所有人为的添加因素，后者中首当其冲的就是儒家的仁义之德。在这里，这种人为因素被比作人身上多余的、累赘的畸形物，比如脚趾间的皮肉、手的第六根指头、肿瘤等。

"性命"是常。这一关联已由《道德经》第十六章做好了准备：在那里，命与常紧紧地联系在一起。王弼紧随着《道德经》把对这种常的知称为"明"："常之为物，不偏不彰，无曒昧之状，温凉之象（它处在这些变化无常的对立的彼岸）。故曰（《道德经》第十六章）'知常曰明'也。"(《老子道德经注》，第十六章）在对《道德经》第三十三章所做的注中，王弼也紧随着该章把明理解作自知［Selbsterkenntnis］，并把它置于儒家德性"智"之上："知人者，智而已矣，未若自知者，超智之上也。"(《老子道德经注》第三十三章）这种自知是"于内"得到的："藏明于内，乃得明也。"(《周易注》，《王弼集校释》，第396页）但是，这种明同时是涵盖一切的，不像关于"形名"的知识那样是片面的、有分的："唯此（明）复，乃能包通万物，无所不容。失此以往，则斜入乎分。"(《老子道德经注》，第十六章）

六、无为与自然

我们在前面所引的王弼的引文中已多次遇到无为（nicht machen）这一表达。对于他来说，无为也是实践性的根本规则的一种体现：他在对《道德经》第五十七章的注中写道，无为就像好静、无事、无欲（对那一

---

① 根据哈佛燕京学社《庄子引得》，"性命"这一表达在《庄子》的这两篇中计出现8次，确切地说大多数是在"性命之情"这一组合中出现的，王弼在其《周易注》中，亦即在其对乾卦所作的注的开头用过"性命之情"这一表达。(《王弼集校释》，第213页，第6行）（原文为第2行，兹根据该书中华书局版改。——中译注）

结论的所有表达)一样,是"崇本以息末"。

王弼把"无为"所否定的"为"[Machen]与"伪"[Mache]——人为的、非真实的行动——等量齐观(《老子道德经注》第二章及第三十八章,《王弼集校释》第94页,第14行)。严格地说,"为"之于王弼乃是一种按照特殊的方法和技术——按照术或数——进行的行为。对这些有关为的方法和技术的知乃是智:智是一种"为时之知",它"任术[verlässt sich auf Methoden]以求成,运数[Techniken]以求匿。"(《老子道德经注》,第十章)《韩非子》中申不害的"刑名"(Leistung und Titel,参见上文第二节)方法即是借助于"术"得到刻画;而在申不害本人的残篇中,"数"则代表着这种方法。① 王弼在上面引文中所使用的任术[verlässt sich auf Methoden]这一说法与《吕氏春秋》第十七卷中的一篇——该篇来自申不害学派——的标题相同。② 因此显而易见,王弼"无为"的观念就像他的"实践根本法则"一般一样,是针对"术"与"数"的,后两者在他那个时代构成了名教——形式主义化的、打上了法家印记的儒学(参见上文第二节)——的一个部分。这一点接下来将获得进一步的证实。

根据王弼,这种"为"是某种疏离于自然、疏离于自身如此或自发性的事物。"自然已足,为则败也。"(《老子道德经注》,第二章)在王弼看来,自然与本原联系在一起(《老子指略》,《王弼集校释》,第196页,第6行和第10行),因此"为"是一种从本原、从根本那里分离开的行动,它"舍本以治末"或"用其子而弃其母"。

与之相反,无为对于王弼来说只是"因自然"。我们在他那里一再发现"因而不为"(《老子指略》,《王弼集校释》,第196页,第10行;《老子道德经注》第十、第二十九章)这一表达。他也经常使用在这一语境中与之相当的词顺和从(《老子道德经注》第二十七、第三十七章)来表达因的意思,或者谈到任(sich verlassen auf,《老子道德经注》第十、第三十八章)。他用"应"(回答、相应)来解释这种"因":针对《道德经》第十章中的"天门开阖,能无雌乎?"这一句,王弼如此注曰:"天门,谓天下之所由从也。开阖,治乱之际也。……雌应而不(倡)[唱],因

---

① 顾立雅:《何谓道家?》,第62页,以及第71-72页。
② 显然,"术"与"数"是可相互替换的。参见顾立雅,同上书,第72页。

而不为。言天门开阖能为雌乎？则物自宾而处自安矣。"

人们必须因、应自然（Natürlichen），因、应物之本性（Natur）或本质。物的这种本性或本质与自然、自身如此乃同一回事："万物以自然为性，故可因而不可为也。"（《老子道德经注》第二十九章）"明物之性，因之而已，故（圣人）虽不为，而使之成矣。"（第四十七章）王弼把"自然"规定为"不学而能者"（第六十四章），因此与孟子对原初的、天赋之能（良能）的规定（《孟子》尽心上）完全一样。王弼也谈及"用自然"（第五十七章）① 来代替"因自然"，正如他谈到"用道"一样。他在许多文本中都论述过"因自然而不为"，在他对《道德经》第二十七章和第三十六章的注中尤为详细。在这些注中很清楚，合乎自然的行为与"形名"的方法是对立的；在这些文本中尤其值得注意的是，"形"与"刑"（刑罚［Strafe］，或者——在其古老的、王弼不熟悉的意义上——成就［Leistung］）看起来可以互换，因此王弼的立场与"刑名"这一方法之间的历史联系就变得显而易见："因物之数，不假形也。……因物之性，不以形制物也。……圣人不立形名以检于物，不造进向以殊弃不肖。"（《老子道德经注》第二十七章）"不假刑为大，以除将物也……，唯因物之性，不假刑以理物。"（《老子道德经注》第三十六章）

王弼不仅用因自然来刻画理想的行动方式，而且还用无身或无私和失志来刻画。这两种刻画方式当然密切相关，因为当人们因物之性、服从物之自身如此时，人们由此就放弃了志和自身坚持。与此相反，"为"则通过志和自身执着而得到刻画。"无私者，无为于身也。"（《老子道德经注》第七章）"如惟无身无私乎？自然，然后乃能与天地合德。"（《老子道德经注》第七十七章）合乎自然的行事所具有的无私性这一方面在王弼对《道德经》第三十八章的注中得到了特别详细的阐明："故（圣王）灭其私而无其身，则四海莫不瞻，远近莫不至；殊其己而有其心，则一体不能自全，肌骨（社会的不同组成部分？）不能相容。是以上德之人，唯道是用……不求而得，不为而成，故虽有德而无德名也。下德求而得之，为而成之，则立善（之名）以治物，故德名有焉。求而得之，必有失焉；为而成之，必有败焉。善名生，则有不善应焉。"（《王弼集校释》，第93页，

---

① 查王弼《老子道德经注》（楼宇烈校释，中华书局，2008），第五十七章，并没有出现"用自然"这一说法。——中译注

10—13 行)"舍己任物(之性),则无为而泰。"(同上书,第 95 页,第 1 行)

把无为与因、顺自然连接起来,这看起来是王弼的成就。今天,这种联系对于我们来说非常熟悉,但这可能恰恰只是建立在王弼对中国思想的影响的基础上。无为这一表达的历史与内涵颇为复杂,顾立雅已经指出了它的"法家"渊源:在法家以及儒家(《论语·卫灵公第十五》)传统中,它对统治者的行事进行规范,统治者本身并"不做"具体事务,而是把它们留给臣下们去做。① 在《道德经》中,"无为"主要也是与统治者有关,并且首先具有不介入这种否定的含义。只有在唯一一章中,无为才直接与自身如此(自然)联系在一起,这是在第六十四章的结尾处:"圣人……辅万物之自然,而不敢为。"(王弼在其对《道德经》第二十七章所作的注中专门引用了此句)不过在《道德经》中,"无为"与"自然"之间也存在着一种间接的关联:"无为"由"道"来说明(第三十七章),而"道法自然"(第二十五章)。但在王弼那里颇为常见的"因自然"等表达在《道德经》中却从未出现。

然而这一表达在《庄子》中,尤其是在"内篇"(一至七篇)中却很重要:庖丁在解牛时"因其固然"(《庄子·养生主第三》,见《庄子集释》,郭庆藩撰,北京:中华书局,1961,第 119 页)。理想之人"不以好恶内伤其身,常因自然而不益生也。"(《庄子·德充符第五》,同上书,第 221 页)理想的统治在于:人"顺物自然而无容私焉"(《庄子·应帝王第七》,同上书,第 294 页)。那让孔子震惊地游于巨瀑之下、又让孔子惊讶地从其中行歌而出且毫发未伤的泳者,对孔子说道:"[吾]从水之道而不为私焉。"(《庄子·达生第十九》,同上书,第 657 页)在《庄子》的某些段落中,这种"因自然"的思想处于中心位置,但是这一思想在那里并没有与"无为"(它也常常出现)这个表达连接在一起。毫无疑问,对于我们今天认为是庄子的许多思想,王弼是深信不疑且深受启发的。② 王弼具有历史意义的诸多成就之一,就是把"无为"这一传承下来的表达

---

① 顾理雅,《何谓道家?》,第 48 页及以下各页。
② 因此当王弼在对《道德经》第四十二章做注涉及一的可命名性这一疑难问题时,他引用了《庄子·齐物论第二》(参见前文),而他《周易略例》中的《明象》章则是根据《庄子·天道第十三》(见郭庆藩编《庄子集释》,第 488 页)。

与庄子合乎自然的生活和行动的观念（"因自然"）连接起来，并由此把这一表达从一种原本是消极的、对于统治者来说是确定的口号改造为对积极的行动和行事之普遍有效的方式的刻画。借着这种积极的内涵，这一表达可能也注定在宣扬要在社会上采取积极行动的儒家那里获得一个意义深远的未来。

七、结语

引导王弼思想的原初明察可能是：那对于政治与伦理来说并不确定的"形名"，不能像他那个时代的形式主义的儒家即名教所教导的那样，是固定的行事范本和最高原则的概念，毋宁说，伦理与政治需要一种原初基础。这样一种明察或许尤其是从他那个时代的下述经验得到的，即：这样一些"形名"遭到了滥用，并且可以服务于某种纯粹的"伪"，正如甚至直到今日那些最卑鄙的政治统治者仍惯于用最美好的道德名目来装扮自己一样。进而，在他那里这一明察也与下述思想密切相关："形名"总是部分的（分），单独它自己总是导致片面性（偏），不能使任何事物和社会保持"全"（参见前文）。"夫执一家之量者，不能全家；执一国之量者，不能成国。"（《老子道德经注》第四章）最终，下面这种经验也可能对这一明察有所贡献：毫不掩饰地着意追求道德观念的实现，将导致紧张、失败和伪善。所以王弼在追随老子和庄子的过程中试图回溯到伦理与政治之某种更深的、比"形名"更深地存在着的"本"：回溯到道、无、一、静等，物之本性即扎根于它们之中。伦理-政治行动必须"因顺"那源自这种本原的自发性，也只需"回应"这种自发性。

如果王弼只是教导我们要回溯到这种本原，那么人们可能就会径直把他归于道家。然而他毕竟没有完全拒绝儒家的"形名"，而只是就其脱离于本原、就其独立化和绝对化而言才拒绝它们。在他那里有几处强调了"形名"的积极价值（比如《老子指略》，《王弼集校释》，第195页，第6行；第199页，第1—4行）。他关于"本"与"形名"之关系的看法在其对《道德经》第三十八章所作注的结尾处清楚地表达了出来，这条注极其重要，如《老子指略》一样包含了对其学说的某种总括。此处说："仁德之厚，非用仁之所能也；行义之正，非用义之所成也；礼敬之清，非用礼之所济也。载之（仁等）以道，统之以母，故显之而无所尚，彰之而无所竞。用乎无名，故名以笃焉；用夫无形，故形以成焉。守母以存其子，崇本以举其末,则形名俱有而邪不生,大美配天而华不作。故母不可远,本不可失。仁义,母之所生,非可以为母。形器,匠之所成,非可以为匠也。舍其母而用其子,弃其本而适其末,名则有所分,形则有所止。虽极其大,必有不周。"(《老子道德经注》第三十八章,《王弼集校释》,第95页,第6—10行)

  王弼的这一立场很可能对中国的哲学活动产生了很大影响,尤其是对宋明时期的所谓新儒家。这一点可由下述情况表明:他试图通过一种形而上学的本原,通过一种"至理"①,通过"性",等等,来为儒家的价值和规范奠基。在汉代以后的儒家思想中,相对于荀子以及那些与"法家"接近的倾向而言,孟子明显占了上风。这一点除去要归因于佛教的佛性论影响之外,肯定也要归功于王弼思想的影响。因为,他关于伦理-政治行动(这种行动是与本原相关的、合乎自然的行事的行动)的观念,正指示着孟子的这一方向:即通过人性来为政治与伦理奠基。

---

  ① 这一对于朱熹(1130—1200)来说根本性的概念出现在王弼的《老子指略》中,见《王弼集校释》,第197页,第4–5行。王弼也知道那个对于朱熹来说同样是根本性的表达"所以然之理",见《王弼集校释》,第216页,第6行。

论柏拉图的《蒂迈欧》及其科学虚构[①]

[美] 伯纳德特[②]

（17a1 - b4）。苏格拉底大声数着，装出一副有点可笑的样子（参见《理想国》522c5 - d9）。他并没有说："你们有三个人；但应当有四个。"也没有说："我们都在这里，除去某某。蒂迈欧（Timaeus），那个某某在哪里？"。（参见《厄庇诺米斯》[*Epin.*] 973a1 - 2,《法义》[*Legs.*] 654d6）苏格拉底是通过清点人数发现少了第四个人的，似乎他知道应当有四个但却不知道他们中缺了哪一个。他说话的口气好像他只熟悉蒂迈欧、赫墨克拉底（Hermocrates）和克里蒂亚（Critias），第四个是个匿名的人。"第四"是一个序数，一个完成一个整体并将之构成一个序列的数。[③] 其他人中的每一个都是无关紧要的，而那缺席的第四个由于其缺席而成了与众不同的。只是由于他缺席，他才成了那个［完成一个序列的］完成者。尽管他属于昨天的客人和今天的东主（参见《理想国》345c5, 421b3），他也与苏格拉底一道属于"我们"。因此，由于他减少了今天东主们的数量，他就使得苏格拉底成了第四个聚会成员。苏格拉底并没有数他自己，因为他并不是在数聚会的成员。他是一个跟其他人不一样的人，但是因此，其他人才是相互联系的。他数而没有被数。似乎，政治哲学是哲学的一部分，同时又仍与宇宙论相分离。

此三人必须由他们自己来完成苏格拉底前一天安排给他们四个人的任务，如此才公正。他们不能等到那缺席的第四者从病中康复。无论这会使

[①] 本文原题为"On Plato's timaeus and Timaeus' science fiction"，载于 *Interpretation*，volume 2/1, summer 1971, Martinus nijhoff, the hague, pp. 21 - 63. 中译文原载于《鸿蒙中的歌声：柏拉图〈蒂迈欧〉疏证》，徐戬选编，朱刚、黄薇薇等译，华东师范大学出版社 2008 年版。收入此文集时有修订。——中译注

[②] 伯纳德特（Seth Benardete）（1930—2001），美国古典学家和哲学家。

[③] 参见本维尼斯特（E. Benveniste）《施动者之名与行动之名》（*Noms d'agent et noms d'action*），在 I - E，第 144 - 168 页。

他们完成苏格拉底的指令多么力不从心，这都不能成为他们的借口。（参见20c5-6）情况的变化并没有减轻他们要回报所欠这一义务。有四种可能的情形：缺席的第四者或者毫无影响，或者没有值得一提的影响，或者影响到他们不能完满地完成他们答应做的事，或者竟然使事情完全不同。除非苏格拉底是不公正的，蒂迈欧是愚蠢的，而且会无视于他自己和另外两人的无能，否则那缺席的第四者就不能使事情完全不同；而如果他毫无影响或没有值得一提的影响，那么苏格拉底就必定会被责以愚蠢，因为他问了一个将不会影响他的东主们完成他们共同任务的问题，如果他们对这个问题的回答是："他稍后就来，苏格拉底，我们要等他。"于是，蒂迈欧以及另外两人就不会完满地履行［他们的职责］。（参见27b7）他们的公正表现于缺失这一要素中。它首先表现在这样一句多少有点荒唐的话中，这句话对多数（multiplicity）——一、二、三——与序列（rank）进行区分；但是序列本身只是由于缺席才显现（因此它是偶然的和低级的序列）。

（17b5-6）。苏格拉底的指令原本是限于让他们把最好的城邦置于运动之中，然而这一点并没有被严格地遵从。其他人把城邦扩展到将可见的整体与人的产生都包括进来。显然，苏格拉底期待的是他们四个人之间的会话，此会话本来会告诉他，他的城邦在战时所要采取的行动和承担的重要使命。他们已经同意这么做了。但是，一个处于运动中的想象的城邦将如何与一个处于静止中的想象的城邦区别开呢？一旦处于运动中，城邦就会衰败，因此，除非想象的运动是可能的，否则它就不再会是想象的。想象的运动是可能的吗？想象的运动难道不恰恰是苏格拉底在《理想国》中使之成为第三而后成为第四门数学学科的那门科学的主题吗？而只要立体数学还没有被制定出来，这样一门科学难道不就是不可能的吗？（《理想国》528b4-5）于是人们开始想知道，是否这两门科学的不可实现使得蒂迈欧的言辞成为必然的，以及在更少的程度上使克里蒂亚的言辞成为必然。

（17b7-c5）。蒂迈欧说话的方式表明，他要说的话似乎并没有完全准备好；或者至少他可以在进行中随时修正以使之与苏格拉底的指示更严格地相符。他最初说的意思似乎表明，苏格拉底在后面会有机会提醒他们忘记了的事情。然而苏格拉底的指示并不复杂。蒂迈欧会忘记其中什么呢？或许蒂迈欧是想寻找一条途径来告诉苏格拉底计划已经有变；但是这种变化最终是属于《理想国》的特点。如果最好的城邦确切地说是不可能的，那么运动中的最好的城邦也同样是不可能的；而蒂迈欧与其他人之间的讨论就必定是关涉他们如何理解苏格拉底的要求。既然克里蒂亚的故事并不完全满足这个要求，他们现在就需要苏格拉底赞同他们的解释；而这种赞同只有在他重述一遍《理想国》之后才能发生，如此才能证实他们是否正确地理解了他。于是他们就期待苏格拉底的概述能用言语给他们提供一个可被置于运动中的城邦。无论如何，他的概述省略了哲学王的统治和那些需要用来教化他们的、仍未被发现的科学。

三个前苏格拉底哲人（对于他们来说不存在政治哲学）已按他们自己的口味找到了苏格拉底关于最好政制的说明。在何种程度上他们把最好的政制理解为理解的工具，即使它被置于运动中也仍保持为理解的工具？他们对于最好政制的"观念论"的理解也如苏格拉底或格劳孔（Glaucon）那样理解吗？蒂迈欧和克里蒂亚的言辞就是对这些问题的回答。

（17c6－19b2）。苏格拉底的概述分为七部分：（1）城邦未来的卫士与其他人的区分；（2）卫士的本性（nature）和教育；（3）财产的公有；（4）性别的平等；（5）女人和孩子的公有；（6）婚姻的安排；（7）决定阶级变化的安排。苏格拉底的概述是有技巧的，因为在概述中他间接提及了《理想国》提出的所有主要困难。苏格拉底绝没有使蒂迈欧及其他人的任务变得容易，相反他在他们前面的道路上设置了与之前相同的障碍。尽管他们现在是三个人，他也没有使他们保持公正这一任务轻松分毫。他任凭此任务处于不清晰之中，比如是否卫士有一种技艺；因为有鉴于在工匠阶层中每个人所有的技艺是与他的本性相符的，那么在卫士这里，他们的本性是一回事而他们的教育则是另一回事；因为他们的教育包括了三种技艺：以严酷为目的的体育、以温和为目的的音乐，以及作为他们固有才能的辩论术（polemics）。如此，苏格拉底就指出了《理想国》中的根本困难：建立在技艺基础上的城邦的结构并不与其建立在灵魂基础上的结构相一致。他也同时指出了高贵的谎言的高贵性与虚假性：卫士对于生来是其朋友的邦民们温和，而在战争中对于那些生来不是其敌人的敌人则严酷。至于野蛮人，苏格拉底则保持沉默，他们生来是希腊人的敌人（《理想国》470c5－d2）。因此他暗示，他已经向格劳孔让步，以满足格劳孔的好战气质。由于把卫士们的温和的原因归于他们的哲学本性，苏格拉底就纠正了他先前的说明，在那里哲学的本性既是温和的原因也是严酷的原因。（《理想国》376a5－b1）而即使在那时，苏格拉底也一任下述问题悬而未决：即是否血气（spiritedness）必须要去补充哲学本性。（《理想国》376b11 – c5）但是如果"哲学"能产生双重气质，哲学的血气就将是可能的；然而尽管苏格拉底可能是玩笑般地建议这样一种可能性，蒂迈欧似乎仍是予以严肃对待。（87e6 – 88a7）他看起来把色拉绪马霍斯（Thrasymachus）针对苏格拉底和珀勒马科斯（Polemarchus）的最初的愤怒当作了真正的愤怒。（参见《斐德若》267c7 – d1）就他所有关于影像与模仿的谈论来看，蒂迈欧似乎对佯装一无所知。

卫士应当相信——无论其真实性——他们没有私有财产，没有什么能被称为——即便事实上是——他们自己的。公有制建立在一系列"似乎"的基础上；它建立在伪称"是"（to be）与"像"（to be like）是一回事的基础上（参见《理想国》463c5 – 7）；如此等同若被置于运动之中，会导致"变成"（to become）与"变成像"（to become like）是一回事。这样一种相等似乎与"理念"学说一致：凡是成为某物的东西都只能与它所分有的任一某物相像。因此，最好的城邦建立其上的那个基础从哲学上看就是虚假的，无论它在政治上可能多么有效；而当这个基础被置于运动中时它在哲学上就可能是真的，而无需它在政治上变得更为有效。苏格拉底的运动中的城邦并没有借由其运动而在真理上得到奠基。他的运动中的城邦并不是对他的"形而上学"的例示。

卫士接受对于普通人来说合适的报酬，似乎他们是雇佣军。他们看起来并不完全属于城邦，因为苏格拉底在涉及谁是他们的主人时保持沉默，而他们对于德性的专心致志——他们操心于他们自己的事务——也将让他们没有时间关心城邦。（参见《苏格拉底的申辩》30a7 – b4）城邦被如此共有，以致卫士的那种排斥了城邦的对于德性的关心也被共有。分有德性就是不再分有城邦，因为城邦尽管是卫士之分有德性的不可或缺的基础，但它自身却并非作为不可或缺的基础分有德性。就城邦是德性的影像而言它并不是城邦；而就城邦是城邦而言它又并非德性的影像。就蒂迈欧对于那可见整体的理解来说，苏格拉底的城邦看起来是其模型。

在性别平等问题上，蒂迈欧似乎与苏格拉底有根本分歧，因为蒂迈欧使男人之优于女人就如同作为父亲的神匠（demiurge）优于作为母亲的空间。然而苏格拉底说话的方式却让女人如何与男人平等始终晦暗不明。他是说女人的本性与男人而不是与男人的本性相似；而如果女人的本性可于她们的灵魂中发现，灵魂又是与心灵相同，那么苏格拉底就说出了某种虽然是真实的但却无足轻重的事情："男医生与女医生就其灵魂而言具有相同的本性。"(《理想国》454d2 – 3)然而,蒂迈欧在被迫同意这一点的同时却否认女人的灵魂与男人的灵魂相像,即使在有性世代已经被准备好之后。显然他把 *eros*（爱欲）仅仅归于男性,而男性的 *eros* 单纯属于生育（generation）,而非像女人的情欲（*epithumia*）那样是属于孩子的生产（procreation）。(91b2 – d5) 男人意欲将他的种子流溢出来,但是他并不自然而然地想让它去使女人受精。由于他疯狂的欲望,他试图统治一切;而这一切不仅包括其他人也包括那些最高等的和最低等的事物。苏格拉底在《理想国》中并没有涉及这样一些差异（除非作为 *eros* 的化身的僭主只能是男人）；蒂迈欧看起来远离了《理想国》的字面上的教导,然而很可能与苏格拉底非常一致。无论如何,蒂迈欧让众神制造了一个男人,这个人本源地没有生产（procreation）的需要以及满足这种需要的技艺,一如苏格拉底的"真正的城邦",后者以可由那些技艺所满足的需要为基础而不接纳女人。

无论是在这里还是在《理想国》中,苏格拉底都没有解释父母如何能够通过其后代与他们本人的相似而认出他们的后代。这样一种假设只能被压制,如果公民们在黑暗中一起生活并且他们的脖子都被铁链锁住以致无法相互观看或触摸,或者他们是按单一的身体类型繁殖以致没有差异能够显现或没有可感的差异能够成为认同之基础的话。于是,按字面理解的"洞穴"就将是一种解决,而按字面理解的"婚姻的数"（"nuptial number"）就会是另一种解决。一幅不再被理解为影像的影像将会产生与一门非实存的科学相同的结果。就他这一方面来说,蒂迈欧谈到了作为带入光亮中来的生育（91d4）；但是他从没有谈及与非人相对立的人的面孔中的变异（91e8 – 92a1）；的确,他从没有讨论作为一个整体的面孔,但是他用以提出第一个头颅的制造的方式表明,头颅的当前形状要归因于一种蜕化,而且似乎他不知道头颅也必定已经有了眼窝以及其他的洞：蒂迈欧赋予球形的头颅一个唯一的洞以用来连接脊骨。(73e6 – 74a1) 他并没有屈尊描述鼻子的制造。（参见 75d5 – e2）

苏格拉底的说法似乎是位置的数量在每一个阶层都是固定的,如果某人在同一时刻从一个较低的位置上升到一个较高的位置,这时才会有从较高的位置到较低的位置的下降。这种在运动与秩序之间的完美平衡似乎也同样适用于蒂迈欧对四种物体之间交换的最初说明,在这种交换中没有浪费——整体以它自己的排泄物为食物——整体在这种交换中行动并受技艺的影响（33c6 – d1）；但这是在蒂迈欧引入打破平衡的灵魂之制造之前，是在他把大地从所遭受的除它自身内部之外的任何转换中排除出去之前。如果这个整体只是由同一种类型的物体组成，它就将是完美的，正如苏格拉底的第一个城邦同样是完美的一样，因为它无视那些不是由身体满足的人的灵魂的需要。蒂迈欧的神匠在制造 kosmos（宇宙、秩序）时既模仿 kosmos 的范本（paradigm），又模仿他自己；当他试图把这两种做法结合在一起时他就推翻了他自己的制造。在为他自己在 kosmos 中安排一个位置时，他就像格劳孔一样气愤地发现在苏格拉底的"真正的城邦"中没有他的一席之地。

苏格拉底在引入他的哲学王之前中止了他的概述。更准确地说，他恰恰是在返回到下面这个问题之前停下来，即公有制在人类中是否与在其他动物中一样是可能的。然后他推迟了这个问题，以便向格劳孔解释——这对于他自己来说是显然的——他的城邦何以会卷入战争。（《理想国》466e1 – 471c3）还不清楚的是，苏格拉底现在是否希望拒绝他那时曾经向格劳孔做出的让步，以便从其他人那里听到一种较少受格劳孔私人兴趣影响的纯粹的战争类型学；或者他是否希望在非雅典人的同伴中把自己表现为热爱战争和热爱智慧的雅典娜的真正"儿子"。（24c7 – d1）然而苏格拉底并没有去修补他的城邦以安抚格劳孔；这些张力为城邦自身所固有，因为对战争的需要并不能与女性之平等和公有制相容。既然从城邦未来着眼女人要比男人更有价值，人们就总是不情愿把任何强壮的女人送往前线，更不用说那些怀孕的妇女了，尤其是既然人们想到——如果婚姻的安排起作用的话——最好的育种者会在任何时候怀孕。如果最好的女卫士与最好的育种者不是同样的人，那么一切就将瓦解，因为这样就将必须维持两个女人阶层；而在这种情况下就不再需要女卫士阶层；甚至苏格拉底也承认女人总体上要比男人弱。把最好的城邦置于运动中所遭遇的这些障碍并不依赖于格劳孔的下述要求，即战场上的英雄要被奖以性优待，因为除非勇敢的卫士总是好的统治者，否则这种要求对于城邦的婚姻安排来说将是致命的。于是，把最好城邦置于运动中就是把苏格拉底的说明从其对话者的偏见中纯化出来；但是这样一种纯化并没有使城邦纯粹。苏格拉底给蒂迈欧及其他人提了一个无法解决的问题。他的城邦不背叛它的原则就不能进行战争。这仅仅是一个人们选择哪一种原则进行背叛的问题；而苏格拉底则怀疑其他的背叛是否也会值得一听。

(19b3—20c3)。苏格拉底几乎抹消了下述三重区分：有生命的与无生命的之间的区分，三维与二维之间的区分，以及"实在"与模仿之间的区分。想要看一个活的动物移动的欲望与想要看一个动物的图画移动的欲望并无不同。平面中的运动表明了一门苏格拉底在《理想国》中忽视了的科学的可能性。二维运动学之最清楚的例子是几何构造，作为言语中的行动，它被苏格拉底认为是既可笑又绝对不可或缺的。（《理想国》527a6—b1）数学构造的必要性在于需要把就本性而言明见之事向我们自己明见地展示出来；而它的荒谬性则在于它揭示了理论（gnosis）和实践之间未曾解决的张力。（参见亚里士多德《形而上学》1051a21—33）柏拉图《理想国》是那样的吗？在言语中对最好城邦的构造与对最好城邦自身的沉思冲突吗？苏格拉底此处对于城邦政制的概括——它就像一个没有证明的定理——与《理想国》不完善地提供的建构性证明冲突吗？（另参435c9—d5，484a5—b1）苏格拉底和其他人是为了实践的缘故还是理论的缘故建立那个城邦？如果为了实践的缘故，那么它在建构中表现出来的不可能性就废除了那个定理；如果为了理论，那么那个定理最后就是这样一种定理的不可能性。

苏格拉底在与美的动物的比较中展开讨论。如果复数被认为是可严格适用于苏格拉底想要听到的内容，那么由其他同等好的城邦包围着的最好城邦就取消了苏格拉底想听到的内容本身。聚集在一起的美好城邦从不会处于运动中。如果我们还想进行严格比较，那么我们可曾想过要看美的动物互相战斗或与其他丑陋的动物战斗？但是如果我们对比较进行调整并使之表示：我们或许想看到美的动物在做自己的事，那么我们是想看到它们在生成吗？如果没有任何动物（无论它多么美）是自身完善的，那么这并不引出以下一点，即它在完善自身的企图中也同样是美的，更不必说更美了。（参见《希庇阿斯前篇》299a1—b2）如果运动必然使任何一种事物变得更美，那么关于运动中的立体之物的并不实际存在的科学的对象就会比立体几何的对象更美。只有当与"实在"的更接近是确定事物之美丽程度的标准，苏格拉底的那种想要看到运动中的最好城邦的欲望才能根据他的那种想要看到变得更美的城邦的欲望而得到解释。只有当卫士的最高德性是战斗的德性，他们在血染战袍时才会变得更美。（参见色诺芬《居鲁士劝学录》<Xen. Cyrop.>4.4.3）

如果苏格拉底在"真正活生生的"(truly living)动物与一个画上的动物之间所做的非此即彼的选择被运用到他对于最好城邦的说明上,那么苏格拉底就会说:他或者制造了一个"实在的"(real)城邦的摹本或者制造了那个"实在的"城邦。或者是最好城邦的"实在性"处于言辞中,或者是言辞中的最好城邦的美可能会由于城邦的存在而存在于言辞中,[但]从这一点出发人们并不能推论出如果此城邦处于行动中它将会保持它的美。(参见《理想国》472d4 – 473a4)苏格拉底似乎排除了第三种可能性:言辞中的最好城邦恰恰由于它发生于言辞中所以它低于作为"理念"的最好城邦;而这个最好城邦也远非空洞无用,相反,由于它参与了理念的运动中而更为"实在",无论是与行动中的城邦相比,还是与既存在于言辞中又通过言辞生成出来(coming-to-be)的城邦相比。苏格拉底在《理想国》中已经暗示,最好的城邦不是一个理念(592b2),尽管他没有排除正义是一理念这种可能性(472b7 – d3)。无论如何,他在此处的抉择指出了理念的悖论:在严格的意义上真正有生命的动物并不是行动中的动物,而是"实在的"动物的理念,后者更像一幅图画而不像任何一个行动中的动物。蒂迈欧关于神匠模仿本质的(eidetic)和无生命的整体制造可见的和有生命的整体的全部说明都为此悖论所纠缠。

苏格拉底在他的谈论中几乎消除了第四个区分:看与听之间的区分。言辞中的可见的与可听的并无区别;但是行动中的可见的并不与可听的一样,而且或许甚至不能被置于言辞中。[一方面,]尽管克里蒂亚在《克里蒂亚》中尽力指明阿提卡(Attica)的可见性特征,苏格拉底仍无法期望他的东主们能把他带到一个他可以看到战争中的最好城邦的地方——被置于天上的范本会处于战争之中吗?另一方面,蒂迈欧也不能径直指明如其当下所是地那样的可见世界,因为他的言语中的 kosmos 包括了一类在其首次产生之后就不再实存的人(90e6 – 91a1)。kosmos 在言辞中的发生(coming-to-be)导致了一个只能存在于言辞中的 kosmos:蒂迈欧自己断言,无论是就存在而言还是就生成而言,言语都会有系统地产生误导(37e3 – 38b5,49b2 – e4)。苏格拉底从蒂迈欧那里听到的内容与无论是"真正地"(truly)静止之物的关系还是与"实在地"(really)运动之物的关系,相比于他自己的言辞与后两者的关系,都既不更多也不更少。可见的 kosmos 难容于言辞正如言辞中的最好城邦难容于可见的生成。

苏格拉底知道,他对恰当地颂扬最好的城邦及其人民无能为力,恰当地颂扬他们就意味着去报告他们在战争之前和战争期间的事迹和言辞。苏格拉底否认他能为最好的城邦做他能为爱若斯（Eros）所做的一切：讲述有关战时的最好城邦的真实，并以此为基础选择真实中最美的部分，以最适宜的方式安排它们。（《会饮》198d3 – 6）对于最好的城邦，他不能做他为"真正的城邦"不必做的事。根据《理想国》607a，人们会倾向于说，苏格拉底所想要的是听一个禁欲的荷马［吟唱］，一个在最好的城邦中养大的荷马，并且他自己就经历了这样一场战争或者经由传说而准确地知晓有关它的内容。苏格拉底不知道有这样一类诗人。既然这样一类诗人不能在最好的城邦存在之前存在，而除非最好城邦的缔造者之一至少像荷马曾经是的那样是一个胜任的诗人，以便能用恰当的故事来滋养他的同胞，否则最好的城邦也不能存在，既然没有诗人能够模仿好他没有被教给的内容，那么似乎就没有这样一种可能性，即曾经存在着这样的诗人，除非人们假定：最好的城邦不是作为最好的城邦开始，而是在时间中变为最好的。如果它的第一批公民是 10 岁以下的孩子，并且他们有足够的幸运能在有孩子之前无须面对战争，或许在这第二代中就可以产生能满足苏格拉底的诗人。但是即使这样仍不足够，因为将需要几代的时间才能得到那样几种本性，人们需要它们以便去打一场值得颂扬的战争；而且即使人们能够拥有如此长时间的和平，城邦也不能免除那种原初的战争行为，后者给它带来足够多余的土地以支撑培养未来的卫士。这还没有说及这样一个事实：它假定了一个成熟的种群，以及战争当然不会是苏格拉底可能认为的那种城邦以合适的方式进入的战争。对于最好的城邦来说，战争问题与诗歌问题密不可分，就像它与女性的平等和公有问题密不可分一样。《伊利亚特》不可能是、然而似乎又必然是苏格拉底心目中的诗歌的模型。

按照苏格拉底的说法，在行动中模仿在其教养范围以外的事要比在言辞中更容易。在一个坏的城邦中，成为一个正义的人要比成为一个关于正义的好的诗人更容易。苏格拉底可以在他的母邦实践那些属于最好城邦的行动（参见《理想国》592a7 – b6）；但是诗人却无法轻易地在他的母邦再现最好的城邦的行动。行动中的模仿越是接近它所模仿之物，人们就越难于或不应当把它与"实在的"事物进行区分；但是尽管完美的幻象会欺骗所有人，它却不会减少其为幻象。宙克西（Zeuxis）所画的葡萄尽管骗过了小鸟，但是拿着葡萄的男孩却并没有骗倒它们。（普林尼《自然史》［Pliny NH］35.66）没有一个人造的幻象能够是完美的，除非它的制作者在见到他自己的制作时忘记了他自己。自我知识是完美幻象的唯一障碍；声称自己是幻象大师的智者只是部分意识到他们自己的自我欺骗。按照爱利亚的客人的看法，这正是使他们陷入反讽之处（《智者》268a1 - 8）。诗人们可以模仿属己的东西而无需走到自身之外；智者们能编造除了属己的东西之外的任何一种东西的美的言辞，因为如果他们既不了解哲学家也不了解政治家，不了解二者在战时各自会做和会说的事，他们就没有什么是属于他们自己的。智者们对于战争（因此对于城邦）一无所知，因为他们相信不需要有强迫，于是就使政治学隶属于修辞学。（参见亚里士多德《尼各马可伦理学》1180b35 - 1181a23）诗人们过分地扎根于地方，智者们则扎根得不够；苏格拉底这样的哲学家把他们自己的根扎在天上（90a6 - 7），政治家们则表达得不够清楚。有自我知识却没有普遍性是诗人的缺点，有普遍性却没有自我知识是智者的缺点；既没有自我知识也没有普遍性是政治家的缺点，而二者兼备则是苏格拉底的缺点。在没有最好的城邦的诗人的情况下，苏格拉底的缺点与政治家的缺点的恰当但看起来不可能的结合，是实现苏格拉底的要求的唯一可行的道路。

苏格拉底把蒂迈欧介绍为他自己的完全的对立面。蒂迈欧属于一个最讲法律的城邦，而苏格拉底则属于一个几乎目无法纪的民主制。他富甲天下；苏格拉底则一贫如洗。他生而高贵；苏格拉底则来自平凡人家。他支配着罗克里（Locris）的最高机构，苏格拉底则只任公职一次。他几乎最擅长天文学和宇宙论（27a3 - 5）；苏格拉底则把他全部的研究奉献给人类事务。他已臻哲学顶峰；苏格拉底则除了自知无知外一无所知。无论是在最低的还是在最高的意义上，蒂迈欧似乎都是完善的上流人士（88b5 - 6）。显现与实在之间、真理与意见之间的鸿沟，在他这里是弥合的。因此他将正是那能在言辞中使城邦处于运动中的人。

（20d7 - 21a3）。苏格拉底的概述以《理想国》为先导；《克里蒂亚》以克里蒂亚的概述为先导；而蒂迈欧的整个说明，或像苏格拉底所称呼的"法律"，是以苏格拉底称为其开场白（prooemion）的东西为先导（27d4 - 6）。如果没有苏格拉底的赞同，无论是克里蒂亚还是蒂迈欧都不能进行下去；他们必须要让苏格拉底鉴别一下他将要听到的内容；或许苏格拉底也把《理想国》第一卷先提供给了他们以作为他关于最好政制之说明的预示；的确，他将之称为开场白（357a2）。于是，这三个对话就有七个部分：《理想国》的第一卷、《理想国》的第二至十卷、《理想国》第二至五卷的概括、《克里蒂亚》的概括、蒂迈欧的开场白、蒂迈欧的"法律"、《克里蒂亚》。如果人们把克里蒂亚的概述也作为一个开场白来对待，那么这三个开场白就分别涉及正义问题、"历史的"真实问题和宇宙论问题；既然波勒玛库斯（Polemarchus）放弃了他父亲把正义定义为说出真实（truth-telling）的做法，既然蒂迈欧承认他自己的说明将缺乏完全的真实性，此外还是自相矛盾的，那么人们就可以说这个三个对话之间的纽带就是真理：从没有说出真实的正义到首先是"真实的故事"（26e4-5）然后是"可能的故事"。在不可能与很有可能之间站立着缪斯之母（《克里蒂亚》108d2），她将允许克里蒂亚"正义地和真实地"颂扬雅典。

（21a4-6）。苏格拉底把克里蒂亚复述的雅典人的业绩理解为未记载下来却真实的。他因此提出了三种其他的可能性：被记载下来而且真实的业绩，既没被记载下来也不是真实的业绩，或者记载下来但却不真实的业绩。修昔底德的历史是第一种的范例，蒂迈欧的说明是第二种，希腊神话是第三种。最接近于苏格拉底就既没被记载下来也不是真实的业绩所谈论的内容的，是对最好政制蜕化为贵族制、寡头制、民主制和僭主制的过程的描述。在这种描述中，苏格拉底曾要求缪斯在"婚姻的数"（"nuptial number"）中把后来对最好政制之遗忘，以及各种政制中的 stasis（纷争）的产生，指示给他。如果承认最好的政制曾经存在过，苏格拉底就表明他自己具有一种完善的能力，可以描述自身处于战争中的较坏的政制及其相应的灵魂类型。苏格拉底能够以一种适当的方式谴责城邦的内部运动，但是他却无法如此颂扬最好城邦的外部运动。关于这种颂扬，他的缪斯一无所知。看起来他对于运动中的坏的灵魂要比对于运动中的好的身体知道得要多。

（21a7-26e1）。梭伦发现他自己在某种程度上与苏格拉底处于同样的位置：他被迫放弃民族史诗而献身于动乱之中，关于后者他也找到时间写了诗作。如果不是无法压制的冲动的介入，苏格拉底也不会一定去要求蒂迈欧和其他人；根据克里蒂亚，他就会已经拥有他想要的诗；或者如果他像梭伦那样遨游世界，他或许已经能够直接学到埃及人的故事。苏格拉底并不知道埃及人发明字母的故事；但是既然这个故事只告诉了他文字的不利之处，他就永不会像梭伦那样询问埃及人的神圣的文字，也不会接受他们对法厄同（Phaethon）故事的智者式的解释，因为如果没有完整的自我知识，他就无法知道这样一个故事究竟是指示着一个"气象学的"、神圣的还是心灵的现象。就像所有的希腊人一样，苏格拉底看起来在灵魂上是年轻的。但是，希腊人的短暂记忆并没有真正使他们年轻，因为埃及人宣布，他们更长的记忆揭示了［希腊人的］永恒。一个短时期内的进步掩盖了巨大进步的丧失。于是，希腊人才正是年老的，因为他们献身于他们自己记得的过去，似乎这个过去是唯一的过去。他们不知道相同者的永恒轮回。然而，他们的无知又使得他们在另一方面像儿童：他们永远恐惧普遍的毁灭。但是，他们的恐惧没有根据：不仅总已经有且永远会有人存在，而且总已经有雅典人、埃及人以及在可居住的地球上的任何一块地方的任一其他种族存在；而且埃及人总已经免遭毁灭，以便能记载下任何一块地方发生的任何一件高贵伟大或例外之事。对于埃及人来说，民族类型就等于对于柏拉图来说的灵魂类型。爱国精神深深扎根于永恒和对永恒的记载之中。然而埃及人并没有提供一种容易的安慰：他们的记载免遭洪水与大火，但却无法从地震中幸免；大西岛的人民已经消失得无影无踪。人的永恒最终依赖于他们持续的虔敬而非依赖于他们土地的自然。然而，埃及人的虔敬与幸福无关，只关涉幸存：沉没了大西岛的地震吞没了整个的雅典军队。行动中的最好总是不稳定的，它只能幸存于言辞中。

（27a2 - 27b6）。雅典娜选择阿提卡作为她自己的领地，是因为她发现这里适宜的气候将会产生最智慧的人；但是由于她热爱战争，所以雅典人在这方面也变得像她一样：她发现了武器。克里蒂亚几乎认为，爱智慧是由于本性而爱战争是由于诸神。这样一种区分就像以理念为模型而制造的可见整体与模仿神匠而制造的可见整体之间的区分一样。因此，是神匠把战争引入可见整体中的吗？在显示战争具有宇宙性的意义之前，难道苏格拉底的东主们无法尊重苏格拉底的要求吗？赫拉克力特的战争和恩培多克勒的争执将会为苏格拉底的东主们的计划提供一个前苏格拉底的背景。

克里蒂亚认为他不能仅仅接受苏格拉底提供的那些受过卓越教育的人；他们必须首先出现于蒂迈欧的言辞中；然后，尽管他们在出生之前就已受到教育，但是"根据梭伦的言辞和法律"，他还是可以把他们呈堂于同行的裁判们面前，以及把他们"当作"古雅典的公民，"好像他们是那个时候的雅典人"。把最好的城邦置于运动中，就是把它置入时间中；而时间，尽管只在言辞中显露出来，但它既不像言辞中的最好的城邦那样是虚幻的，也不像那既不在时间中也不在言辞中的东西那样是"实在的"。然而，时间上的正确顺序——蒂迈欧的发言、苏格拉底的发言，然后是克里蒂亚的发言——是不可能的,因为苏格拉底的前一天的发言对于提醒克里蒂亚记起他 10 岁时听到的故事来说是必不可少的。只有苏格拉底可以把蒂迈欧和克里蒂亚连接起来。只有既不属于存在之物也不属于生成之物的城邦才能把在时间开始处存在之物与在九千年以前的存在之物连接起来。苏格拉底在今日雅典所发之言为在埃及祭司所说之故事中遗漏了的教育呈现了一个轮廓;无论是蒂迈欧还是克里蒂亚都不能提供这一点(参见 89d7 – e1)。我们可以走向开端,但我们既不能在开端处开始也不能与祖先一道开始。(参见 29b2 – 3,《斐德罗》237b7 – c2)开端对于我们来说并不是最初的,祖先本身也禁止对开端的追寻。(参见《政治家》299b2 – d1)苏格拉底关于政治生活之永恒真理的暂时牢靠的言辞是这样一种工具:它把那作为永恒之永恒运动着的影像的东西与运动中的最好城邦的暂时牢靠的业绩结合在一起。没有政治哲学,时间的真理就不能与人对时间的理解相一致。

(27d5 – 28b2)。既然存在之物和生成之物都同样分有"永恒"(always),蒂迈欧就不能区分它们,除非从一个认识的标准出发:如果该物可由智思以言语来把握,那么它就存在;如果它是由意见以非理性的感知来意测(opined),那么它就是生成的。然而,生成既包括开始存在(coming-to-be)也包括停止存在。所有开始存在之物都停止存在。那么,生成本身从不凋谢,这是真的吗?抑或,生成只是一个类名(class-name),以存在(being)显然存在(is)的方式?蒂迈欧对于生成的说明最初并没有注意原因,因为如果有关于它的原因或诸原因的知识,那么它就可从思想上把握,除非生成中的可从因果上说明的东西不是生成本身。于是生成本身就会像存在一样是无原因的;只有当生成被致使变为某物并且接着停止是该物,这时才会需要原因。这是一种必然性。蒂迈欧并没有在与存在的关系中谈及必然性:为什么有这些存在者而不是另一些存在者,这是无法知晓的。既然生成对于它所生成之物是无所谓的,而且存在从不生成,那么就必定有选择那要去生成的东西的某人或某物。然而尚不清楚的是:那通过一个原因而生成着的东西究竟是生成还是存在。或者是存在需要一个原因以便能生成,既然就其本身而言它是无生成的;或者是生成需要一个原因以便去存在,既然就其本身而言它是缺乏存在的。

如果模型永远存在,那么摹本是美的必然性何在?永远存在与是美是一回事吗?抑或毋宁说情况是这样:美的事物本身是永恒之物的摹本?它可以通过以下三种方式中的一种或多种成为一个摹本：美的事物体现了永恒之物；美的事物使人想起永恒之物；美的事物接近永恒之物。如果工匠完美地完成了他的工作，他造出的就不是一个摹本而是第二个模型；但是如果他没有完美地完成他的工作，还有提高的空间，即使如此，在某种意义上他的拙劣的制造仍是美的。如果摹本是美的，它就是可爱的；而如果它是可爱的，人们就希望它永远属于自己。工匠制造摹本是为了能够拥有它吗？既然永恒之物允许对它的沉思而不允许对它的占有，那么神匠就会离开沉思以便能拥有某种专属于他自己的东西。这样可见的整体就是由于神匠对于智性存在（noetic being）的怨恨而被制造出来。神匠就会为了那些他可以称为他自己的事物的东西而放弃智性之物。蒂迈欧似乎就在说："苏格拉底，为了能拥有你自己的城邦，你也已经放弃了对于理念的无尽的追求吗？"

工匠并没有直接运用他为模型所思考之物，他的模型只是在某种意义上是诸如永恒存在之物（*toiouton ti paradeigma*）。永恒之物并不能成为模型，因为它没有给出如何把它聚集在一起的线索；而且既然不存在永恒之物由之构成的先天成分，工匠就必须首先把智性之物转化为可实现的智性之物。只有数学可以实现这种转化，因为唯有在数学中才似乎确实有参与构建智性之物的智性的部分：点、线、面和事物。模型是一个蓝图而不是理念。它是一个 *logos*（话语）；但是工匠作为工匠并不满足于这个话语，因为蓝图既不美也不可爱。只有在可见之严格意义上的可见之物才既美又可爱；但是如此一来言辞中的最好城邦就既不美也不可爱；而苏格拉底谈及最好城邦时也并没有牺牲对理念的追求，因为他是从注视生成而不是存在开始的。"真正的城邦"是建立在这样一种需要的基础上，即对通过技艺来满足身体需要的需要；而尽管蒂迈欧也是从身体开始，但是他不能说这样一个整体就是真正的整体。灵魂是"实际上"最先发生的。

（28b2 – 29d3）。在这一点上蒂迈欧引入了一种他在他的言辞中从没在任何地方予以解决的模糊性。克里蒂亚已经说过，蒂迈欧将会谈及 *kosmos* 的 *genesis*（发生）；蒂迈欧从一个关涉"整体"的问题开始，并且谈到"整个的 *ouranos*（天）、*kosmos* 或人们最能接受的任何一个名字"。如果 *ouranos* 意味着天，那么它就是可见的并且是一个部分；但是如果它意味着 *kosmos*，它就既不是可见的也不是一个部分，因为天与地的区分是可感知的，但是它们的统一作为 *kosmos* 却只能被思想（参见 40e5，52b5；《斐莱布》28c6-8）。因此蒂迈欧就不能以他采纳的方式推论出 kosmos 是被创造出来的，因为如果人们与普罗克洛斯（Proclus）一道说被创造出来就意味着它不是它自己的本原，那么任何多于二的数字就会被同样创造出来。而且，在任何一种日常的意义上，ouranos 都是和 kosmos 一样是不可触摸的，后者原则上既非可触亦非可见。然而，蒂迈欧清楚地知晓此点；的确，他的整个发言都可以被视为是试图纠正他的不完善的开场白（参见91d6-e1）。当蒂迈欧断言所有生成都发生于其中的 kosmos 与生成的任何部分一样分有同样多的生成时，这个开场白的不完善性就变得显而易见了。任何一个变化都需要一个原因这个事实意味着那包含一切变化的东西也需要一个原因；但是这一点只有在如下情况才能发生，即：那包含其他东西的东西是以与它所包含之物被感知到的方式相同的方式被感知到的。蒂迈欧后来对于"空间"（space）的引入纠正了这个"错误"，这种"空间""是由一种不带感知的伪冒的推理把握到的"。可是对于 ouranos 和 kosmos 的无区别的使用——它为那种错误提供了机会——却使蒂迈欧提出了一个重要的真理：那对于我们而言最先存在之物的本原（principles，或译原则）与那就其本性而言最先存在之物的本原必定是相同的。天上之物原则上与地上之物并无不同：必死的动物与不朽的动物一样隶属于智性的动物（noetic animal）。这个真理如何能与那个错误协调一致，这就是蒂迈欧的"法律"的主题。

"可见的""可触的"和"有形的"（somatic）这个三个术语并不在同一个层次上，因为某物有形体①是从它是可见的和可触的推断出来的。而且，某物即使不可见也可能是有形的，比如气味。因此就没有这样一种必然性，即由于整体必定是有形的所以就是可见的；它甚至可以仅仅是潜在地可见的而从没有成为可见的，因为光可以或者是一个形体的本质要素或者是对形体的一个附加。如果整体是由怡人的气味组成，人们就会很受用，但如果它不会在我们这里唤醒对于缺乏的认识，我们就不会喜欢它或发现它是美的；我们就不会转向它（参见《斐勒布》51e1-2）。整体显然是被制造为美的，这样就能使我们意识到我们对于某物的需要，而以其他的方式我们将意识不到这种需要。

神匠是"这个整体"的制造者（诗人）和父亲。（参见《理想国》

---

① "形体"原文为 body，下文视不同语境也译为"物体"。——中译注

330c3-4）作为父亲，他不需要知道整体据以生成的范本；但是他会需要某人作为母亲；而后者复又是与他同类的。关于母亲蒂迈欧在这里没说什么，后来他建议，"父亲"或许不能加以严格地理解。（50d2-3）然而，神匠应当被严格地理解为一个制造者。他是一个制造美的 kosmos 的好工匠，或者更强调一点，是已生成之物中的最美者的最好的原因。美与好（good，[译按] 或译"善"）之间的区分似乎建立在我们谈论某类制造者的方式的基础上：我们把荷马称为一首美的诗歌的好的诗人。① 我们热爱诗而不是诗人。蒂迈欧说，诗人可以被理解，尽管很难；诗不能被理解，尽管能力最低的人和神匠自身都同意它是美的（参见 80b5-8）。既然有形的整体包含了所有形体，它就处于狄奥提玛（Diotima）的爱的阶梯最低一级的最高处。但是为什么整体不应当恰恰是好的而不是美的？[因为] 这样的话，比如说，它就会像药一样成为某种人们需要但却反感吃的东西。同样它也不会必须是可见的，除非是在言语中。某物只有当它既是它自身又是他物的时候，它才能是某个他物的影像。（参见亚里士多德《论记忆》450b20-27）于是，就整体是其自身而言，它不会是美的；而就它是他物而言，它会是美的但却不会"存在"。它的美不是而且不能与它的存在共存。但是这种存在的缺乏看起来会剥夺它的善在（being good），因为如果某物只有好的外观，它就不是好的。没有人想要幻觉的幸福。

持恒之物在持恒的言辞中有其解释；但是它的影像也有其言辞，此言辞自身复是影像且与持恒的言辞处于相应的比例之中。这些影像-言辞（image-speeches）既是又不是关于影像的。在它们关乎不是作为影像的影像的言辞的程度上，它们与影像一样远离美；在它们关乎作为影像的影像的言辞的程度上，它们是美的，但是它们无关乎影像而关乎范本。影像-言辞越忠实地反映着影像的双重性，它就越少地告诉我们它的真实性存在于何处。这会让人想起赫西俄德的缪斯，她们说着如真实一样的谎言，而只要她们愿意，她们就说真实。或许只有在摹本想成为范本的程度上，影像-言辞才是真的；但是根据蒂迈欧，人们永远无法知道那种需要的界限。一种普遍的目的论是不可能的。蒂迈欧用苏格拉底前一天 [所说] 部分中的信念来取代意见，因为如果影像完全是影像，人们就可以从中读取

---

① 康福德（Cornford）在他的翻译中正当地坚持彻底打乱这种区分（他的辩护诉诸于对 LXXGreek 第 22 页注释 2）；但是当他开始翻译 87c4-5 时，他没能保持这种做法。

出那构成其范本的言辞；但是既然作为影像它不完全是一个影像，那么在它之中就有作为"实在"的信念，但是它又不允许根据这种实在而被说明。因此，蒂迈欧的话语就将是不严密的和自相矛盾的，因为他将既从洞穴内部又从洞穴外部出发来言说，但是他将不告诉我们——部分是因为他不能——他何时在此何时在彼。

影像-言辞的当代翻译可能会是"科学虚构"；但是现代科学虚构所处理的是未来，并建基于人类知识是征服自然的权力这一命题之上；反之，蒂迈欧的科学虚构处理的则是过去，并建立在神圣知识是"知道-如何"劝服必然性这个命题基础之上。神匠的知道-如何并不比它的现代对应物更是沉思性的智慧——蒂迈欧从未说他智慧；但是蒂迈欧必定否认我们能够接近这种知道-如何，因为被造的整体只是通过神匠的意志才保持为永恒。我们必须满足于影像-言辞，它们不符合范本不仅因为它们是关于影像的言辞，而且因为它们没有告诉我们如何去制造或不制造影像。我们被造得像影像一样，并且被证明为对于影像的开始存在（comeing to be）来说是不可缺少的；我们没有在像影像制造者那样的相同的程度上被制造。

（29d7 – 30c1）。可见的整体原本是无生命的，它的范本是生成；它通过神匠而变为存在的影像和理智的 *kosmos*，神匠的善只存在于他使可见的整体像他自身而不是像存在。理智的出现只是使本性上可见的事物而不是理念、图画、雕像或苏格拉底的言辞中的城邦更美。而且，神匠必定把理智理解为他自己的那一类的理智，即制造的理智。整体在变得有理智之际而成为善的；但是它变为美的却不是通过与神匠的任何的相像，而是由于这样一种必然性，即它作为永恒者的影像而必须是美的。它之变为善，此乃神匠意志之事；但是它之变为有生命的却是一种必然性，尽管这种必然性不是那种迫使它变美的必然性。它必须拥有灵魂，以便能拥有理智；但是神匠既不希望它有生命也不希望它的生命本身同样地增加到美或善上。神匠"算计出"没有灵魂的理智是不可能的。既不是他对于理念的沉思也不是他自己的欲望告诉了他这一点。发现此点更多地是一种推理的结果而不是他的下述信念：把秩序带入无序的运动是更好的。蒂迈欧现在并没有说神匠带来的秩序是秩序化了的运动还是秩序化了的静止。[一方面，] 如果它是秩序化了的静止，神匠就会已经使整体像美的动物的图画，苏格拉底曾把言辞中的最好城邦与这种图画相提并论。另一方面，无序的静止看起来是被排除了,尽管蒂迈欧后来承认:无序的静止或者毋宁说没有 kosmos 的有序的静止以及无序的运动对于 kosmos 来说都是不可缺少的。然而,现在的困难是:有序的运动是否是可能的。如果 kosmos 应当尽可能地与范本接近,人们或许就会假设,神匠会尽其所能地去做然后一劳永逸地停止;但是,引入灵魂的必然性却排除了这样一种可能性,同时也揭示出了下面这种情况:尽管言辞中的最好城邦的阶层结构是以灵魂为模型,但是它却更接近于身体而不是灵魂;因此,在蒂迈欧的神匠的推理中,苏格拉底的那种想看到它处于运动中的欲望就是想看到它是活着的欲望——这种二维的运动学是不可能的。然而,只有当言辞中的最好城邦本性上既是可见的同时又是理智的,上述结论才有效;而苏格拉底在他的概述涉及哲学王时却保持了沉默,并且从未证明这种城邦本性上是可能的。情况很可能是,一旦神匠已经使整体成为一个理智的动物,他就可能会一任它自己尽其所能地向范本移近;简言之,他可能会使它像一个婴孩那样努力走它自己的通向理念的道路。但是如果神匠同时也尽他所能地使 kosmos 有尽可能接近范本的理智,他就使 kosmos 无目的地活着;因为 kosmos 就会在对最终更接近范本的不可能性的受挫意识中永恒地运动着。在这些情况下,kosmos 就会禁不住怨恨它的创造者;它不能像它的创造者那样毫无怨言地对人友善,一如神匠对它那样。然而,人之最终向理念移动得更近并没有被单独地剥夺,因为他被制造为终有一死者。如果 kosmos 并不是被制造为唯一的,而是像人一样,是一个随着时间流逝而有无限多的相互再生产的个体的类,那么神匠就可能不再需要人,而让 kosmos 承担起独自变得幸福这样的任务(参见34b8)。这样一个计划还有几个障碍,但是其中最主要的是这样一个事实:kosmos 的理智被制造得如神匠的理智一样,以至于它的智力活动必然存在于一类为神匠的理智所固有的制造活动中,但是这种活动却不以 kosmos 之作为一个整体的自我改进为目的,正如神匠对于 kosmos 的制造也并不提高他对于理念的理解。

(30c2 – 31b3)。神匠现在必须尽力把灵魂与范本组合在一起,因为一旦他认识到使每一个智性存在看起来是美的是不可能的,他就被迫凝视他自己,在他自己身上他发现了生命和理智;如此准备后,他就带着这样一个问题重新转向理念:何种理念适合于生命和理智?悖谬的回答就是动物:智性动物既没有生命也没有理智,因为[在它们那里]既没有灵魂的理念也没有心灵的理念。然而,蒂迈欧从没有面对这个悖论;相反,他引入了一个关于美的新标准。是美的，就意味着是完善的和完整的；完善的完整性要求那使某物完整之物处于比它所完整之物更高的层次，尽管它们是同类。包含一切者必须与完善者是同一个，否则，如果完善单独规定了美，那么除最高一类者外，其他一切东西都可以不需要；但如果无所不包的状态单独就规定了美，那么各类之集合本身就足够了，而不必考虑它们的等级。于是，可见的 kosmos 就不像任何其他动物，它不需要另外的 kosmos 以求在 kosmoi（kosmos 的复数形式，意为诸多宇宙）的不停的产生中找到其完整性。它可以是唯一的；但是这一点需要证明这个 kosmos 是可见的，蒂迈欧没有提供这个证明。Kosmos 与 ouranos 之间的等同现在对于这个证明来说是致命的，因为如果可见的 kosmos 能够被表明是与推想的 kosmos 是相同的，那么 kosmos 的一个部分就会是整个的 kosmos，而除去这个最高的部分外其他的一切部分都可以不需要。然而这还不是对于这个等同的唯一反对。可见的 kosmos 看起来并不是完美的（参见 30c5），因为群星是如此不均衡地分布在它之中，以致它们存在之显现成了它繁复的装饰（kosmoi，[译按] kosmos 在古希腊语中既有秩序、宇宙之意，也有装饰之意）而非它的部分（参见 48a6-7）。①

如果完整且完善的 kosmos 的部分是四个，那么 kosmos 就是第五个；这样就必须要有第六个来包含这五个；但是如果 kosmos 只是它的四个部分，那么它就不是活的。因此，尽管说了这些，kosmos 仍必须是含有四个部分的一。此问题就像柏拉图的雅典客人留给夜间议事会去解决的问题，即德性的四个部分与德性之间的关系问题。然而，就德性的例子而言，如果严格地理解，它的每一个部分似乎都是德性的整体；但是如果德性是智慧，而正义、节制和勇敢每一个复又是智慧，那么就会只有三种德性，第四种智慧只是它们的聚集。从而，如果 ouranos 是智慧在宇宙论上的等同物（参见《厄庇诺米斯》976e4-977a4），那么人们一方面就必须要把弱的意义上的 ouranos 与强的意义上的 ouranos 区分开来，另一方面也要把精确意义上的 ouranos 与不精确意义上的 ouranos 区分开来。在弱的意义上，ouranos 与 kosmos 将会是相同的；但是在精确的意义上它又与灵魂相同；再者，在强的意义上，outranos 将会是与地对立的天；但是在不精确的意义上它又会与聚集起来构成 kosmos 的另外三类相同。有鉴于此，我们就能

---

① 参见迈蒙尼德（Maimonides）《迷途指津》（*Guide of the Perplexed*, tr. S. Pines），II. 9。

明白为什么蒂迈欧断言：一方面，人属于地上的种类，但也仍是天上的植物；另一方面，星辰是人之灵魂的居所，但所有其他动物都是人的蜕化的后代。

（31b4－32c4）。[一物]被看见的原因无法美丽地与[它]是固体的原因结合在一起，除非有一个结合者使它们处于共同的边界内（coextensive）；但是，如果这个结合者要尽可能地是美的，它就不能是一个催化剂；它必须不仅使被看见的原因是固体的原因，而且必须使可见固体之生成与它自身作为一个结合者的生成是一回事。现在，如果蒂迈欧关于这一点的数学式的转化假定了数量的平方类似于生成（至少，有性生殖就是一个个体跟另一个个体结合[生成另一个个体]），如果我们从蒂迈欧对于土的制造中概括出固体的必要条件，并因此把热的必要条件归于火，把气态的必要条件归于气，把液态的必要条件归于水，那么下述比例——火：气∷气：水：土——就可以被视作这样一个说明：把热施诸于液体就产生了气，把气施诸于固体就产生了液体，因为液体似乎是固态的气。然而，这样一种"触觉的"顺序并不与"视觉的"顺序非常一致，在"视觉的"顺序中，气与水是火作为光使土得以可见的可供选择的两种中项。[提出]这种差异的理由在于这样一个事实：我们从来不曾把固体视为固体，而只是视为一系列的表面。因此，蒂迈欧后来否认了土可以被转化为其他三种元素的可能性，放弃了知觉的结合者与生成的结合者是相同的这样一个断言。由此他就允许神匠由各种表面来制造固体；但是他付出的代价也是高昂的：在非数学的意义上，有形的（somatic）kosmos 就不再能被完美地聚合在一起。他为毕达哥拉斯而牺牲了恩培多克勒，这种牺牲并非纯粹的收获。他现在只能伪称他们之间存在一种完美的和谐，因为他现在还没考虑到灵魂与"空间"对于身体的双重的优先性所造成的后果。

（32c5－34a7）。神匠在构建那个可见整体时把每一种最初的形体（bodies）都用上了，这一点与智性动物的完整性和唯一性是相对应的；神匠的这种构建[也]使得那可见整体既永恒又康健，但是这一点在智性动物那里却没有对应之物，因为它虽然永恒却并无生命。而且，神匠赋予此可见整体的那种球形并不是由智性动物提供，因为球形包含了所有其他形状，而同时没有任何一种其他形状是它的一个部分。如此一来，神匠就被迫为了通常意义上的无所不包性（comprehensiveness）而牺牲整体性（wholeness）；甚至当他用十二面体代替球形时也并不更好，因为十二面体的五边形的面由之构成的三角形与棱锥体、八面体和二十面体由之构成的三角形并不相似。

Kosmos 保持了人类的三种功能：思维、运动、进食。在其思维与营养之间的纽带是它的旋转：它的各种物体在它自身内的循环恰如思想的自身完成（self-completeness）。但是这种相似性止于何处？形体与非形体之间的差异又在哪里开始？如果相似性延展到球体的同质性，那么存在就会像在巴门尼德那里一样是一；但是如果相似性并不指向存在的一性（oneness），有形的 kosmos 的模型就将不是智性动物，而是那超越于存在之上的东西——"善"或"善的理念"。只有就智性动物也分有了善而言，kosmos 的球形才与智性动物是同类的。当涉及善时，智性之物似乎并没有只因为它是智性的而对那有形之物具有优先性，只因为后者是有形的。没有智性，kosmos 就将不美；而如果没有神匠的付出一切的意愿，kosmos 就不会是一个思维的动物；但是 kosmos 的形状独立于两个模型中的任何一种。至少在这方面，它的善看起来不会是虚幻的。然而，如果灵魂包裹了 kosmos，那么 kosmos 就不只是不可见的，而且还是无形的，它的球形就只是一个幻觉。

（34b10-36d7）。灵魂对于身体的优先性并不包含灵魂对于身体是其摹本的那种东西的优先性；蒂迈欧之从身体开始是由于他是从存在及其影像（eikon）开始，就像由于他自己分有了任意（eikei）一样。从灵魂开始就意味着不是从范本和影像开始，因为灵魂是由另外一些事物构成而不是从任何东西复制而来。首先是身体，这是因为蒂迈欧是从什么是（what-is）的问题开始；他以一个苏格拉底式的问题开始；但是他关于灵魂的说明却是完全前苏格拉底的，在这种说明中他假定，知道灵魂是由什么构成也就解释了灵魂是什么。然而，这种假定也暗中破坏了灵魂的优先性，因为它必然要后于它由之组成的智性的存在和有形的生成这双重存在。蒂迈欧发现他自己在某种程度上陷入了与苏格拉底在《理想国》中所陷入的相同的境地。苏格拉底必须要说明个体中的正义；但是他却从城邦的身体的一面开始，然后通过把一个阶级结构强加给城邦而过渡到灵魂，结果是他跳过了个体。同样，蒂迈欧从 kosmos 的身体开始，接着又让神匠造出它的灵魂；但是他随后无法回到他从之开始的 kosmos，关于此点的最明显的标志就是，他后来没有能力以他开始时所具有的那种确信断言只有一个 kosmos。

灵魂由混合在一起的三个部分组成，其中只有一个部分在其自身内拥有任何存在；既然每一部分复又由两部分混合而成，所以在最严格的意义上存在只构成了灵魂的六分之一，而灵魂的其余部分无论如何都不是智性的。因此，灵魂就既不能由伴有言语的理智所认知，也不能由伴有非理性的感知的意见所认知。那么，灵魂是否像"空间"一样是"由某种冒牌的理性以非感知来把握"？无论如何，蒂迈欧没有解释人们应当把何种意义一方面赋予不可分的同和异，另一方面赋予部分的同和异。人们所能稳妥地说的全部的东西，就是如果诸智性整体与有形的部分混合在一起，即，如果范本与其影像混合在一起，那么灵魂中的理念就不再是理念，因为它们不再与任何一种分有它们的东西分离。这样，灵魂看起来就部分是它自己的模型，并因此不是美的。蒂迈欧可能就是以此方式说灵魂是那种自己推动自己的东西。（参见《斐德若》255d3-6）但是，即使这正确地解释了存在与生成的混合（蒂迈欧甚至在存在与生成混合之前就不经意地把存在赋予给了生成），它也没有说明在同与异中的双重混合。对此唯一可能的指导线索目前存在于对于 ouranos 的四重特征刻画中。作为 kosmos 的 ouranos 将是不可分的同（非-身体），但是作为与地对立的天（heaven）又将是可分的异（身体）；作为灵魂它将是不可分的异（非-身体），而作为所有种类的动物它又将是可分的同（身体）。按照蒂迈欧，那必须被强行聚合在一起者，因此就将是天-灵魂与 kosmos-动物的混合。Ouranos 的微弱而精确的感觉将无法与其强烈而模糊的感觉完美地相配，正如其灵魂生活于繁星之上而其自身属于尘世物种的人无法完美地与作为天上植物的人相配一样，后者是所有其他动物的来源。无论灵魂还是人都无法像身体那样凭其自身就可以被完美地结合在一起。

在蒂迈欧演说的第一部分和第二部分之间的差异似乎可以被表达为算术和几何学之间的差异：灵魂在纯数字的比例中得到明确表示，而最初的身体由之构成的基本三角形包含着无理数。[1] 但是差异并不是如此绝对，因为灵魂被理解为一个连续的量而不是离散数（discrete numbers）的统一体。于是，第二部分对于第一部分来说就是不可缺少的并应当先于第一部分；但是蒂迈欧从来没有根据第二部分来修正第一部分。他修正了他关于

---

[1] 注意："比例"（ratios）和"无理数"中的"无理"（irrational）之间的呼应关系。——中译注

身体的说明，但没有修正关于灵魂的说明。那么是什么迫使蒂迈欧没有从一个可能的言辞开始而是从一个错误的言辞开始？关于灵魂的错误的说法不可修正吗？无论人们如何回答此问题——如何回答将完全决定人们对《蒂迈欧》的阐释——蒂迈欧都最为明白无误地指出第二部分具有最大的真实性，因为他在第二部分不止一次地提到，何物"真实地"（ontos）存在着，这一点他在第一部分从来没有提及。（48a6，55d1，参见48d3，49a6-7，55e3）

各就其自身而言，同的圆环与异的圆环并无不同。当被运用到同一个事物上时，异与同仅仅是名称。（36c4-5）但是，当它们被置于相互关系中，被置于被给予它们的运动的关系中时，它们的确也以此方式相互区别。灵魂转化为 kosmos 的灵魂——这种转化就像理念转化为蓝图——要求神匠只对灵魂的一个部分做他可能对两个部分都已经做了的事情，这一点解释了为什么 kosmos 的永恒性依赖于神匠的意愿。并没有内在的必然性使同的圆环完整无隙；当它的运动与单独就使生命得以可能的异的运动（黄道）结合在一起时，它所导致的螺旋形运动不再是单纯的旋转（39a5-b2），[即] 与有形的 kosmos 相适应的运动和与思维最密切地相关联的运动（34a1-5）。尽管灵魂对于思维是必要的但却干扰思维（参见40a7-b2），并且，尽管灵魂对于身体或许不是同等必要的，它却阻止身体完善地做好其本职工作。

（36d8-39e2）。针对蒂迈欧对于灵魂认识的说明，亚里士多德并没有提出所有可能的反对。直到引入时间之前，蒂迈欧并没有把始终如一的运动赋予灵魂，因为灵魂除非停止下来，并把它的注意力转向其他东西，然后重新开始，否则它就不能有其他的认识；但是，一旦灵魂这样做了，它就会必然开始把存在从它由之构成的生成中分离出来，并因此不再能与 kosmos 共同存在。因此神匠就被迫以某种方式恢复 kosmos 的本质特征（eidetic character），思维着的灵魂的引入曾经摧毁过它的这种本质特征。他现在必须使处于运动中的 kosmos 成为一个影像；但是，时间在几乎使 kosmos 与其范本更相似的同时（亦即，把一致性赋予给那否则就倾向于分离之物），却使认识结束了，因为真实的言辞不能在影像中出现。时间在摧毁思维的 kosmos 时，统一了有形的 kosmos。它是灵魂与范本之间的不完善的纽带。似乎，kosmos 只能是满足心灵需要的城邦。

时间似乎是不会终结的（open-ended），它的特征就像无限的特征一样，一个接一个；但是，蒂迈欧说无限的时间在两端都是封闭的，因为它是永恒者的影像。除量之外，数在灵魂所数之物中显露出来；但是如果没有过去、现在和未来，时间之数却从不为我们显露，尽管有永恒者的全部的影像。于是时间就把一切都时间化了，因为那永恒者就像那瞬间现在的一。然而，"时间的部分"却把我们从仅由"时间的形式"确定我们方向的做法中拯救出来。(37e3-4) 宇宙论或天文学的时间纠正灵魂时间。时间的恒久标志——太阳、月亮、行星及其他星辰——把我们转向真理：即，存在就意味着永远存在。唯有天与时间的共同延展（coextensiveness）才能克服灵魂的一种天生错觉：它就是全体（参见 40c9-d2，41d4-7）。① 然而蒂迈欧承认，几乎没有人能理解行星是为了什么而存在，神匠显然是把这一点作为一个问题提给我们。作为 ouranos 的 kosmos 并不像一个 kosmos。并不是每一个人都能"看到"神匠渴望在对 kosmos 的制造中存在。宇宙论必须通过诉诸于视觉（sight）而开始，正如它必须终结于视觉（参见 40d2-3）；但是把它的开端和终结连接在一起的并不是感性。蒂迈欧的影像-言语既不与可见的 kosmos 也不与其可见的摹本处在同一层次上。

（41a7-42d2）。神匠说了两类言辞：一类是直接的言辞；一类是间接的言辞。直接的言辞是说给宇宙诸神，另一类是说给人类灵魂。神匠把整体的本性（the nature of the wohle）显示给人类灵魂，但是把人类灵魂自己的命定的法则告诉它们。他告诉它们，正义地生活就在于克服它们的激情；但他没有告诉它们，它们必须要追随那些它们从不曾听闻的等级较低的诸神。他告诉它们人性具有双重性，但是没有告诉它们诸神会把更坏的部分所需之物做成更好的部分。(76d3-e4) 他把它们可能的野蛮化告诉它们，但却没有告诉它们：除非它们变得野蛮，否则这个整体就是不完整的。他警告它们要当心罪过（sin）却没有警告他们罪过的必然性——并不是所有人都能获得幸福而不毁灭 kosmos 的美。他告诉它们必须要获得身

---

① 人们应当以此方式来理解何以时间只是与 kosmos 的生成一道出现，而在创造出 kosmos 之前却有可见物体的混乱的运动。在宇宙论的时间之前存在着"相对论的时间"，亚里士多德规定为运动之根据前和后的数的时间。这种时间单独地依赖于人们所观察到的无论什么运动着的物体；这种规定不允许人们把从这个运动着的物体上数出来的数与其他人从另外的运动着的物体上数出来的数相等同或相协调；只有当存在着一个包含一切物体的统一运动着的物体，才可以这样做。

体，但是没有告诉它们，现在就其灵魂而言它们也是不完整的。神匠的间接的话语是一个高贵的谎言，但是它并不像苏格拉底的谎言一样，因为所有的灵魂由之开始的平等，以及它们可以同等地丧失它们最好的状况的可能性，这被苏格拉底保持为城邦的最幽深的秘密之一。可是优势并非全然在神匠这边。他必须压制苏格拉底谎言中的真理，即某些人必须占据下等的位置，以便整体处于秩序之中。政治上高贵的谎言更接近于宇宙的真理而不是神匠的高贵的谎言。为了允许实现人的更高的潜能，城邦必须要有一个阶级结构。这种必然性与 kosmos 必须要通过恶（evil）才会美的必然性具有某种关联；但是除去使 kosmos 快乐之外，这种恶还服务于什么目的，蒂迈欧并没有解释。即使无人犯罪，星辰仍将思考。似乎除去人类的事务之外，善无从显现。

（42e5 – 47e2）。从蒂迈欧谈话的第一部分到第二部分的转化的主题是人在世界中的定向（orientation），关于这一点蒂迈欧举了两个最惊人的例子加以说明：一是他把人的不辨方向的（disoriented）大脑与一个头脚倒立的人的影像进行对比（43e4 – 8）；二是他对镜像的看似没有根据的解释（46a2 – c6）。如果一个人头脚倒立，那么当他面对另一个人时，他自己的右方就显得与那个人的右方相反，而并不去纠正自己的方位。在颠倒的方位中，人们并不需要反思；他们诉说真实同时却完全不顾它的基础。这样的一个人就成了俄狄浦斯。直到蒂迈欧在接近结束时暗示说我们本性上就是颠倒的为止（90a5 – b1），他的例示始终是虽然奇特但却无关紧要。我们总是意识不到自己在整体中的位置，因为信念并不像意见一样可以根除。如果我们不能观察到蒂迈欧关于镜像的说明所显示出来的在信念与意见之间的差异，那将会发生什么呢？他的说明就像以前已经所做的一切一样都是不充分的，因为它忽视了镜子本身的本性。蒂迈欧没有对一个人在镜子中的自己的左右倒转与他所面对的另一个人的左右倒转进行区分，这一点是正确的。作为倒转，它们是一样的；但是镜子使一个人自己成为另一个人这一点并没有得到说明。在一种情况中，人们看到的是影像，在另一种情况中人们看到的不是影像。蒂迈欧的正确推理并没有与颠倒的人的正确话语区别开来。两者都是由于自身遗忘——过度沉浸于沉思它所沉思之物——对此进行纠正是蒂迈欧第二部分谈话的重任。蒂迈欧关于必然性的话语是一种关于自身知识的话语，因为自身知识只能显现于对身体的讨论中。在第一部分，灵魂作为思维不可缺少者而被提出，同时其自身存在既不善也不美；但是现在灵魂变为研究原因的模型。灵魂之获得理智的能力促使这样一个问题必须要得到考虑：为了实现那种能力，什么东西被造了出来；这种目的论的研究有赖于这样一个事实：研究者自身是一个科学与理智的热爱者。恰是由于他自觉到心灵和理智的缺乏，他才能够知道他需要拥有它们。［一方面，］只有一个被导向某个目的的、具有自身知识的存在者，才能发现目的并在发现目的之际成为有序的。另一方面，身体不能凭其自身获得理智；它从来不能从整体上被赋予秩序。它抗拒支配，因为它并不支配自身。没有自身知识，即关于某人自己的善的知识，秩序就是不可能的；但是身体必须能够服从秩序；一如神匠造它的那样，它必须是灵魂的部分。

（47e3－48b3）。蒂迈欧把心灵的巧作与必然性的生成相对立，把完成式分词（dedemiourgemena）与现在分词（gignomena）相对立。在任何一种事物中，心灵在场的最明显的标志就是这个事物的完成状态；而必然性在场的最明显的标志就是这个事物的未完成性。完成性与未完成性的混合就是这个 kosmos。然而，那使生成变为最好的是必然性，只要必然性为心灵所劝说；心灵自己不能做到这一点，因为它看起来没有能力为它自己设计出任何非理性的合作者。必然性的本性是携带（pherein）；它被劝说去推动（agein）。当 Pherein 和 agein 被放在一起时候，它们就刻画了敌人对于一个国家的总体的摧毁，在这里 pherein 指的是无生命的事物，而 agein 指的是人和生畜。于是，必然性就被劝说着去推动生物朝向最好，从被推动者的角度来看，它仍是一种强制；这种强制自身已经被引向善。如此，必然性就部分地停止漫游，但是它从未曾停止强迫。

（48b3－52d1）。"前蒂迈欧者"的错误在于我们如此言说：似乎我们知道了气、土、火和水究竟是什么；蒂迈欧的错误则在于相信范本和影像就足够了，似乎我们知道了影像究竟是什么。对必然性的发现仅仅揭示了那一直存有的什么，揭示了那有能力成为影像者是因为它从来不曾完全是其所仿似者。蒂迈欧据以构造身体的、"带有必然性的影像－言辞"（53d5），是他用以描述任何一种影像的双重性的手段。蒂迈欧持续不断地用影像来描述必然性，即使必然性恰恰是影像的这样一个部分：它从来不曾变成任何一种东西的影像。以此方式，蒂迈欧揭示出影像之特别难解之处。关于必然性的影像－言辞，既是又不是必然性的影像。

在他能解释必然性何以是生成的接受者之前，蒂迈欧必须要处理另一个困难。能有一种关于物体的科学吗？这样一种科学将不得不关乎那在此时此地存在之物，然而作为一门科学，它又不能关于此时此地存在之物。关于物质的存在的科学不能是关于物质的生成的科学。这是"前蒂迈欧者"所不能理解的。他们把物体的本原（principles）与可感的物体混为一谈；于是，即使他们一开始断言可感的物体"不存在"，但是它还是"存在"，因为他们看到它生成。我们称为水和看到其变为其他东西的那种东西，既不能是存在者的本原也不能是生成者的本原。现象的水[①]比起它在现象上变为的任何其他东西都不能拥有更高的等级，因为现象的水变动不居，一如来自它的任何东西。一旦人们建立起它的发生（genesis）的循环，现象的水就不能是那种以冰和液体为其表现的存在物。现象的水的数量上的更多并不能赋予它以存在的优先性，因为所有的水原则上都可以变为其他东西。然而，如果现象的水的变化基础是实在的水，那么一切就将拥有一个双重的智性结构。比如，现象的人就会是本质的人和本质的身体的结合。蒂迈欧断言存在着本质的物体；然而他没有给出有关它们的说明，而只是给出关于它们所具有的数学形状的说明；但是，蒂迈欧没有对之进行描述的这些数学形状的本原，并不是本质的物体的本原；然而关于物体的科学是关于这些数学形状的科学。只有当人们非假设地接受了数学家的假设，这些关于物体的科学才能存在。只有当人们在现象的物体和本质的物体之间插入某种既不是二者但又分有二者的东西——数学的准本质、准虚构的"物体"，这种科学才能存在。除非现象物体不是实在物体，否则就不能有物体科学；但是除非物体科学不是真正关于实在物体的，否则也不能有物体科学。

蒂迈欧把他对于物体的说明标示为"迄今为止按照假设最可靠的说法"（49d3-4），把他对于影像的说明（在他关于金子的例子中）标示为"迄今为止根据真实最可靠的说法"（50b1-2）；由此他就表达出了他对于物体问题的解决和对于影像问题的解决这两种解决之间的差异。他对物体的说明要比对影像的说明更为大胆，因为它涉及断言——与言语相反——除现象物体之外还有[实在的]物体（参见53c1）；反之，断言除

[①] 我用"现象的"（phenomenal）一词来翻译 phantazomenon 而不是 phainomenon，因为"想象的"（imaginary）尽管更准确但却会造成混乱，既然想象之物的特征恰恰是不显现为蒂迈欧要加以解释的想象的。

三角形物之外还存在着三角形则是与言辞相一致。（参见51c5）为了能使蒂迈欧的假设与其非假设的陈述一样可靠，实在物体与现象物体之间的差异就必须是像被思考的三角形与现象的三角形之间的差异一样。然而，正如蒂迈欧所展开的那样，物体的科学暗示着情况不是这样，因为物体由之构成的三角形与数学的三角形不是一回事。（参见73b5-8）水与水性之物（watery）之间的关系要远比三角形与三角形之物之间的关系更为复杂。[数学的]形状比物体更接近理念。（参见50c2-3，e2）

如果作为理念的物体并不与作为理念的人相混合（52a1-4），就必定有某种其他东西允许事物由之构成的智性存在物与回答"什么是"这个问题的智性存在物相混合。空间首先被引进来解释影像如何不同于被仿似的东西，但是最后是以解释两类无法在智性上结合的智性存在物如何能感性地结合而结束。一个影像之所以是一个影像，是因为它从现象上结合了以其他方式不能结合的事物。一个雕像可以用来例示形式与质料之间的差异，就它是一个影像而言它也可以用来例示"本质"；但是它例示本质的方式与它例示形式与质料的方式并不一样。它并不是[以]作为形式[的方式]是本质，毋宁说，它自己的本质就是它的与其形式对立的质料。然而蒂迈欧说，尽管在智性上它们是不同的，但是在感性上它们却相同。影像所具有的对存在的贫乏的把握是由于矛盾。存在与非存在在影像中的结合使得它的存在看起来像它的物体，它的非存在看起来像它是其影像的那个东西；但真相是：它的存在是其作为影像的非存在，而它的非存在是其作为物体的存在。这种颠倒是空间的效果。然而，这种颠倒并没有使蒂迈欧的话语复杂到难以理解，这主要归功于神匠；因为作为一个制造者，在他从物体中塑造某物和把某物塑造为某物的影像之间的差异，似乎并不如它本身所是的那样巨大。

蒂迈欧对于物体问题的解决促使他说，无论何时，只要人们指着（point at）那被错误地称为"某物"的东西，那么人们所指向（point to）的东西就是接受者；无论何时，只要人们谈论任何一种人们指着的东西，那么人们所谈论者复又是接受者。然而，我们不能谈论它，亦即，给出一个关于它的说明。例如，人们正在谈论的三角形总是不同于人们正指着的三角形，因为人们的言语总是指向存在。然而，如果我们说得精确并用"这个"指着接受者，那么人们就不是在指着存在（being），因为接受者几乎不"存在"（is）。如果"这个"是三角形，那么人们就是在谈论存在但却并没有指（point）它；如果"这个"是接受者，那么人们就是在指存在但却没有谈及它。没有关于空间的科学。我们完全意识不到永远当场的"这个"，甚至在它被"解释"给我们之后；这样一种永远当场的"这个"与我们关于时间的不正确的言辞既平行又不平行（参见52b3－5）。空间相对于时间的存在，正如 kosmos 本身相对于作为影像的 kosmos 之存在。我们在过去、当前和未来的系列中插入"是"（is），似乎存在（being）是在时间之中；但是，"曾经""现在"和"以后"（eis authis）尽管不适用于被严格理解的存在，它们仍是对被严格理解的存在的模仿。我们的时间化了的言语模仿存在，同时我们既没有意识到它所模仿之物也没有意识到它在模仿；但是我们关于任何一种东西的言语并不模仿接受者的"这个"，后者却还是构成我们关于任何一种东西的言语的基础。空间差异的多样性，一如它们被说及的那样，指示着同一种东西；但是时间差异的多样性，一如它们被说及的那样，并不指示同一种东西，而是指示着一个接一个的另外的东西。相同者（空间）总是将自身显现为差异（物体），但是差异者（时间）却总是将自身显现为相同，因为它是相同者（存在）的一个影像；而相同者（空间）之所以将自身显现为差异，是因为在它之中出现的任何影像都像它。不可分的同是空间，因为那看起来不同于它的东西与它是相同的；不可分的异是时间，因为那看起来与它相同的东西不同于它；但是可分的同是物体，它看起来像那不同于时间的东西；那可分的异是影像，它看起来像空间的相同。那两个不可分者（空间与时间）看似相互属于但其实不然，而那可分者（影像与物体）看起来并不相互属于但其实如此。由此之故，神匠不得不使用强力使它们在灵魂中结合在一起。

　　必然性一词的模棱两可性恰恰表达了接受者的这种使人困惑的特征：所有偶性的基础自身不是偶性。因此它与存在而非生成有更多共同之处。（51a7－b2）它是我们做梦的基础同时其自身并不是梦。没有它，存在将存在于生成之中而生成就不再是影像，"既然它（即现象的人）赖以存在（也就是成为一个影像）的事物本身（即理念的人）并不属于它本身，并且因此之故，也可以恰当地说它存在于别的事物之中"，因为唯有它存在于他物之中，它才得以不是它自己的而是他物的影像。（52c2－d1）可以被指着的（tode）接受者，最终被证明为——当说及（touto）一个 toiouton 的时候——是某种人们正在说及的东西。① 那在作为"这里"（*tode*）的说者之范围内的东西，当它被置于那个被向之说的人（*touto*）的范围内的时候，它最终就被表明不再能被准确地说及。"这里"在被普遍化为"每一处"和"任一处"的时候，它就丧失了它真正的特征，即使它从普遍上所是之物是它从局部上存在得以确定的基础。"这里的水"一旦被普遍化，就变成了"水性之物"（watery）；"这里"隐退了，即使它是"水性之物"的不可或缺的基础；但是如果这个不可或缺的基础被揭示出来，它就不再能是"水性之物"或其他任何东西。这样，接受者就很像苏格拉底为诗人们提供的那种理由，即他们不能很好地用言语模仿他们没有被教给的事物的理由。诗人没有能力普遍化，最终是由于他们植根于必然性或空间之中；所以蒂迈欧对于空间的说明可以被认为是一种解释诗歌的普遍基础的尝试。于是，苏格拉底就使诗人群落与智者、一个漫游的（*planeton*）阶级形成对比，后者不植根于任何地方。必然性看起来像漫游的原因，但是它的效果正好相反；理性是秩序的原因，但是在它的效果中它看起来似乎做着相反的事情，因为理性安排那表面上漫游着的行星成为时间的标记和护卫者（38c5–6）。于是，智者与诗人之间的差异——每一方的原因在其中看起来像它的对方的原因的相反的方式——是蒂迈欧关于 *kosmos* 的两种说法的差异在人类那里的对应物。对他的两种说法的协调，将会显示出对无论是诗人的还是智者的缺陷予以克服的方式。这样蒂迈欧就维持着一个希望：某个未来的苏格拉底也许能活到这样一天，那时他可以听到一个诗人讴歌运动中的最好的城邦。

蒂迈欧似乎假定，如果空间的模子不能完满地打上印记，那么它就将不是存在之印记的承受者，相反显现（appearances）将是所有的一切。蒂迈欧好像把心灵的特征归之于空间，前者必须是无特征的，如果它要理解一切事物。因此蒂迈欧必须要表明物体的可能范围是在现象上发生的，以便排除空间处于物体之现象范围之外的可能性。（参见 50e5–8）如果空

---

① 这里的意思似乎是：伯纳德特分别将 point at 与 tode、speak of 与 touto 关联起来。他使用的三个古希腊词 tode、touto 和 toiouton 都是不定代词。tode、touto 都指这个，不过罗念生、水建馥认为"这个"（τοῦ το）常指已经提到的，而"那个"（τόδε）常指将要提到的。至于 toiouton，由 toios 与 outos 构成，意指"这样的一个"或"如此这般的"，强调被指者的性质或类别。伯纳德特在这里将 tode 与说话者范围内的"这里"关联起来，而 touto 则是在言辞中涉及的脱离局部地点的更为普遍化的"这"，于是意思上 touto 就与 toiouton 接近了。——中译注

间总是把它自身中的同样的东西奉献给进入其中的每一种东西（比如"重力"），那么任何现象上的物体就会经受与任何其他物体所经受的同样的扭曲，这样人们就永远无法确定什么属于空间，以及什么属于实在的物体。进而，如果空间真像蒂迈欧所说的那样是无特征的，那么理念之存在的一个主要论证就将被削弱。理念之存在部分地是从这样一个事实中推论出来，即：任何事物都表现为它自身的一个蹩脚的印记。任何存在都自明地是不完善的。然而，蒂迈欧让神匠使那第一个人是完善的；人们想知道，蒂迈欧对于空间之纯粹性的坚持是否是源于他的被创造能力感染着的心灵。他对于心灵之沉思的纯粹性的隐含的否定，看起来迫使他把心灵的纯粹性归之于空间。这种错误的归属与他前面对于灵魂和心灵之间的混淆很相像。蒂迈欧一度使神匠认识到，除非把灵魂给予身体［物体］，否则它就不能把心灵给予身体，但他从不曾清楚地区分开心灵与灵魂，直到他开始触及人类灵魂的制造。心灵正好是被秩序化了的灵魂吗？（参见 44a8）如果在可见的 kosmos 里有秩序（order），那么人们能够推论出心灵是在那里起作用吗？阿那克萨哥拉似乎已经是这样思考的；但是苏格拉底反对单单善的在场连同秩序一起就指明了心灵的工作。蒂迈欧的谈话的第一部分是阿那克萨哥拉式的，因为他在那里未能显示出整体的善，同时却显示出了整体如其所是的必然性。（参见迈蒙尼德《迷途指津》，II. 19）在任何情况下，蒂迈欧赋予整体之灵魂的思维都与关于原因的推理无关。（参见《理想国》516b4 – c2）此思维对于同与异的认识从不导致它把二与二摆在一起。于是，蒂迈欧整个谈话的悖论就在于：在第一部分他把心灵降低到灵魂以使 kosmos 美，在第二部分他又把空间提升到心灵以使 kosmos 善。

（52d2 – 53c3）。空间就像一个与父亲般的理念相对的母亲；但是它不是一个母亲，因为她的后代从不从她之中分离开；它们从不完全显露出来。如果它们能完全地显露，空间就将不是 kosmos 的部分，而是像父亲般的理念那样从 kosmos 中分离开，而蒂迈欧关于心灵之工作的说法也将不必再修正。空间就会是 kosmos 的催化剂而不是它的黏合剂。而且，作为一种黏合剂，它并不像蒂迈欧曾经说的那样对于它所接受之物是中立的。它像一个簸谷器那样摇动并对火、水、土和气分门别类，同时依旧没有获得形状和数学化。除了给出场所之外，它必定还为它所包含之物给出某种东西，这一点确实是从其像模子一般的存在而来，因为一种完全充满弹性的平滑状态将会使它像一种液体，后者复又会阻止它保留任何印记。持久性，无论如何短暂，它都要求一种硬度，如苏格拉底在《泰阿泰德》中所说的那样。如果 kosmos 是两维的，并且每种事物都是可见却不可触的，那么空间就可能像一面镜子，然而，蒂迈欧从来没有进行这种比较。三维性要求空间要比蒂迈欧所声称的那样与心灵更少相似。它的震动性的运动与[心灵的]旋转毫无共同之处。

（58a4 – 58c4）。蒂迈欧在智性物体与智性的非物体之间做出的区分看起来依赖于这样一种必然性，即智性物体在从现象上成为自身之前必定被置于秩序之中，而智性的非物体在进入 kosmos 之前首先并不必须具有形状和数字。然而，这种区分可能是幻觉，因为智性生物之缺乏灵魂正如智性物体之缺乏形状；这就需要思维的敏锐把没有灵魂的生物的悖论与没有形状的物体的悖论区分开。人们甚至无法把生物种类的分离性和各种物体的相互转化性对立起来。在从人到鱼之间有一个和从火到水的物体的循环一样的生物的循环。它们的差异看来存在于别处——存在于空间的那种从来不离开空间、且无需神匠的干涉就能把秩序赋予物体的能力之中，以及它的这样一种无能之中：在整体成为一个 kosmos 之前它甚至无法允许非物体的踪迹出现于它之中。为了理解蒂迈欧对于物体的说明，人们不得不区分整体的三种共存的状态，其中的两种不是在 kosmos 中，它们可能所是之物与 kosmos 相分离。第一种是 kosmos，就其是智性生物的活的影像而言；第二种是非宇宙的秩序，整体可能会具有这种秩序，如果空间被允许有这样一种充分的力量的话，即把四种物体摇晃出来并使其进入它们各自的区域；但是把以上两种状态聚集到 kosmos 之中则需要第三种成分：即把所有物体熔制在一起的那个整体的源初的无序运动。各种物体最初必定已经被如此紧紧挤压在一起，以致空间所强加的秩序就会迫使各种物体相互渗透，以至于理性又能在劝说各种物体采取各自形状之际得以使每一种能与自己结合之前转变为另一种物体。（58a4 – c4）混沌是秩序之必不可少的条件。混沌不仅是不能被克服的，而且如果它被克服的话，存有的会是一个缺乏统一性的诸部分的整体。如果劝说的界限与必然性的善相互一致，那就只能有 kosmos。

[一方面，] 如果没有混沌，而且神匠已经设法给予各种物体以最美的表面，那么一旦那些现在美的物体占据其自己的领地，整体就会开始静止。整体就会由四种操心其自己事务的物体组成。每一种都将会是静止的。这就好像有四座城邦在地球上，而它们之间没有任何关系。这些"正

义的"物体为了能构成一个 kosmos，它们相互之间必须展开战争；但是除非它们被相互叠加并占据着同一块地方，否则它们就不能开始战争。一个物体不会为了占据另一个物体的本己领土而与它战斗，但却会为了获得自己的本己领土而［与之］展开战斗；可是，通过对必然性的劝说，它们相互的战争导致它们相互的转变。另一方面，如果一开始有混沌，但是神匠并没有使各种物体足够相似以至于相互转变，那么，那可能缺乏统一性的整体甚至就将不会是由各就各位的美的物体组成。对物体的劝说恰恰是这样的：每一弱的物体意欲让它自身被一个强的物体所征服（57b2）。火、气和水并不是为了维持它们自身而战斗到底。它们宁愿获得一种并非属己的形状，即使以失去它们自己的存在为代价。唯一宁愿自我毁灭而不愿投降的是土。蒂迈欧关于物体的模型是政治的。可以说，他区分了作为政制的城邦和作为母邦的城邦。火、气和水，每一种都被劝说更多地附属于任何一种形式，而不是它们就其自身所是的那种形式。它们被劝说遗忘它们自己的过去，承认更强者的"正义"。它们服从于法律的统治。如果甲在与乙的冲突中是更强的，那么它所具有的形式就完美地与它所是的存在相适合，它因此也就并不尊重任何其他形式或物体的存在的权利，而是试图把每一种其他的物体转化为它自己。然而，这种帝国主义有两个限制。土只被劝说具有立方的形状；当它面对另外一个更强的物体时，它并不被劝说以保持某种形状为代价而失去它的存在；它从不忘记它的过去；而当它是更强的时候，它也不强迫更弱的物体变成它的一部分。它对自己的爱保持住了它自身，甚至正是当这种爱限制了他物的非正义时。第二个限制必定是这样的：每一种物体的强度在源初的混沌中既不是严格同一的，否则变化的循环就会停滞；也不是错误地相等的，否则诸物体就不会以适当的次序进行统治和被统治。这种限制的原因是空间，空间通过它的摇晃使整体处于不平衡中，并且，如果机缘保证物体具有任何过度的数量的话，空间还将之排除使其回到它自己的区域。空间是 kosmos 的持续不断的净化器。

蒂迈欧在通常意义上的物体与几何学的物体之间的明显的混淆，不仅是试图区分物体的可数学化的性质和不可数学化的性质，而且还是试图指出，如果火是物体的话，那么土就不能也是物体。如果一种物体变化，不可能是该物体的"本质"变化；毋宁说，物体必定是那四种"物体"共同拥有的东西；它们共同拥有的东西是它们与想象的物体共同拥有的东西——表面（surface）。正是表面使得我们认为不同种类的存在者都是物体并且相互转化。蒂迈欧的基本三角形是他表达潜在性问题的方式：那将要变成某物的东西如何还不是某物但又仍必定与之相像？基本三角形代表着生成之非存在；由此出发就有：生成之非存在是推论性的（dianoetic），因此它比生成本身具有更多的存在。于是，人们就不得不对火、水、气以及土的各自本质进行区分；从生成之基础（空间）和生成之非存在（三角形）出发，这些本质可以被不正确但方便地称为智性物体。物体的科学因此就是对与"物体"之本质和生成之基础处于交互作用中的生成之非存在的研究。这种科学面对着两个主要困难，如果它试图变成宇宙论的话。影像之可能性是由于空间；但是影像的可能性作为一个稳定有序的整体（kosmos），除了影像之可能性的基础外，还要归因于影像。在虚假的、但独自就为 kosmos 的实在性留有余地的单独的影像 - 言辞，与那种为影像之可能性留有余地、但单独就毁灭了 kosmos 之实在性的可能性的、带有必然性的影像 - 言辞之间，存在着一种张力。物体的科学不能解释为什么上天（heaven）就免于变化："大地是在 ouranos 中已经生成的诸神中最初的和最年长的。"（40c2 - 3）蒂迈欧自己提出了第二个困难。如果物体科学必须假定：火和其他物体具有本质，而一个存在者被部分地规定为那不需要其他物体的东西，那么人们就不能证明只有一个 kosmos。如果没有哪种智性的物体本质上是与任何一种其他物体相关，那么它们中的每一种单独就能存在于一个 kosmos 中；而这四种物体与它们在其中偶然聚集在一起的 kosmos 又构成了五个 kosmoi，蒂迈欧承认它们可能存在。它们的可能存在给宇宙论造成的困难在于，它削弱了 kosmos 是完美无缺的必然性。如果有一个火的 kosmos，那么在月亮之上的群星就能存在而没有人和野兽；如果有一个土的 kosmos，那么人和野兽就能存在，但是就不会有什么东西供人仰望并纠正他的信念，从而成为他在时间和空间中存在的手段。由此，物体科学就成了证明 kosmos 的永恒性或唯一性的障碍。

（59c5 - d2）。宇宙论只是一种神话学。它是我们摆脱关于存在的严肃思考而进行消遣的产物；然而，根据蒂迈欧，对于必然性的有趣且快乐的研究是我们的幸福所必不可少之物，我们的幸福存在于对神圣之物的理解之中（68e6 - c9a5）。辩证法依赖于伪物理学。在《政治家》中，爱利亚的客人提示说，每一个由于其表面的完整性而让人愉悦的柏拉图的对话，都是一种妥协：在发现存在者这个首要的目标和无论什么发现都是对话的表面目标之间的妥协。(286d4 – 287a6，参见 302b5 – 9) 有许多比爱利亚客人所选择的那种更直接的方式去发现政治科学家，但是并没有直接的方式去发现哲学家。(参见《智者》216c2 – d2) 因此他不得不从某种角度解释政治科学，以便为辩证法之故而使用它，即使他的程序既扭曲了辩证法的本性也扭曲了政治科学的本性。然而，这种双重的扭曲却导致了《政治家》，一个给我们以快乐的伪整体。蒂迈欧话语的神话特征可能是由于其对整体性的表面上的获致——其在必然依赖于智性整体的同时对于后者的表面上的独立。它的伪整体性类似于并且可能不只是类似于那些刻画了政治生活和人类生活之特征的伪整体。政治生活的伪整体性表现于各种各样的政制之中，它们中的每一种都声称完全满足了人的本性。而且，这些传统的伪整体在苏格拉底于《斐德若》中所说的第二段讲辞里也有其对应物，在那里每一个人类灵魂的虚假的完整性都是由于其追随自己的神，并且因此偏离了理念。人的灵魂尽管为理念所灌注，但是即使在最好的情况下，也并不直接回到理念；它总是由 eros 引导着偏离理念而朝向它自己的神，即使没有 eros 它也不能走向理念。蒂迈欧的话语试图给出《斐德若》中的神话在宇宙论上的等价物。然而，这种宇宙论的核心是一种心理学，不仅因为 kosmos 是活的，而且因为理性劝说必然性。物体科学是一种修辞，它知道修辞的诸种限制。因此它最终依赖于苏格拉底对于政治哲学的发现。《理想国》必须先行于《蒂迈欧》。

(61c3 – 65b3)。物体科学不只是处理单纯和复合的物体，而且也处理它们的可感性质。然而，可感性质要求一种关于感觉的说明，而感觉只有在物体和灵魂结合在一起时才能出现。蒂迈欧此时赋予可感性质之于感觉的优先性，似乎颠倒了他先前在错误地从物体开始后赋予给灵魂之于物体的优先性。他承认的是感觉必须被预设，但不是感觉具有优先性。它们之间的关系是一种彼此相互依赖的关系；但是在他的说明中可感性质却具有优先性，因为它产生于单纯的和复合的物体，后者相对于物体和灵魂的结合来说的确具有绝对的优先性。(参见亚里士多德《论灵魂》402b10 – 16) 第一部分中以身体开始的虚假开端变成了第二部分中以身体开始的真实开端。Kosmos 的身体先行于可朽灵魂的制造。(69b8 – c3) 蒂迈欧从触觉开始。

我们对于火之锐利性的感觉是一种对于其棱锥体的本性的未遭扭曲的反映。在热的情形中，感觉在最确切的意义上是知识；的确，既然希腊人原本把热称为切割（cutting-up）（来自极其细微之物的热量），这种知识就与语言相同。蒂迈欧已经否认了火应该被视为整体的一个字母或音节；但是是否它也不应当被视为一个单词，这个问题仍悬而未决。当"前蒂迈欧者们"把肉体的本原比作字母时，他们便走上了歧途，因为他们并没有足够确切地对待这种相似性。他们应当已经认识到，在独特的人类语言中，字母构成单词；因此，如果那种相似性有效，物体之"元素"（elements）最多只能指人类感觉范围之内的性质，而由这些单词制造一本词典并不会自动地制造出一句 logos。它将是一本相当片面的词典。甚至连热的对立面，即冷，都不能成为一个条目。热与冷相互处于一种和火与水之间的比例相同的比例中；但是来自于冷的凝固尽管与热的切割相反，它还是不能被经验为凝固而是被经验为一种颤抖。经验冷冻就是经验人的身体试图返回其自然状态时所做出的那种反击，因为生命是热的而不是冷的。此处感觉欺骗我们，因为当我们被动地感受到热并因此像空间一样产生一个关于它的完美的印象（impression）时，我们就在对抗它的战斗中感受到冷，因此我们与它的交战改变了我们对于它的原因的感觉。冷既是施动者又是受动者的名字。于是，关于可感性质的科学至少就包含了两个不同的层次：一者为感觉与知识的相等辩护；一者否认这一点，并对我们的本性在面对威胁它的东西时所引起的那些感觉进行考察。

我们关于重和轻的经验揭示了关于可感性质的科学中的第三个层次。它们是我们对于作为 kosmos 的整体和作为空间的整体之间的差异的经验。蒂迈欧并不想使重和轻成为"主观的"：凡是对你而言是上升的东西就是轻的，凡是对你而言是下坠的东西就是重的。只要我们在地面上，这一点就足够了；但是 kosmos 的球形不允许我们通过每一处的方向来确定重量。而且，如果我们被送到火在那里有其自然家园的区域，并且在那里用天平称两块土，那么更大的一块就会向上并且看起来更轻，因为它更有能力克服火，更有能力回到它自然的家园。然而，如果我们依然在火的区域，这时再称起两块火，它们的重量将直接随其体积而变化，因为更大的体积将会更有力地抵抗我们迫使它离开其自然位置的强力。于是，重与轻就像硬与软一样，因为它们都是根据它们抵抗我们的能力来测量的；但是它们更重要的特征是它们属于非自然。重与轻是我们与自然相反对的行动的结果。当我们举起某物时，它施加于我们的抵抗产生于我们迫使它离开其位置的强力；但是我们所做的仅仅反映了 kosmos 的制造活动。除非在其内部有非自然的力量，即无论是混沌还是神匠都施诸于四种物体之上以使其离开各自自然家园的强制，否则就不可能有秩序化了的整体。自然在其能被劝说之前首先不得不被强迫。如果整体完全是自然的，亦即，是各种物体与空间相互摇晃的结果，那么重量就会直接随这四种物体中的每一种的体积而变化；并且重量就会衡量出那被运用到一个否则稳定的系统上的力量的程度。但是一旦自然被改造以便成为 kosmos，重量就不再能够总是直接随体积而变化，因为非自然的强制和运动已经被构建进来了；我们对于任何事物的称量变成了把非自然的强制运用到那已经处于非自然的强制之下的东西的活动。于是，作为力量研究的重量研究，就是对自然内部的非自然因素的研究，kosmos 的理性和空间的必然性之间的张力就存在于这种自然中的非自然中。然而，在它们之间有一种奇怪的和谐。球形的 kosmos 单凭自身就把自然的上和下废除了；而空间单凭自身却无法给出那四种物体之间的重量比例，因为在除其自己区域之外的任何其他区域，每一种物体——无论其尺寸大小——都会被证明是轻的，当它被与属于该区域的相同体积的物体相衡量时。空间授予我们一个我们不能转变的局部正确的上和下；kosmos 授予我们一个我们不能感知的普遍正确的中心。由于其全部的自然性，空间不容许普遍性；而由于其全部的非自然性，kosmos 则是普遍性的基础，即使它所建立的普遍性无法适合我们的感觉。二者对于自然来说都不可或缺。

（64a2 – 67a6）。蒂迈欧对于快乐和痛苦的说明初看起来是简单的。当我们意识到我们的本性（或译"自然"）得到复原，快乐就产生了；痛苦则在于与这种本性的任何一种有意识的分离。然而，味觉与嗅觉则把他的说明复杂化了。甜是那使粗糙的舌头变得光滑并使之恢复其本性的东西（参见60a8 – b3），因为舌头的当前状态不是其本性。在堕落之前的第一代人那里，舌头是平滑的，味觉也从来不是快乐的；在堕落之后，一种快乐的味觉被用来提醒我们，当我们是完善的而 kosmos 是不完整的时候，情形是怎样的。从一开始不仅缺乏最强烈的快乐，因为那时没有女人；而且最甜的味觉也没有，因为那时没有蜜蜂。对于我们而言，盐所具有的想象的友善再一次使我们回想起开端，因为在盐能够柔和地清洗舌头之前，舌头首先必定是脏的；但是既然舌头不能保持清洁，那么如果盐"根据礼法的言辞不是诸神喜爱的物体"（60e1 – 2），我们就只能一瞥我们的过去。于是，我们当下的自然就是把整体的自然给予整体的一个条件。回到我们自己的自然将会毁灭作为智性生物之影像的 kosmos，正如物体完全返回到它们的自然位置就会毁灭 kosmos 的身体，在这种返回把这些物体从强制中解放出来之际。劝说仅在这种强制中才是可能的。我们自己是通过我们的鼻子经验到 kosmos 的毁灭。我们的鼻子除了快乐与痛苦之外从来不嗅其他东西；它是感觉的工具，尽管对程度极其敏感，但几乎不与类型（eide）相关。最大的诸种快乐，正如蒂迈欧所称呼的（65a1–6），属于我们处于不规则立体的半类型（hemigenes）世界中［的感受］，那时无论是气还是水都还不具有被赋予给它们的形状；而一种愉快的气味——没有它时我们不欲求，失去它也并不遗憾——则使我们想起，在空间把最初的物体连同其模糊的踪迹摇晃出去、并使其进入它们自然的位置时，那整体是何情形。"如果一切存在者都是烟"，赫拉克利特说，"那鼻子就会清楚地辨别。"（《前苏格拉底残篇》87，参见《前苏格拉底残篇》98）一个没有力量的无形世界使我们愉悦，但却并不在我们身上唤醒任何对它的向往。Kosmos 太过于是我们的一部分了，以至于由于无必然性的自然之故，它就不再迷惑我们；但是毋庸惊奇，理性越少的动物拥有越敏锐的嗅觉。

（67c4–68d7）。蒂迈欧对于颜色的说明是恩培多克勒式的；按照苏格拉底的说法，它是悲剧性的（《美诺》76e3）。蒂迈欧承认，从来没有人能够知道调制各种颜色的尺度（measures）或这些尺度的原因。尺度既不属于必然性也不属于心灵，因为事物的分寸（sizes）并不像事物之间的比例关系，它们既不能被追溯到灵魂的纯数字的比例，也不能被追溯到必然性的作用，此必然性在被劝说之后，只贡献出直角三角形各边之间所具有的相互比例。蒂迈欧从来没有提到任何绝对的分寸。量纲数（dimensional numbers），一如物理学家们所称呼它们的那样，是在化一为多过程中让人完全困惑不解的因素，正如它们在混多为一时的消失。它们就像神圣法律的规定，诸神不得不在这些规定中确定人们必须奉献多少牺牲；但是无论我们应当为毕达哥拉斯的理性奉献出什么，诸神所选择的数字还是会崩溃，如果他们已经选择了其他数字的话。（参见亚里士多德《尼各马可伦理学》1134b18–24；迈蒙尼德《迷途指津》，III.2b）事物存在的方式具有一种任意性，就像实在法的制定一样。正是这一点促使苏格拉底或许给蒂迈欧的言辞贴上法律的标签，也正是这一点促使蒂迈欧自己在他谈及疾病时援引"自然法则"。（83e4–5）柏拉图对话中与《蒂迈欧》最接近的是《法义》，这不是因为它也提供了一个宇宙论，而是因为，鉴于柏拉图在选择考察立法时,他被迫深究那些自身并非至关重要但却依然是一部法典所不可缺少的各类条款;再者,鉴于他选择考虑宇宙论问题时,他又被迫处理那些落入此问题领域之内的事情,无论它们是否使最高的原则变得明了。(参见62a5-6)的确,蒂迈欧对于他的话语中缺乏严肃性的评论,使人想起了雅典客人对于人类的贬低,后者几乎不配享有一部关于立法的对话必然提供给它的严肃性。(《法义》803c2-804c1)苏格拉底可以问"什么是法"这个问题,但是他并不能使自己制定立法;他总是问"什么是?"这样的问题,但是他从来没有提出一种物理学。他一度最接近于提出的是在《斐勒布》中,在那里如果没有宇宙论,心灵的善与快乐的善之间的竞争就无法得到裁决。然而,即使在那里,苏格拉底也只是提出宇宙论的关键是为亚里士多德所同意的无限的问题(《论天》271b1-6),但是并没有解决该问题:《斐勒布》既无开端也无结尾。苏格拉底总是以人开始,蒂迈欧现在要以人结束,这一点必然影响到他们理解最高原则的方式。蒂迈欧根据运动中的立体的几何物体来解释变化;但是按照苏格拉底,立体物体的科学尚未被完善——蒂迈欧既不曾提到只有五种规则物体的必然性,也不曾提到它们之被铭刻于空间中的能力——真正的运动科学还不曾被想象过。蒂迈欧或许对于可见的 *kosmos* 太过严肃了,以至于不能时时与它嬉戏。

(69a6-70a2)。蒂迈欧对于可感性质的说明结束于一个不可解决的问题;他现在转向人,其方式在某种程度上和青年苏格拉底从阿那克萨哥拉转向人的方式相同。照日常的话说,现在剩下的是故事的头(head to the tale),但是根据蒂迈欧自己的话,现在剩下的是人的身体。必然性已经为我们把我们的身体与我们的头之间的真实关系颠倒了并因此对我们隐藏起来。我们认为身体是灵魂的容器;但是身体本源地是头的运输工具(参见44d8-45a3),而无论它有什么样的生活,都意味着服务于大脑的回路。人的"心脏"是在他头中。人的最高部分,无论是在字面意义上还是在隐喻意义上,是相同的。我在一个个体的身体上所发现的最可爱的东西,包含着他身上真正最可爱的东西,因为作为颅骨的头模仿 *kosmos* 在身体上的形状,即使它拥有那模仿 *kosmos* 的灵魂的东西。爱人类的一个个体,就已经踏上了通往爱那个整体的道路。人类的美丽完全与神圣的美丽相偕一致。(参见88b5-d1)德性对于蒂迈欧来说不能像它对于苏格拉底那样,是一个问题。

肝脏需要脾脏来为它做那空间为其自己所做之事：保持它镜面的干净。（参见 50c2）但是甚至肝脏和脾脏在一起仍不足以规范我们的欲望。如果诸神此外没有给予我们一个下腹并使肠子盘绕其中，那被诸神拴在腹部食槽处的饕餮就决不会让我们转向哲学。诸神看来并没有把它们的工作做好。如果它们知道我们注定是饕餮之徒，它们就应当如此控制我们对于饮食的欲望，以至于我们将只欲求那不可缺少者。即使在那时，肠子还是会不得不已经被盘绕，如若我们曾经被满足的话；但是下腹纠正了欲望自身中的一个超出肝脏能力范围之外的错误。下腹标志着一种限制，即对心灵的那种超越于灵魂中的必然性之上的权力的限制：那必须被容纳之物，是因为它从来不能被克服。下腹就像必然性本身一样，被称为接受者；它处在肠子对面的一极，肠子的螺旋形状是对整体中的同与异的运动的模仿（39a6）。肠是心的捐献物；空间的捐献物被一分为三：作为必然性的小腹，作为影像之接受者的肝脏，以及作为清洁器的脾脏。蒂迈欧后来说，最高的人类之美存在于身体与灵魂之间的对称之中（87c4 – d3）；他从未谈及过 *thymos* 与欲望之间的对称，也未曾谈论过可朽灵魂与不朽灵魂之间的对称。智性的"物体"与智性的"什么"之间的矛盾，再次出现在 *thymos* 与欲望之间：前者意欲顺从真理但却没有把握到真理，后者只能被蛊惑，但却指向完整性，甚至在我们熟睡的时候还仿似真理。

（73b1 – 76e6）。如果我们想到阿里斯托芬的球形的人，我们置于头下面的形状看起来就不会像宇宙诸神的制造结果那样是可解释的。*Kosmos* 中的任何事物目前要么是被制造为圆形的和可见的，要么是被制造为那五种正多面体之一并且是不可见的。蒂迈欧自己似乎承认这里存在着困难：他现在谈论着"唯一的神"，只是当他讨论我们的生命跨度现在所具有的长度的理由时，才返回到复数的神。（75b8）而且，头骨里的骨髓和其余骨头里的骨髓并无不同；它们只是名字不同：球形的髓被神匠称为脑，圆柱形的髓被称为髓。这种异名同实使人想起被赋予不同名字的同与异之圆环构成物之中的相同性；的确，在这两种情形中蒂迈欧都使用了相同的词（*epephémisen*）（36c4）。脑与颅骨模仿 *kosmos* 的形状；但是脊椎模仿灵魂的形状，在它的各端被连接到世界灵魂之前。于是灵魂就是一条长带，后

· 285 ·

者如果纵向旋转就会产生一个圆柱。① 蒂迈欧并不像阿里斯托芬，他不需要奥林匹亚的诸神来解释人的形状。我们的头颅是 kosmos 的复制品，我们的直立姿态是灵魂的复制品。球形使我们美，直立使我们善（参见 90a7 – b1）。我们需要被固定在脊椎上的可朽灵魂，以使我们大脑的回路秩序井然。蒂迈欧成功地把我们灵魂的形状与我们身体的形状连接在一起，而这正是苏格拉底在《斐德若》中的失败之处；但是，相互之间要比御者和马更为密切的球和圆柱，并不能说明哲学中的神圣的迷狂。在苏格拉底的说明中，eros 是由于我们的堕落，一如在阿里斯托芬的说明中一样。

我们的肉的制造者已经成功地完成了技艺还没有完成之事：制造出了一个常年不变的覆盖层，它把保护我们免于摔伤的毡子的优点、御寒的羊毛的优点和防热的亚麻的优点结合在一起。神并没有预料到衣服的发明；因为如果他预料到的话，那么在肉现在干扰我们感受力的地方，肉就会变得更薄，而我们也将不需要头发。正如评论者指出的那样，"这种火"② （74c3）这个说法必须被理解为与我们自己能制造的火形成鲜明对比。人们未来对火的使用被忽视了；的确，除了稼穑、体育、医疗（参见《法义》889d4 – 6）这些准自然的技艺之外，蒂迈欧从来没有提及任何技艺作为理性和必然性之工作的补充。他对脚趾甲和手指甲做了解释，但对手却保持沉默，除了说手与胳膊（cheires）和腿与脚（skelé）为了运动之故而一起被制造出来之外。根据阿那克萨哥拉，人是理智的，因为人有手；但是根据亚里士多德，人有手因为人是理智的；人们会期待，在一种像蒂迈欧所说的这种一样详细的目的论中，看到关于手如何例示心灵的某种暗示，尤其是既然 kosmos 的不朽的和可朽的部分的制造者仅只是工匠，而根据苏格拉底，工匠是属于最好城邦的最低阶层。蒂迈欧的言辞看起来像是工匠们所要采取的复仇，如果他们能够处在苏格拉底好像指派给他们的较低的位置上的话（参见《理想国》495b5 – 6；522b4 – 7）；所以现在，由于摆脱了政治的必然性，他们就起而要求以最高的诸神作为它们的模型。

---

① 当蒂迈欧描述椎骨的制造时，他神秘地谈起它者的力量；如果普罗克洛斯是正确的话，那么在灵魂的组成中就有 34 项环节（因此有 33 个间隔），这个数字与小孩脊椎的椎骨的数字正相吻合。

② 指神匠用来制造宇宙的最初的火。——中译注

然而，蒂迈欧把所有的制造活动都集中于诸神，只是为了他们能把我们制造得像 kosmos 而不是像他们自己。（参见 69a6）使蒂迈欧从人类技艺中抽离出来这一举动显得更奇怪的，是他对苏格拉底在《理想国》中从 eros 那里抽离出来的模仿，这样做的主要理由是使以下这点得以可能：把"真正的城邦"理解为完全是一个各种技艺的城邦。然而蒂迈欧如何能够既否认人具有 eros 又否认人具有技艺？他让诸神创造出来的究竟是怎样的人？没有技艺他就不适合"真正的城邦"，没有 eros 则不适合哲学。只有通过反思柏拉图的《政治家》，才能为此问题提供一个恰当的回答。

皮肤、头发和指甲都以一种双重的方式得到解释：既根据必然性又根据心灵。然而，皮肤是身体中第一个不是诸神制造出来的部分；这是蒂迈欧第一次指出自然的生成与人工的制造之间的差异（参见 53b1）。皮肤逐渐生长出来，并自动与自己结合在一起；一旦它包裹住了头骨，它就允许"神圣者"产生出头发和指甲。指甲被给予男人是因为预料到了男人会堕落为女人和其他动物。评论者相信，蒂迈欧指的是用指甲战斗的女人；但是很难看出这一点如何服务于神圣的目的。然而，如果人们把皮肤、头发和指甲联系在一起思考，人们就会想到那种哀悼的仪式，在这种仪式中，男人和女人割掉他们的头发，女人挠抓她们的脸颊。由此死亡就与自然的生成一道显现；未成文的葬礼就有其自然的来源。头发和指甲都在死后生长，这一点也会使得蒂迈欧把它们的生成归因于必然性。而且，蒂迈欧最早是在对肉的描述中提到死亡，神用肉"从上面开始覆盖"身体的其余部分。（74e1；参见康福德［Cornford］等）肉是不受欢迎的必然性，因为它与骨骼的不相容性和它的敏感性迫使诸神为我们选择那种寿命较短但品质较优的生活。既然肉不像髓、骨和腱那样，它缺少作为其组成部分的气，那么就身体现状来说，蒂迈欧似乎就把呼吸与生命等同起来（78e5）；而既然气也是为听所需要的，那么正是肉不可能让我们听见这一点，迫使诸神让我们的头处于相对无保护状态。至少，蒂迈欧几乎把那种不敏感性——如果较多的肉覆盖住头骨，我们就应当具有这种不敏感性（74e9，75b2、e7）——与听力的缺乏等同起来。这样，诸神就使我们不仅能够互相说话，而且能够顺从。人的法律和神的法律都将像推理（reasoning）一样［从中］受益多多。由于他的无生命的肉，人得以经验到痛苦并能意识到他的可朽性；但是通过他的皮肤、头发和指甲，他被教导如何对付他的痛苦与可朽。从受苦（pathei mathos）中学习乃智慧必经之途。必然性看来与善偕行。

(76e7 – 77c5)。作为一个毕达哥拉斯主义者,蒂迈欧不能允许肉类成为人之原初饮食的一部分;既然一开始没有其他动物,那么如果他要阻止人类最初的必然罪行免于同类相食,他就必须要提供植物类食物(参见《厄庇诺米斯》975a5 – 7)。合法的食物必须从一开始就已经是自然可得的。可是蒂迈欧关于植物的说明看起来仍与其"法律"的任何一部分格格不入。植物是动物;但是并不清楚的是,它们是否属于 kosmos 是其影像的那种智性生物,或者是否属于大地的理念而绝不分有智性生物。植物是"一种不同的动物种类",但是"并非不同于动物"。[一方面,]没有它们 kosmos 就将不可能;但是如果它们属于智性生物,那么同类相食就是一种必然性。另一方面,如果它们是地上存在的部分,动物就具有双重特征(或许是一种必然性,如果有 chorismos [分离] 的话):一种适合于 kosmos 的范本,另一种与智性的"物体"相容。植物看起来是那样一些存在者,在它们之中智性的"物体"与智性的"什么"最难区分。没有人曾经蜕化到变成一株植物的程度,即使后者的本性必定是与人的本性同族(a-kin),如果它能够是人生存下去的源泉的话。而且,肉最少与灵魂相连;如果无生命的事物必须被杀死,食肉性(carnivorousness)就会是避免杀害和吞食自己亲属(kin)的唯一方式;但是,如果一切生命的亲属关系(kinship)并不是素食主义(vegetarianism)的基础,而毋宁说是其反面的基础——无生命的肉就不应当供养我们,既然它本身干扰我们更高的能力——那么人就必须是食草的(herbivorous)。于是,从自然的亲属关系来看,素食主义就应当被禁止,而同类相食(cannibalism)就应当被鼓励;从心灵的角度看,亦即,从肉与心灵之间缺乏亲属关系这一点来看,同类相食就应当被禁止。由此,蒂迈欧构建纳入人之中的第二种未成文法的基础在于,他颠倒了关于同类相食的通常解释。真正的和好的同类相食是素食主义,虚假的和坏的同类相食是食肉性。而且,狩猎只能释放人的欲望的原始野性,并使他变得野蛮残忍;但是稼穑在驯化那些原本是野生的植物之际,也迫使人在注意天体运动的同时模仿植物的安静。人对植物的"培育"(education)乃是人的自我培育。然而,似乎只是由于 kosmos 要比它的范本更为完善,人才能模仿 kosmos 的灵魂并完善他的本性。诸神比神匠要更为慷慨,自然要比理念更为仁慈。(参见73c7,77c8)

(77e7 – 81e5)。如果有人认为蒂迈欧对于吃饭和呼吸的说明的复杂性主要是由于缺乏图表的话，那么他就误解了这个说明。诸神用气与火制造的带有双漏斗状引道的鱼篓必须从字面上理解。它们在使呼吸身体相适配之前首先就让呼吸实现出来（being-at-working，*energeia*）。作为一种连续的活动，呼吸在任何时刻都不是潜在的。然而，我们倾向于认为我们的身体与其功能相分离；处于皮肤之外的东西似乎不是我们的，尽管如果我们像我们相信的那样是被封闭的，我们活不过一分钟。诸神没犯这个错误。呼吸在身体上的条件对于诸神来说比呼吸本身较不重要。不是围绕着气的肉决定着气的循环，而是气的循环决定着肉的开放。蒂迈欧从对于理解来说并非不可或缺的一切身体性的东西那里抽取出如此多的东西——肋骨架子、心脏、肺和肌肉——以至于我们所经历的生命几乎不是我们自己的：屏住呼吸并不能阻止经由身体的水分散发。蒂迈欧因此把对实现（being-at-working）的展示与对自杀的神圣禁止尽可能密切地结合起来。然而，诸神只能使那个鱼篓之网完善，因为诸神在在从身体那里抽取之际就像从时间那里抽取。随着气从嘴里进出的运动而发生的是气的另一个运动：从身体那里的进出。这双重的运动确保了生命的无意识的持续。但是气从嘴里进出这个单个的运动并不能自行完成，因为从身体里散发出去的气必定随之又返回到嘴里，以便重复那同一个模式；而只有在时间中这种重复才能发生。于是，那个鱼篓只有在我们自然死亡的那一刻才能编织完。因此，呼吸之实现出来就证实为我们的死亡，而生命的快乐部分地就是死亡的快乐。(81d4 – e2)①

(81e6 – 86a8)。蒂迈欧似乎花了过长的篇幅来处理疾病。这不仅是因为疾病的原因应是"现在对每个人都很清楚了"（参见53c5），而且还因为，尽管"多谈好事要比多谈坏事更正当"（87c3 – 4），蒂迈欧自己对于疾病治疗的处理还是要比对疾病原因的处理远为简略。而且，蒂迈欧在给疾病分类时几乎模仿了疾病所表现出来的那种无序（参见泰勒［Taylor］，599）。疾病并不全是非自然的；"它们有点像动物的自然"（89b5），无论它们多么违反"自然法"（83e4 – 5）。只有"那作为相同者的相同的东西以相同的方式相应地增加或减少，那相同者才能作为它自身保持健康与健

---

① 为了我们的目的，无需详细考察人的生命作为呼吸与消化如何模仿整体由之被赋予秩序的那种方式，仅需要表明，蒂迈欧在这两种情形中赋予给混沌、空间和 *kosmos* 的角色是各自相同的。其中的主要比例是：*kosmos*：空间（*plokanon*）∷动物：气与火的网状物（*plokanon*）。

全"。出于两个理由，身体不能满足这种条件：第一，既然我们是被造为食草的而不是食肉的，身体就是通过与它相似但并不与它相同的物体的增加而生长（81c4－6）；第二，小腹被造出来是为了满足灵魂的过度的欲望，肠子被盘绕是为了使我们控制我们以摆脱持续不断的欲望；但是只有当我们始终在进食，并且以同样的速度排泄物质到体外环境中，亦即，只有当身体并不去适应灵魂的必然性，我们才能完全健康。灵魂的健康与身体的健康并不相容（参见《法义》728d3－c5）；但是我们的制造者首先着眼于灵魂揭示出心灵的工作。疾病是一种目的论设计的一个必然部分（参见85a5－b1；亚里士多德《论睡眠》475a9－10）。

　　源初物体中的三种被劝说相互转化；但是它们并没有被劝说按照一定的顺序转化。在任何相遇中，它们中的哪一种碰巧更强，它就成功地改变其他物体。然而，在人的身体中，髓、骨、腱以及肉这些次级物体必须以一定的次序相互转化，如果不能有疾病的话。在《政治家》中，柏拉图的爱利亚客人建议说，整体本质上与生成的秩序无关；他把我们所知的 genesis（生成）的秩序与诸神统治的缺乏连接在一起，把它的颠倒与它们的统治连接在一起。蒂迈欧似乎提出某种相似的东西，因为神匠据以制造次级物体的顺序是这些物体据以自然生成的秩序的颠倒。神匠并不是从食物开始——血是由它构成（82c3－4），腱、肉、骨、髓也是从之而来；而恰恰是从相反者开始，并几乎是按照等级秩序（髓、骨、肉、腱），因为诸神使那在肉体上就是血液之流的火的网状物处于其实现过程（being-at-work）之中，并因此将之从其实现过程的物质原因中抽离出来。从目的论上看，这非常合理；但是既然植物不属于那些相互转化的动物，蒂迈欧就必须要使实现的本质优先性也要成为时间上的优先性。因此实现必定是一种人工产物；蒂迈欧把疾病的第二原因归之于实现对于自然生成的这种优先性，这种优先性把我们置于同时根据实现与自然生成而进行的生命的张力之中。作为人工产物，髓是髓，而它由之构成之物并不把它与任何其他东西关联起来，正如汤勺并不因为也是木材做的就与椅子同属一类；但是作为生成的产物，髓必然变得与它的肉体的起源紧密相连；而这些起源不再能够被特别地为它构造出来，因为它们同时也被用作腱、骨和肉的来源。神用最完美的立体制造髓；但是他因此也使得髓在被不太完美的立体修补时，不可避免地再不能成为它最初所是之物（82d2－e2；参见77a6，86e2）。在制造的秩序中，无论是汗还是泪都没有任何位置；但是在生成的秩序中，它们天天净化身体，并因此很容易变成疾病的工具，因为它们也是一种黏液。自然的身体总是处于一种有病的状态中（参见《理想国》344e2 - 8）；对它进行部分拯救的是它的人工的起源，如果它的每一种次级物体都完美地关心自己的事务，并直接助益于生物整体而非相互助益的话。蒂迈欧在讨论疾病时提到那把肉与骨粘合在一起的东西；在［讨论］它们的制造时，他则对它们的纽带保持沉默。①

（86b1 - 92c3）。蒂迈欧分别讨论了来自身体的身体疾病（81e6 - 86a8），来自身体的灵魂疾病（86b1 - 87b9）和来自灵魂的身体疾病（87e6 - 88a7），他把那些来自灵魂的灵魂疾病作为女人和其他动物提出来（90e6 - 92c3）。各种程度的心灵缺乏对于 kosmos 之美来说是不可或缺的；但是既然心灵缺乏是一种疾病，疾病也必然属于 kosmos 的美。治疗 kosmos 的这种疾病就是毁灭 kosmos；但是疾病是不可治愈的。人们所能做的最好的事就是通过模仿 kosmos 使身体与灵魂相互和谐；人们不能使灵魂与它自身和谐。各种动物身上的疾病正如宇宙整体的疾病一样并不排除美；一条灵魂与肉体相恰的狗是美的。然而与任一其他动物一样，如果一条狗要颠倒它从之而来的蜕化的循环，它就必定不会再美。苏格拉底必然是丑的。使灵魂的两个低级部分萎缩蜕化是最好的；但是既然它们密不可分，那么保持静止也就会招致一个人自己的死亡。随美而来的总是心灵缺乏，随心灵而来的总是战争与死亡。身体需要对运动加以模仿——身体倘若未被摧毁就不可能保持静止——而为了模仿 ouranos 的运动又需要引入空间，这种需要排除了对 ouranos 的完美模仿。最好的人类生活就是在出生（generation）败坏我们自己的最高部分之前返回到我们祖传的本性；最好是不出生（参见 90d5 - 6 以及《法律》801e7 - 8）。蒂迈欧为其以宇宙论术语从总体上对人进行说明所付出的代价是令人绝望的：美就是善的标准（87c4 - 5）。如果没有政治哲学，宇宙论就总是冒着受政治左右的危险。

---

① 第二类和第三类疾病之间的差异主要存在于，比如说，头和作为身体之部分的骨骼之间的差异。第二类疾病侵袭身体的同质部分（髓、骨、腱和肉）；第三类疾病侵袭身体的特殊部分，并且与第二类疾病不同，它们中的大多数从外表上表现得很鲜明；与第二类的又一个不同是它们是混合物。相应地，蒂迈欧分类中的混淆来自于这样一个事实：身体的异质的部分完全是由同质部分构成的，后者中的每一个都有其自己的功能，这种功能与同质部分在肉体上构成的任何不同部分的功能完全不是一回事。这不得不让人想起"真正的城邦"和最好的城邦之间的差异：前者奠基在对身体之需要的人工满足之上，后者根据灵魂的诸部分而被秩序化为诸阶层。

论《蒂迈欧》①

[美] 伯纳德特

30年前，当我把一篇题为"论蒂迈欧的科学虚构"的论文呈交给施特劳斯时，他回复说，对于他来讲，柏拉图的《蒂迈欧》一直密盖着7封印。但是他认为他看清了两件事：蒂迈欧对于人的灵魂的说法与《王制》中苏格拉底关于灵魂的不精确的、政治的理解一致，而蒂迈欧对爱若斯属于人的原初构造的否认则是这种一致的必然结果。或许他还该补充一点：他看出，在苏格拉底的政治理想主义解剖学中，身体是非存在（nobeing）的必然印迹；而这种对身体的抽离在蒂迈欧本人的程序中也有其对应物。在这种程序中，如蒂迈欧自己所说，他错误地从可见可触的身体出发，并仅仅终结于——在把灵魂摆在第一位之后——五种既不可见也不可触的柏拉图式固体，以便说明变化之物理学。由于施特劳斯对《王制》的阐释给我们提供了一条道路，我希望在下文中能沿着这条道路考察一下《蒂迈欧》和《理想国》之间的关联。这并非想打开《蒂迈欧》，而只是想破解它的若干封印，并将之作为问题来阅读。

施特劳斯发现，《蒂迈欧》与《理想国》之间的联系看起来存在于如下安排中：正像苏格拉底呈现言辞中最好的城邦、蒂迈欧呈现言辞中最好的宇宙一样，克里蒂亚（Critias）必须使苏格拉底的城邦处于运动中，并赋予它一个地点和时间，而赫墨克拉底（Hermocrates）也要使蒂迈欧的宇宙处于运动中，并因此用一个真正的宇宙论取代蒂迈欧的那个逼真的故事。赫墨克拉底曾被指派一个任务，但是关于这个任务是什么，却没有任何头绪。这一事实暗示出，柏拉图认为不可能会有完整的宇宙论，《赫墨克拉底》也并不像遗失了的《哲人篇》那样能从柏拉图留给我们的两篇

---

① 本文原题为"On the Timaeus"，载 Seth Benardete, *The Argument of the Action*, Chicago, 2000。中译文原载于《鸿蒙中的歌声：柏拉图〈蒂迈欧〉疏证》，徐戬选编，朱刚、黄薇薇等译，华东师范大学出版社2008年版。收入此文集时有修订。——中译注

半的对话中想象出来，而后者虽然未能完成《泰阿泰德》《智者》和《政治家》这个系列，但人们依然能够从《智者》和《政治家》的真正统一中去设想它。一个表明宇宙论的不可能性的标志是：尽管柏拉图有成百个单词带有后缀 -ikos：其中性复数形式可以指示一个研究领域，阴性单数形式指示一门技艺或科学，但是在柏拉图那里却既没有出现过 ta phusika 也没有出现过 phusikē。亚里士多德是第一个发明这两个词语的人，因为他相信，运动中的物体的原则至少可以部分地从可理知的存在者（intelligible beings）的原则那里分离开。柏拉图的谨慎看来建立在数学物理学的核心之谜的基础上。亚里士多德一直不让数学在他的物理学中占有统治地位，而蒂迈欧则在下面这个短语中表达了这个谜："理性劝说必然性。"这个谜在基础热力学中变得最为明显，在那里，数学统计学的非因果性说明与气体分子的受因果约束的运动完美地协调一致。柏拉图自己表达这个谜的方式是：让苏格拉底热切主张数学教育是走出洞穴的唯一道路，而这又是为了表明所有的数学都可以在洞穴中轻易完成，甚至无需瞥见太阳，更不用说善的理念了。分割线是日喻与洞喻之间的一座伪造的桥梁。

《理想国》《蒂迈欧》和《克里蒂亚》这个序列，看起来不仅是未完成的，而且还是欺骗性的。苏格拉底是在对话发生后的一天向某个未知的听众叙述《理想国》；《蒂迈欧》也是在苏格拉底已经宴请了四个人（蒂迈欧、克里蒂亚、赫墨克拉底和一个匿名的第四者）并为之介绍了国家及其最完善的形式之后的一天发生。他的概述看起来与《理想国》的二至五卷相应，一直到苏格拉底引入哲人-王的地方；但是，《蒂迈欧》发生的时间是在泛雅典娜节（Panathenaia），而《理想国》发生的时间是在本狄斯节（the Bendideia），这两个节日相隔了十一个月。这个时间上的不一致显得具有一种象征意义。① 按照克里蒂亚的说法，苏格拉底仅只想象出的那个城邦原来是雅典人很久以前的城邦，一如雅典娜最初建立的那样；而《理想国》的革命性的教导则找到一位女神的新的庆典以为它特有的时机，这位女神是雅典人曾经将其接纳入他们的神圣历法的唯一一位异邦神。苏

---

① 就一种不可能的时间框架的象征意义而言，我们可以把它与《高尔吉亚》的时间框架比较。后者的时间背景是从伯里克利之死到 Arginousae 将军的受审，几乎跨越了整个的伯罗奔尼撒战争时期：修辞学家们并不熟悉他们假装控制的行为。《高尔吉亚》的第一个词是"战争"（war）。

格拉底的城邦的典范处于天上，它曾由一位以既爱战争又爱智慧为主要特征的女神建立。这位女神在她自身中把那将斯巴达与雅典区分开的东西结合为一，而这两座城邦复又表示着苏格拉底的城邦在言语中所要结合之物。按照克里蒂亚所阐明的将神话理性化的原则，雅典娜无非就是苏格拉底的哲人－王。她是女性的同时却又是无性的，这使她最接近于蒂迈欧所说的诸神最早创造的人的形象。然而，雅典娜的性格与苏格拉底论证的要旨相一致，它揭露了苏格拉底的心理学的欺骗性，这种心理学要求守卫者对于外邦人要像狗一样凶猛，对于朋友也要像狗一样智慧友善（philo-sophic）。于是，在解决《理想国》与《蒂迈欧》的歧异背景之关系的象征意义时，我们碰到了更为深刻的困难。提出一个根据他自己的论证不可能实现的、处于运动中的城邦，苏格拉底借此想要达到什么目的呢？对于政治理想主义的完全揭示和彻底驳斥给施特劳斯的《理想国》阐释打上了纯正的标记，这似乎使得《蒂迈欧》中苏格拉底的主人们的任务变得即便不是毫无希望也是无济于事的。这并不是说，不可能的事情不能成为行动的前提，一如施特劳斯在他对阿里斯托芬的阐释中所表明的那样，而是说，在《理想国》之后再来表明它在行动中的不可能性实际上已是多此一举。这样看来，连接《理想国》和《蒂迈欧》的时间障碍毕竟就有了一种象征意义。它告诉我们，它们不能被连接在一起，因为言辞中的城邦不能被置于时空之中。就言辞中的城邦的实现来说，它要求的不是我们熟悉的宇宙（cosmos），而是一种完全不同的宇宙，在它里面苏格拉底本可以对蒂迈欧所创造的人进行教育，并接着把他们移交给克里蒂亚的雅典。《理想国》和《蒂迈欧》在这一中心点上的一贯性使得《蒂迈欧》不再是必要的。苏格拉底所认为的本可以包括他的城邦的那个化外之国，只是看起来是他的故乡。实际上，在异乡就是在家乡。

须再次指出，苏格拉底在《蒂迈欧》中对于最好城邦的概述，只是看起来在哲人－王那里戛然而止。在总结出婚姻应当秘密地安排以便能使最好的男人和最好的女人配对时，他承认，至少金质的父母有时会生出铜质的子女，而铁质的父母至少也会生出一个金质的孩子，如通常所见。如此他就承认了他的城邦并不能完美地维持秩序与运动，相应地也便承认了，统治者必须能够洞悉各个阶层的本性，并为正义之故去纠正结构中的错误。这些统治者必须是哲人，如施特劳斯所表明的，他们对于城邦不可或缺，甚至还要优先于引入平等原则和共产原则。无论如何，苏格拉底暗示了秩序和运动潜在地不一致；因而如果要有一个宇宙论就必须能够证明：或者在宇宙尺度上这一困难不会出现，或者，正如在城邦的情形中那样，秩序与运动必须分离。蒂迈欧开始时似乎认为对于这一分离的持续纠正是不必要的——这是隐藏在《政治家》中的那个神话背后的一个暗示——但这只是因为他是从身体开始；一旦他引入了灵魂，他立刻就允许在宇宙中有一种无序（disorder），这种无序是不能如在亚里士多德处那样包含在尘世之域，但是它延展到宇宙之中，并必然导致宇宙的最终消失。

蒂迈欧把他对时间的说明与对空间的说明分开。它们之相互区别就如代数之区别于几何，或者离散之区别于连续。某种意义上，蒂迈欧是从苏格拉底关于最好城邦的概述中借用了这种区分。苏格拉底的概述分为九个部分。前四部分涉及本性、技艺与阶层的分类，后四部分涉及公有制（communism）与生育。中间一部分描述的是卫士所引导的那种德性的共同体化了的生活。标志着第一部分的语词是"说"（speak）（*legein*），标志着第二部分的语词是回忆（*memnēsthai*）。第二部分处理的是在城邦的有序结构之时间中的转化（transmission）。我们把概述的第一部分简称为本质分析（an eidetic analysis），将第二部分简称为发生的分析。尽管蒂迈欧的宇宙论需要表明本质分析和发生分析之间具有一致性，但它没有这么做。他的神匠是同时作为制造者（maker）和父亲而开其端倪，但是，由于蒂迈欧最终未能解决时间问题，他还是被迫承认它们的不相容。一个一直回溯到古代（它包括与大多数新柏拉图主义者针锋相对的亚里士多德和普鲁塔克）的争论开启了这样一个问题：蒂迈欧究竟是仅仅为了教导而把宇宙带入了时间，还是想要宇宙而非神匠既有一个开端也有一个自然的终结？蒂迈欧承认他把身体置于灵魂之先，尽管神匠不是如此。这一点表明，我们不能把时间从他的说明中去掉。如果他并不是按时间的顺序来阐明，蒂迈欧可能又会争辩说，正如机器的部分按照任何一种顺序都可以先于其装配而被制造出来，所以宇宙的各个部分之间也只有一种本质关联，发生的分析对其并无影响。

如果我们从苏格拉底的概述回到《理想国》本身，我们会发现《理想国》在它自身中也有一个处于本质［的分析］和发生［的分析］之间的张力。苏格拉底指出，他们看到了城邦的形成（come into being）并在言辞中构造（make）该城邦。他们构造的城邦是言辞中最好的城邦；他们看到的变化着的城邦是他们通由对话（dialogically）所隶属的城邦。我称之为对话的城邦。对话的城邦是言辞中最好的城邦的唯一可能的实现。在这样的城邦中人们才有可能从洞穴中上升,并由此同时实现本质分析和发生分析:属于本质分析的言说和属于发生分析的转化只是作为区别、交流或辩证法的言语本身的双重性。公有制只是辩证法的残缺的制度化。因此《理想国》在它自身中就已完成了苏格拉底前一天向他的客人们、今天向他的主人们所提出的计划。他已经给他们既提供了一个像图画一样了无生气的城邦,又提供了一个生机勃勃的城邦,即一个城邦在其统治者是哲人而其同伴公民是好战的色拉绪马霍斯、有男子气概和充满爱欲的格劳孔以及爱好和平的阿狄曼图时所能成为的那种城邦。苏格拉底现在和色拉绪马霍斯是朋友。由此角度看,苏格拉底在他的概述过程中停下来,是因为余下的部分是误解,而格劳孔和阿狄曼图的错误要求苏格拉底要用一种像最好的城邦本身那样不可能的知识的可能性来迷惑他们,因为他们不理解:如果在超出他们自己的对哲学的教育外还有一种在哲学中的教育,那么它就存在于对他们自己的教育的理解中。没有人能为他们做此事。于是,就并不是在那个远古的雅典中,而就是在那个延续至今的当代雅典城邦内的城邦中,言辞中的最好城邦才是处于运动中的。行动中的言语的转瞬即逝是思想的永恒之图像。

如果最好的城邦已经在运动中实现了,那么苏格拉底究竟是期待蒂迈欧和克里蒂亚的什么呢?毕竟,克里蒂亚并没有提供苏格拉底说他自己没有能力提供的事物,即战争中的城邦,因为克里蒂亚虽然交待了雅典和大西岛之间的冲突的情形,但是这两个城邦的行动和言语都已佚失。苏格拉底把他自己的无能与诗人们的无能相提并论,后者最善于表现他们自己的无论何种教养。诗人们植根于他们自己时空的道德之中。苏格拉底暗示说,他想以实际上不可能的方法(per impossible)让一个在最好的城邦中生于斯、长于斯的诗人成为该城邦的庆典司仪(celebrant)。他想让他在《理想国》卷二和卷三中审查过的荷马再一次吟唱战争,但是荷马必须在苏格拉底所想象的城邦的模型中"加以改造"。问题是,这个新荷马是那些在洞穴中度日的众人中的一员呢,还是说他已经超逾洞穴并理解了《理想国》第十卷的教导?这种教导即如施特劳斯说过的那样,苏格拉底在那里所批评的那些诗人是他为了自己的无正义的神学和无英雄的神话而需要的诗人?于是,苏格拉底似乎给他的主人们提出了一个谜:他们或任何其他人如何提供这位荷马?克里蒂亚的解决方案是巧妙的:古雅典人的一个后裔——他保留了雅典娜的弃婴的特征，具有某种诗歌能力和很多政治经验，且如智者那样四处游历①——将尽可能地接近苏格拉底的要求。有迹象显示，克里蒂亚想使梭伦的故事与《理想国》中的苏格拉底的诗歌标准相一致：梭伦的故事只是以叙事的方式展开，而就在宙斯本该直接说话的那一刻，《克里蒂亚》却戛然而止。然而，非模仿的诗歌无法复制苏格拉底于《理想国》或荷马于《伊利亚特》中所做之事：既化为众声又保持己声（to be all the voices and keep his own）。于是，克里蒂亚的解决方案还没开始就已失败。他无法应付苏格拉底的谜。苏格拉底刻意避开政治。他通过专心于他自己的事情而显示出他的正义。因此，他之无能于描述他的战争中的城邦就既平行于又不平行于他归之于诗人们的那种无能：他们不能抛弃自身的教养，而他不能放弃哲学。政治哲学不可以被理解为对政治和哲学的同等参与，如苏格拉底归之于蒂迈欧、克里蒂亚和赫墨克拉底的那样。政治哲学是哲人从洞穴中上升，而非下降入洞穴。哲人总是回顾洞穴，却从不会折回洞穴。

苏格拉底对诗人们与智者们进行对比。诗人原地不动，智者四处漫游。智者们对于许多漂亮的言辞很有经验，对战争中哲人与政治家的言辞和行动却不得要领。苏格拉底的主张很清楚：不能把言辞指派给哲人而把行动指派给政治家。②苏格拉底追问静止和运动是否能被结合在一起。他在这里站出来成了柏拉图的发言人。他提出的问题如下。修昔底德设法叙述伯罗奔尼撒战争——那场最伟大的运动的言辞和行动，而一次也没提及苏格拉底；柏拉图则设法再现苏格拉底——一个总是年轻俊美的苏格拉底——的言辞和行动，而没有述及苏格拉底大部分哲学生活的战时背景。修昔底德和柏拉图分享同一时间框架。因此，其中一方的读者能够从单独的一系列事件中辨明那种只要人性保持同一就持续不变的东西，另一方的读者则能从人的最为特殊的气质中概括出哲学的必然本质，而当他们如此做时，他们中的任何一方都没有书写政治-哲学的历史这种可能的怪物。于是，苏格拉底问道，当柏拉图给出那种脱离雅典公共历史的、真实的但又秘密的历史时，他是否正确；反过来，当修昔底德忽视雅典的私人历史

---

① 希罗多德，1.29.1.
② Hama 的放置（19e5），所以看起来它似乎是倒装用法，意味着哲人和政治家被结合在相同的人身上，这暗示着每一方的行动与言语也都被双方具有。

（在这一私人历史中，苏格拉底隐藏于雅典沉默的妇女之中）时，他是否也是正确的。希腊的重新野蛮化和雅典的战败是密涅瓦的猫头鹰起飞的条件。如果这是一种必然性，那其根据何在？一如施特劳斯所表明的，苏格拉底的最好的城邦要求灵魂的需求与身体的需求完美地融合在一起。修昔底德和柏拉图在分担任务时一致同意这一条件无法被满足。蒂迈欧默默地接受了他们的这种一致。在把身体与灵魂一道置入他的宇宙论时，他给出了这样一个宇宙：在这个宇宙中，他满足了苏格拉底的最好的城邦的条件，但同时却排除了苏格拉底在其中存在的可能性。然而，蒂迈欧并没有把身体与灵魂平稳地结合在一起。他的故事的前后不一——这一点回到了他未能把时间和空间一贯地结合在一起的失败——提出了这样一个问题，即是否在当前的宇宙论的所谓人类原则的背后还有一个苏格拉底的原则：为了苏格拉底能够产生必须要有何种宇宙？能设计出一个苏格拉底在其中是一种可能性却非必然性的宇宙论吗？当且仅当苏格拉底的言辞中的最好城邦得以可能的时候，苏格拉底才会是一种必然性。但是这种城邦的不可能性似乎伴随着这样一种状况：唯有某种随机事件能够产生苏格拉底。它是一种人们既不能发明也无从期待的随机性。它是以恶的目的论形式存在的随机事件。

为了能够实现苏格拉底的最好的城邦，它需要技艺的完全胜利：如果城邦要满足它的本质的结构，人类就必须从最初就被制造出来。[①] 于是发生的因素就会被忽视。苏格拉底在《理想国》五至七卷转向哲学，这一点表明他怀疑人消灭人是否能够最终被中止。技艺的城邦必然终结于一种通过技艺发明出来的人的幻相，同时，神圣之物——它在苏格拉底的故事中仅以其无用的形式发生，当城邦已经完全蜕化为僭主制的时候——似乎最终太过虚弱以致无法抑制城邦的另一根源。没有任何东西阻止大西岛，当然雅典并非如此。假如哲学能为城邦负责，那么就可以阻止这种梦魇；但是如果情况不是这样，那就只有偶发事件去替代理性的工作。克里蒂亚的故事表明，不定期的大洪水始终挽救人类。蒂迈欧的宇宙却并不提供这种

[①] 在《蒂迈欧》中，关于制造（making）的第一个和最后一个词是 *paidopoiïa*（18c6，91c2）；它是一个用来表示有性生殖的普通词，但是，正如阿伽通指出的，它已经指向了苏格拉底的解答（《会饮》196e2 – 197a3）。

希望。它之所以不提供这种希望，是因为蒂迈欧是以存在与神匠之间的分离，或美与善之间的分离开始；这一点否认苏格拉底的必然的偶发事件属于宇宙，由此必定也把自然灾难的清洁作用从宇宙中剥离出去。这个宇宙被安排得如此妥当（well），以至于它无法是好的（good），因为蒂迈欧宣称他不知道这样的道理："最好的人……往往因为有一点小小的缺点，将来会变得更好。"① 蒂迈欧的全部方案担保了这种对无知的宣称，但是从中还是生出另一种论证，我们可以把这种论证与对话的城邦——就其与言辞中的最好城邦的关系而言——进行比较。这种替代的宇宙在运动方面要远比那个正式的宇宙丰富；它有许多同类，但它们中没有任何一个能穷尽所有的可能性，也不能把人置于蒂迈欧的宇宙所把人置于的那种困境中。蒂迈欧的宇宙对于人来说是悲剧性的。只有当人是不正义的时候，它才是完全的；而人是注定不正义的。人无法对蒂迈欧的宇宙加以肯定，而只能希望要么这个宇宙要么他自己从未产生。当某些最初的男人被证明是懦弱的或不正义时，人就开始堕落，宇宙则开始完成。面对这样一种命运，我们可以猜测，男人将会自杀并［在下一次出生时］变成女人。

蒂迈欧以一个序曲开始，这个序曲包含了后来弥漫于展开部分的所有困惑。他以一个自己立刻就回答了的问题开始。此问题涉及一种分离。他所分离之物是什么——这一问题在古代就已提出了。结果证明，他把灵魂分离了，而灵魂由神匠从原本是分开着的材料中首先制造出来。一旦这些元素处于灵魂之中，它们就变成了认知的原则；因此，蒂迈欧是根据知识来回答他的第一个问题：无论什么事物要么被具有逻各斯的理性活动所理解，要么被带有非理性的知觉的意见所臆想（opined）。因此，在他的序曲中，蒂迈欧在某种意义上的确是从灵魂开始；但后果却是他的原初问题——那些永恒存在者是什么？——没有得到回答，因为蒂迈欧从来没有说出这些永恒的存在者是什么。确实，在提出这个问题时，他是用一个名词性句子，即：*ti to on aei*；或者说"什么存在者（the being）是永恒的？"这个问题暗示了：在回答什么是那些永恒存在者——且不说如何知

---

① 莎士比亚：《一报还一报》（*Measure for Measure*），第五幕，第一场，第 441—442 行。（中译文参见《莎士比亚全集》第一卷，朱生豪译，人民文学出版社 1994 年版，第 377 页。——中译注）

道它们——这个问题之前，蒂迈欧会不得不说它们是否根本存在。

在断言宇宙是可见可触的之前，蒂迈欧并没有给出一个实存论的陈述，这是他的第一个错误。蒂迈欧充分意识到了他给自己造成的困难。在一开始，他就宣布他必须要根据自己的意见做一个区分。他承认他把存在与生成分离开是根据意见而非知识，因为根据他自己的区分，心灵不可能认识生成。由于把赋予存在的同样的永恒性也赋予了生成，他就使他的说明进一步复杂化了。但是再一次地，他也没有追问那永恒生成之物是否存在。相反，在从认识论上回答了他的双重意义上的问题之后，他把生成和消亡（perishing）归于意见的领域。这样他就暗示，在永恒生成之中有着发生和消逝，或者，如他后来提出的那样，位置（space）是与存在同时的而非任何原因的结果。于是他断言，任何发生之物都由于一个原因而生成；但是，这一点只适用于任何一种消亡者而不适用于任何一种总是生成者。他宣布，如果任何一个神匠能注目于那永恒存在之物且再造其结构与权能，那么结果就是美好的；但是如果神匠转过脸去注视生成，那么结果就不会美妙。由此蒂迈欧就使我们更加困惑了。似乎宣布以下这一点是非常任意的，即对一个被完好地创造的人的描绘是不美的，而如果一个工匠专注于永恒之物，那他就不可能不生产出某种优美之物。在《斐德若》中，苏格拉底的关于灵魂的图画不是怪异可怖的吗？毕竟，拉着带翼马车的马匹之一是像苏格拉底一样丑。但是我们无须走到《蒂迈欧》之外就能知道，神匠并不总是注视着存在。当他决定赋予宇宙以心灵并被迫给予它以灵魂时，他就从存在那里转过头来而注视于他自身。神匠也许是完全永恒的，但他不能是那仅被带有逻各斯的心灵所理解之物，因为如果没有他，存在者就不是生成的原因。① 当蒂迈欧暂时放弃了神匠时，他也就推迟了关于存在之因果性的任何说明。

现在，只要蒂迈欧断言凡生成之物必有原因，则此物必定像其原因一样是可理解的，而如果存在者是其原因，那么此物就不再仅由被归入非理性感知的东西所决定。蒂迈欧追问，宇宙或 *ouranos* 是发生出来的（came

---

① Atticus 已经追问神匠是属于理性的（noetic）生物还是不属于。如果属于，他就是不完善的，因为他只是一个部分；如果不属于，就要有一个理性的生物，此生物既理解－含括神匠也理解－含括他所注视的这个理性的生物。

to be）还是不是。他推论说，它是发生出来的，因为它是可感知的；但是，宇宙不是可感知的，而是一切生成之可理解的秩序，仅当 kosmos（宇宙）和 ouranos 一样意指可见的天空（sky），蒂迈欧才可以得出他的结论。然而，蒂迈欧不能用 ouranos 意指"天空"，因为如果他这样做，神匠在创造所有不是天空的事物时，就会再一次把目光从存在者那里转移开。宇宙是天（heaven）与地（earth）的聚集（togetherness），它与天和地并不是一回事。当蒂迈欧后来以真正的开端取代了他的虚假的开端并使灵魂成为宇宙的不可见的外壳（envelope）时，他也同样承认这一点。这样，蒂迈欧在他迈错第一步之前先制订了三条原则：存在与生成是不同的；任何生成之物都有原因；如果神匠不注视于存在就没有东西能变得美丽。这三个原则并不足以建立宇宙在时间中的起源，但是他用来指示宇宙的表达——*tode to pan*——却表明他把一个属于知觉的直指代词（deictic pronoun）与一个不属于知觉的全体挤压在一起。① 这个未获保证的挤压指向着如蒂迈欧所看到的存在论问题并成为他全部话语的重负，与此同时它一直缠绕着蒂迈欧。但是，正当这种挤压成为其重负之际，蒂迈欧已经采取了他必须要证明的观点——天与地的确构成了宇宙，而他又从来没考虑过证明这一点。确实，他后来必须把天与地分开，以便使宇宙成为一个贯穿时间的宇宙，但这样一来它就不再是一个全体了。球形象征了理性生物的无所不包（comprehensiveness），但却以同质性为代价：它没有了真正的部分。

一旦蒂迈欧诉诸宇宙的至美与它的神匠的卓越，他就说宇宙必定是某个模型（paradigm）的影像（image）。但这并没有随之发生，因为一个制造者可以专注地注视某物的结构而并不模仿此物的任何部分。② 智者可以展示出与钓者同样的特征而与猎人却不具有任何相似之处。智者和钓者分享同样的行动方式和行动工具，也分享同样的主题，他们把该主题挑选出来并全神贯注于它——但所有这些并不能在钓者的猎物的隐藏状态和智者

---

① 在 *tode to pan* 这个希腊语表达式中，*tode* 是一个"直指代词"，意为"这一个"；而 *to pan* 则相当于 the all。——中译注

② 这一错误在蒂迈欧关于数学构造的说明中也有其相应的表现。他断言必定要有一个第三个因素，如果两个另外的因素要被完美地结合在一起的话。但是，织物中的自身联结着的经纱与纬纱却表明，这一点并不是在所有情形中都如此。作为与三维相应的向着第三种权力而提出的关于数字的错误表象就是随着这种错误而发生的。

的秘密之间、在鱼竿和言语之间、在鱼饵和关于德性的谈论之间，或者在鱼和富有的年轻人之间建立起一种相似性。为了便于理解，[我们说]太阳是善的一种影像，但它并不是善的影像性的产物。假如它是的话，那么苏格拉底就已经提供出那种他承认在他第二次远航前无法提供的宇宙论了。于是，[一方面，]宇宙就可能是一个全体，因为有一个存在者的宇宙；它也可能是善的，因为存在者的宇宙是一个贯穿了善的相的全体。另一方面，蒂迈欧让神匠假定灵魂在以某种方式是所有存在者的同时不受限制地是全体。于是，如施特劳斯观察到的那样，为了存在的全体能够是善或善的相，存在者之存在的原因和存在者之可知性的原因就将必然是一个而且是同一个。对于存在者和关于它们的知识之间的必然距离来说，善是纽带。苏格拉底已经在作为热和光之双重源泉的太阳的差异和同一性的基础上提出了这一点。然而，蒂迈欧从来没有言及作为生成之原因的太阳，他言及的只是作为时间之标志的太阳，而且他无法把这两种角色统一起来，因为神匠是善的唯一原因，对于这个原因来说存在毫无贡献。① 于是，对于蒂迈欧来说，为了能把宇宙归之于天与地，他就会不得不从与存在密切相关的善开始，而非——如他所做的那样——从与生成密切相关的善开始。作为一个有生命的和思考着的存在，宇宙对蒂迈欧的不完善的存在论加以整顿调节。它代替了善的相，而不是对它加以弥补。

蒂迈欧说，分别用来说明模型或影像的言辞也必定分别具有与之同样的秩序。据此他推论说，关于相似性（likeness）的言语只能是一个逼真的故事（a likely story），或者说，信念（pistis）之于真理正如生成之于存在。如果我们考虑到那条分割的线——在那里，信念处于 eikasia（猜测）和 dianoia（假设性地演绎推理）之间，而且，根据苏格拉底提出的比例，dianoia 与 pistis 在长度上是相等的——那么，蒂迈欧试图做的就是同时在

---

① 只有通过把光与热之间的差异归之于火的两个不同的种，蒂迈欧才能说明这种差异（58c5-d2）；因此他无法说明我们对于距离的意识，因为视觉是在内部的火与外部的火熔为一种单一的同质体的时候才发生（45a1-d3）。因此就没有"外在"（out-thereness）。这种对视觉的机械的解释先于目的论解释（47a1-b2），而如果不接受人的制造不是他的生育，这种顺序也就不会被颠倒过来。蒂迈欧陷于下面两种处境之间而不得动弹：一方面，他断言对于生成的任何一种说明只是一种游戏，以便从理解存在的严肃事业中摆脱出来而稍事放松（59c5-d2）；另一方面，他又承认如果不从必然性开始，就不可能有对神圣的理解（68e1-69a5）。

dianoia 和 *eikasia* 的层次上复制信念。通过把 *eikasia* 的非存在与 *dianoia* 的非存在或几何学连接在一起，他得以摆脱信念或我们在事物的"那里"（"that"）所具有的相信。他的论证把生成的存在推入到了非存在的领域，并由此证实了他最初作为问题提出来的东西。然而，*eikasia* 与 *dianoia* 在程度上并不相同，因此作为影像的宇宙与数学构造物的宇宙并不相符。困难在于：*hoi eikotes logoi* 具有双重含义。就其自身而言，它可能意味着"看似有理的言辞"（plausible speeches），经由推测而发生的言语；但是在上下文中，它也必定意味着"影像性的言辞"（imagistic speeches），或者如爱利亚的客人所称呼的那样，"被说出的幻象"（spoken phantoms）（*eidōla legomena*）。① 蒂迈欧无区别地使用着"逼真的言辞"（likely speech）和"逼真的神话"（likely myth），并且从来不透露这一点，除非当他已经引入了这种两可性；但是如果人们允许这种两可性，那么一种影像性的言辞就会是这样一种言辞：它表达了影像是其影像的那个东西的逻各斯。"这是关于我们的狗 Buckwheat 的一幅图画。""这是我们的狗 Buckwheat。"前一句话承认人们正在看一幅影像，后一句话确认了它是这条狗的影像，这句话自身并没有否认人们正在看一幅影像。二者都是真实的言辞，它们不是看似有理的言辞。于是，如果关于宇宙的逼真的言辞是对任意一个模型的模仿，那么蒂迈欧的逼真的故事就会是真实的，而非如他所说的那样跟任何一种其他故事一样都只是逼真的。逼真的言辞就会涉及存在而非生成。它会是逼真的，因为被推测的是存在而非生成。然而，逼真的故事会是一个被说出的幻象，如果人们关于这个幻象所说的言辞不是关乎这些言辞所类似的那些存在者而是关乎那些只是看起来与之一样的其他存在者的话。

　　当神匠构造世界灵魂时，他强使相同与相异聚合在一起并把它们与存在和生成相混合。灵魂自身的自然具有把相异与相同互相误认的危险。在这两种误认中，更根本的误认是相同被认为是相异：暮星和晨星在被认识为是一颗之前是两颗星。世界灵魂由两个圆圈组成，每一个都完全与另一

---

① 涅斯托耳（Nestor）在听到特勒马库斯（Telemachus）时也提出了同样的两可性（《奥德赛》[*Odyssey*] 3.124–125）。特勒马库斯的话像他父亲的话一样是可理解的，但这仍只是一种相似性。在《理想国》414c8–10 中，也有关于这两种意义的同样的并置。

个相同。当神匠使一个圆圈以一定的角度朝向另一个圆圈时，他把它叫作相异的圆圈，把另一个叫作相同的圆圈。尽管它们具有的仅仅是名称上的区别，神匠还是把一个分配给理性活动，把另一个分配给知觉活动。蒂迈欧暗示，我们注定要把感性世界误认为是心灵世界，但仍相信它们不是相同的。当格劳孔首先把完全的正义的人比作一个他将其影子投射到洞穴的墙壁上的木偶、然后要求苏格拉底证明那个人是真正幸福时，我们注定要做格劳孔所做之事。第一个把 *eidos* ［型相］这个词引入《理想国》的正是格劳孔。

苏格拉底和蒂迈欧都是他们自己的教诲的违反者。［一方面，］苏格拉底假称从洞穴中上升乃在于重获第三维，但是另一方面，在洞穴墙壁上的阴影和生成的物体之间却有着一对一的相符，而木偶操纵者正提着的人造产物无论如何也没有歪曲存在。苏格拉底假称，法律与习俗并不阻碍对于自然的发现，或者洞穴并不如施特劳斯表明的那样是城邦。蒂迈欧在其说明的第一部分借用了这个假设。我们所看到的动物恰恰就是那构成了理性动物之诸部分的动物，而下面这种情形，即我们所看到的四元素乃是一个元素在经历转化，同时它们的理性对应物形成了一个从不变化的整体——并没有影响到存在与生成之间的匹配（matchup）。然而，蒂迈欧在反对他自己的原则方面甚至比苏格拉底还要彻底。他宣称只有一个宇宙，即使模型与影像的概念暗示了影像本身属于多，并且可能的复制的数目泄露了它们对于同一个本原的依赖。确实，蒂迈欧争辩说，从理性上讲只能有一个存在，并且神匠为了能以象征的方式再现其模型的必然唯一性也让宇宙只是一个；但是蒂迈欧立刻又宣布，神匠为了制造一个单一的宇宙而用尽了所有的物质元素，以便确保没有外在的力量还能毁灭它。这样蒂迈欧就使得宇宙摆脱了衰败，尽管事实是生成与朽坏是永恒生成内部的不可分解的一对；同时他在宇宙内抹去了宇宙之为影像的任何踪迹。

当蒂迈欧说他以四元素的转化而不是以灵魂的制造为开端是犯了一个错误时，他的虚假开端背后的意义就清楚地浮现出来了。他说，他的错误是由于人参与了偶然。但是从这一说法的表面意义看，他的借口是荒谬的，因为他本可以在走上歧途之前轻易地纠正这个错误，如他后来纠正的那样。蒂迈欧在开始时请求他的听众原谅他的说明可能包含的任意一种前

第四部分　古典学

后不一，但是他们也应当期待他的说明不会比其他人的差。他承认，可能存在着另外一些同样看似有理的说明；的确，他自己就给出了两种。从形体生成开始的说明是对他的以灵魂制造开始的说明的看似有理的替代①，而以位置而非以模型和影像本身开始的说明是对他的以灵魂制造开始的说明的替代。这三种说明之间的不一致，是他的关于影像之多重性的看似有理的言辞内部的说法，而这种影像的多重性乃属于他最初似乎否认了的模型与影像的自然。因而没有理由相信，他的第三个纠正应当是他的最后的纠正，以及任何看似有理的说明都应当不经受无限的修订。正如灵魂的制造并没有完全纠正他以身体为开端，对位置的说明也没有完全纠正他的第二个开端。世界灵魂的两部分是身体之可分的相同与可分的相异；但是，如果灵魂先于身体，位置又先于灵魂，那么可分的相同和相异就必定已经从位置而来合并为灵魂。灵魂三分之一是位置；三分之一是非理性的，或者毋宁说，既然位置是无形式的，它就是灵魂的某种必然不确定的组成要素。然而，蒂迈欧在世界灵魂中从来没有做出这种纠正。他在第一部分中走得最远的，就是暗示在其六个部分中的相异的圆圈指示着在看似合理之物的内部的任意性。六是一个数字，如物理学家所说，这个数字是用手提供的。在第二部分，蒂迈欧承认也许有不止一个宇宙，而结果是它们全都毁灭了。不过，这些对那些最初原则的削弱从没有抓住真正的疑难：对于灵魂来说，无序之物是否也如对于身体那样受到贬损？

对世界灵魂的制造在时间的建造那里达到顶峰。时间是这样一种方式：宇宙在其中变为一个，并且尽可能地接近那个是其模型的全体。② 时

---

① 对物质生成的说明是从理性的动物中推演出来的，它只涉及几何比例；对灵魂的说明则发展成对于太阳系的说明，此太阳系也包括非几何比例：在对灵魂的划分中有一个无理数。既然蒂迈欧从来没有给出任何尺度，那么空间的数字或自然之常数就必定是不可解释的，并且属于 *chōra*（位置）。

② 另外两个宇宙统一体是处于转化中的物质结构的统一体（蒂迈欧后来放弃了这个统一体）和处于轮回转世中的动物统一体。每一个动物都能被贴上"人"的标签并相应地就是一个 *toiouton*（这样的东西）；尚为模糊的是，动物是否也能被同样地称为"神"。无论如何，牲畜就是我们；相异就是相同［或译"他者就是同一"］。在相像的程度上（on the eikastic level），一个再次出现的"这样的东西"也许是"狗"，在幻象的程度上（on the phantastic level），"狗"是"人"；但是我们无法承认这一点：人类是"母狗的儿子"。被证明是懦弱的无性男人变成女人，即对他们的怯懦的愤慨再次贴在他们身上。使"我"得以可能的 *To thumoeides* 是所有幻象的言辞的基础。蒂迈欧的宇宙容纳了这一点。

间所授予的唯一性存在于对时间的计数中。时间的间隔总能够聚集到一中，无论是一天一夜，包含许多天的一个月，包含许多个月的一年，还是时间的所有测量工具在一个大年①中的相符一致。② 蒂迈欧说，时间的一属于时间的部分。时间的部分与时间的种类并不一致，因为时间只有两个种类，过去与将来。中间的当前是人的一个错误的插入，因为在精确的言辞中，"是"属于那永远是者。在"过去是"和"将来是"之间插入"现在是"正好体现了我们必然要把相异误指为相同。时间的一包括了过去与将来。过去与将来包括那已不再在［或是］者和尚未在［或是］者。时间是对生成之非存在的最终的表达。它是克洛诺斯（Kronos）③阉割乌拉诺斯（Ouranos）④的神话的真相。只有当我们说得不精确的时候，生成才存在。只有当存在的影像能够坚守空间的存在，生成才存在；而空间的存在只能借助影像被不精确地说及，只能被一种假冒的推理所把握。⑤ 空间中所有的生成都是私生子；它们的父亲不可能承认它们是它的子嗣。作为时间制造者的神匠从作为生成之父的神匠那里分裂出来了，因为每一个生成之物都以其可承认性为代价。

　　神匠的这两种标示之间的区别，是色拉绪马霍斯在精确的言辞和不精确的言辞之间所做的区别在宇宙论上的对应物，施特劳斯指出，这是理解《理想国》的基本关键之一。色拉绪马霍斯已经试图坚持，一个犯了错误

---

　　① "大年"或称"世界大年"，以全部行星从同一地点出发最后同时回到出发点为一周年。其历时多少，历来有不同算法，柏拉图似乎估计为36000年。见王晓朝译《柏拉图全集》第三卷（人民出版社2003年版），第290页，注释4。——中译注

　　② 就时间导致了宇宙的统一性而言，蒂迈欧可以在有时间之前说及时间；因此严格地说，存在着相对的时间，那时没有时间间隔（它为了某一系列的事件而被测量）能够被置于与任何一个其他系列的任何一种有序的关系中。时间的这种地方［或局部］（local）特征是与空间和空间-时间的不能根除的地方性（localness）相符的。

　　③ 克洛诺斯：古希腊神话中的神，是乌拉诺斯之子。——中译注

　　④ 乌拉诺斯：古希腊神话中的天空之神，是最古老的神之一。——中译注

　　⑤ 尽管影像的数目被蒂迈欧用于空间［或位置］，但他从来没有把此数目比作镜子，因为它是所有定向的基础并因此阻止了存在与影像之间的任何一种同形性（isomorphism）：既然影像（eikōn）为之而产生的那个东西并不属于影像自身，那么影像就是某个相异者（heteron ti）的持续运动的幻象（phantasma）（52c2–3）。我们给我们相信其存在［是］的任何一种东西指定一个条件：是某物就要是在某处的某物。这个某处（pou）就是我们的这样一种承认：任何一个某物为了存在都要依赖于某个不同于它自己的东西。

的统治者严格地说已不再是一个统治者，正如一个犯了错误的医生不再是一个医生。色拉绪马霍斯无法调和他自吹的政治现实主义与这种区分；但是苏格拉底能够表明，正义必然在于不精确的言辞与精确的言辞的二元结构，或者在于正义的异与同，一如管自己的事与管好自己的事。它们在最好的城邦的原则与结构中一起出现，因为城邦的结构就是城邦原则的必然的淡化。蒂迈欧的宇宙论同样也关心宇宙的原则与宇宙的结构如何相合和不相合。它们无法完美相合，这显示在时间与空间的差异中。

  蒂迈欧在存在与生成之间所做的原初的区分意味着生成隐藏了自身的原因。原因被隐藏，因为它被显现。存在的消失是生成显现的条件。宇宙首先是一个球体，因为神匠把可见的元素置入这样一个形状之中，然后是因为黄道的旋转产生一个不可见的球，最后是因为宇宙事实上是一个在旋转中显现为球形的十二面体。只要蒂迈欧承认透视的存在，相像的言辞作为一种可能性就要消失，并且在原则上必然要被 *phantastikē*（幻象的）言辞①完全替代。② 他关于时间的讨论首先意味着，我们必须要做的就是这样一种可能的替代。在断言没有可以把存在与生成在其中结合起来——甚至都不是指不存在者被说成是不存在者的时候——的表达形式与精确的言辞相容之后，蒂迈欧说，或许（*tach'an*）当前（*en tōi paronti*）不是一个适当的时机（*kairos prepōn*）去精确地言说它们。是当前（present）（*pareinai*）就是（*einai*）这里和现在（now）。话语的当前是时间的两个种之间无法测度的间隔。当前可以属于任何持续——这个晚上，这一天，这一周，这一年，这个世纪，这个时代——但是它不能瓦解为时间的诸现在（nows）。时间的诸现在是那些从不能被准确记下的点，而立刻（*tacha*）的迅疾总是太迟。对于时间的所有不准确的表达都使人对蒂迈欧开始解释其实存的 *tode to pan* 的可理解性产生怀疑。心灵之应用于生成使得时间处

---

  ① 这里所说的"幻象"不是指头脑里产生的幻象，而是指：人所看到的任何一种物象都已经是"透视"的效果而非物自身，在这个意义上，视觉所见的总已经是透视出来的"幻象"。所以作者有此说。——中译注

  ② 在以 *phain*- 和 *phan*- 为词根的四十四个词中，只有六个出现在神匠停止制造宇宙之前；这六个中，两个属于序幕部分（28c2，29b6），三个是关于星球，一个是关于恐怖和征兆（40c9）。这个词根的最后一次出现是在 80c8，在蒂迈欧开始他的关于疾病和宇宙衰退的说明之前不久。

于空间之中并取消了时间性之物。①

在《智者》中，来自埃利亚的客人在绘画与雕塑技艺中区分了相像的（eikastic）技艺与幻象的（phantastic）技艺。相像的技艺完全合乎比例地再现原型的尺寸与色彩。当它在做它的复制品的时候，它相信它不在任何地方或无处不在。幻象的技艺认识到，如果人们制造一个巨大的雕像，那么即使上面部分处于与下面部分合乎正确比例的图像中，从我们地上的视角看的时候，上部分的形体仍会显得比下面的小。因此，幻象的艺术就制造出这样一种图像，它不是一个与原物相像的图像而是原物的一个幻觉的图像，由此幻象的显现从相像的角度上说就会显得美丽。既然宇宙具有如此巨大的尺度，人们就会想知道神匠所进行的是相像术（eikastics）还是幻象术（phantastics）。[一方面，]如果他的技艺是相像的，那么宇宙就会表现为虚假的美丽，而且一旦它被揭示为一种相像的影像，那么人们就能推论说，神匠注视的是生成而非存在。另一方面，如果他的技艺是幻象的，那么复制原型的影像就是不合比例的，它就需要很多的创造力去解决如何重获原物的问题。这个困难构成了蒂迈欧空间讨论的背景疑难。然而，它并不是最重要的疑难。作为芝诺悖论的一个应用，提出这个疑难足够容易。蒂迈欧说，如果四种元素中的每一种都是通过一个、二个或三个步骤转化为其他的元素，那么在任意一个给定的时刻上什么才是我们看到的火？它无法是火，因为考虑到它的未来，它必定已经是处在通往其他元素的途中；考虑到它的过去，它必定还部分地是它现在显得已经停止所是的东西。在这个转化圆圈的任何一个时刻，每一种元素都包含着它所已经是和将要是以及显得要是但还不是的东西。每一个元素都是它自身的幻象的影像，但是它显现为它之所是。它之所是，是某种规则的固体，但是它又绝不是它之所是。诸元素在形显上（apparitionally）和推理上（dianoetically）都明显不同，但是它们从来不曾完全地是其中的任何一个。②

---

① 当梭伦在埃及的时候，他试图把最古老的希腊故事置于可测量的时间之中（22b2－3），但是他发现，尽管它们属于过去，人们却无法将它们安放于连续的线性时间中。这种年代学的缺乏使得希腊人在埃及人看来总是孩子：他们年轻的心灵固持于从不消逝的当前的真理。

② 水的化学式是 H_2O，但是我们总是看到它处于某种状态中，而作为一个表达式，它从来不是它的任何一个状态。在嗅觉的例子中，蒂迈欧确实承认我们感知到的是无规则的固体（66d1－4）。于是我们就无限接近于对变化之真相的感知。

蒂迈欧根据变化之假设的第一个解决方案是说，to toiouton（是）每一种元素，那与它所是者相似的东西（是）它与之相似者。蒂迈欧用一个名词句表达这一点；在断言相似性（likeness）和存在之间有同一性之际，我们即放弃存在。① 于是我们就被要求把直指代词 tode 和 touto 从任何一个这种 toiauta 中抽离出来而将它们运用到其他东西上。这其他东西就是 chōra，或"位置"［或译"形状""空间"］（space）。苏格拉底是第一个使用这个词的人；他曾谈到那些与他们诞生其中的上层阶级不相符合的后代子孙需要与那些来自下层阶级的人交换他们的位置（19a5）。Chōra 可以意味着与"城镇"（town）相对立的"乡村"（country），或者一个部落或城邦的"地域"（territory）。它首先是地方性的（local）。它的由名词派生出来的动词是 chōrein，它或者可以意指"为某物留下一块位置和腾出一块空地"，或者意指"包含或拥有一块给某物的空地"。它的同形副词是 chōris，意为"分离地"或"分别地"；它一直被柏拉图为了辩证区别的目的而使用着。蒂迈欧关于位置的首次明确的提法意味着 tode to pan 或 hode ho kosmos 不可能是精确言辞的表达，因为就其为可见的而言，宇宙是 toiauta 的一个聚集；而就其是理性的［或可理解的］而言，宇宙不容许直指代词。Hode ho kosmos 和 tode to pan 离开存在者而转向言辞。② 它们是苏格拉底第二次起航的象征性的表达，苏格拉底把这种表达比作我们对太阳在水中的晦暗不明的映像的观看。

蒂迈欧为了把意思说得更清楚而提出的有关位置［空间］的第二次说法如下。他说：

---

① 它是一个名词句，因为火自身是一个 toiouton，因为［其他］三种元素只是构成它们的相同的三角形的重新组合；反过来，由于所有的物质三角形是不完善的（73b5-8），所以这些三角形自身是三角形自身的 toioutoi，而即使三角形自身恰恰不是假定的（48c2-4），它与那为了构造诸元素而被选择的原型的三角形也不是相同的。

② 在《蒂迈欧》中 touto to pan 或 houtos ho kosmos 这种表达的缺乏指向这样一个困难：即使由于与模型和影像的关系一致而有许多 kosmoi，也没有通道接近它们，因此对于"这个"否认了其理性［或可理解性］的"全体"来说就有了一个致命的个体性。如果有其他来自在地方性的场所［或空间］-时间之容器中的宇宙对这个宇宙的入侵，就像 plokanon 的影像所暗示有的那样，那么宇宙的本质的异质性就会为蒂迈欧的故事的不一致的必然性提供根据。紧接着的就会是 tode to pan 在严格的意义上不是也不能是一个 kosmos。

假定有人塑造各种形状的金块,并且不停地将每一金块又重塑成其他各种形状,这时有人指着其中之一问道,"它是什么?"迄今为止最稳妥的回答是,"它是金子"。我们不能将之称为三角形或其他用金子铸成的形状,尽管这些形状曾经存在过,但它们甚至在被提及的瞬间就已经发生了变化,如果提问者愿意稳妥地接受 to toiouton——"这样的"——这个表达,我们会感到满意(50a5 – b5)。①

原来的回答已经被降为第二等,而最好的回答是金子,或者,在解释图像时,回答是空间(space)。这个例子不再依赖于关于变化的假设的物理学真理;的确,蒂迈欧将否认四元素之相互转化,代替他称为不正确的幻象显现的是,他将把土从循环中取出并赋予变化中的事物以一种稳定性。土是物理学家用来代替 chōra 之真理的东西。蒂迈欧的例子把原来的相像的问题转换成了幻象的问题。空间[或位置]现在是对话的空间[或位置]。Tode 和 touto 现在有了它们真正的含义;tode 是说话者之范围内的任何事物,touto 是人们向之说话者的范围内的任何事物。Tode 和 touto 分别是对"我"和"你"的表达。"我"不是一个代词,而是如本维尼斯特(Emile Benveniste)所说:

只能根据"演说术"而不能像在名词性符号的情形中那样根据对象来规定"我"。我意指着"那个表达出包含着我的话语之当前情形的人"。②

蒂迈欧只有一次用"我":"我这个说话者"(ho legōn egō, 29c8)。这种表达在柏拉图的其他任何地方都没出现。于是,建立了"我"的 chōra 就是不可普遍化的。它的神话的名字是赫斯提亚(Hestia),那个唯一从没有看到过天上存在者的神。它是对诸部分之分离性的表达,就它们

---

① 中译文参见《柏拉图全集》,第三卷,王晓朝译,人民出版社 2003 年版,第 301 – 302 页,稍有改动。

② Emile Benveniste,《普通语言学问题》(Problèmes de linguistique générale, Paris, 1966),第 252 页。

不是一个全体的部分而言。*Chōra* 是部分的制造者；它是那把存在者打碎的东西。它把希腊人从野蛮人中分离开，把否定转变成构造。没有关于空间的 eidos 或尺度；它是时间严格的对立面。它表达了在"我"沉默之际而消失的空间－时间中的地方性的弯曲。它与人们处身其中的地方性视域的多重性相应；它是因犯在其中相互谈论和追问每一个阴影是什么的那个洞穴的蒂迈欧版本。蒂迈欧让他的提问者提出的问题是"*ti pot' esti*"？"一次"（*pot'*），它现在带着"是"，是时间的无法确定的间隔。它是那不能成为时间之一部分的东西，它被从时间的种类中挤出只是为了秘密地重新出现在关于时间性之物的话语中。① 就存在是分离的（*chōris*）而言，是当前（*pareinai*）就是把空间与时间聚集入存在之中。"*ti pot' esti?*"的惯常翻译是"它究竟是什么？"（What in the world is it?），这是一个美丽的若合符节。

根据蒂迈欧，当他说空间应当是一切生成的有如乳母般的接受者时（49a5－6），关于空间的真理就被陈述出来了。真理把隐喻和明喻并置在一起，把幻象的表达与相像的表达并置在一起。隐喻把两个东西认同为一；它视相异为相同。明喻承认在它所看到的相同性中有差异。蒂迈欧所讲述的那个逼真的故事的真理是：作为隐喻它是好像可能的（*eikōs*），作为明喻它是一个幻象的影像。就隐喻的字面义而言，存在的影像被转移到存在之上并被迅速读过，似乎它们是属于它们不属于的东西——那个名词句 *to toiouton pur* 的观念性正象征着这一点；但是一旦明喻从原则上被承认为它之所是，人们就不能判断如何从明喻与之相像的东西那里减除明喻所有的差异。如果人们能够如此，那么就不会需要明喻了。② 因此与人们的第一印象相反，《蒂迈欧》的第二部分的幻象学（phantastics）是相像的

---

① 在时间之种类中的现在的零点似乎在金子形状的迅疾变化中有其对应物；但是蒂迈欧暗示，变化从来不是瞬间发生而是从容进行，无论人们能否跟上它。

② 蒂迈欧似乎在暗示，运动中的物体的任何数学模型都将引入一个或一系列明喻，它们将不容许矫正，或者如人们现在所说的那样，重新正常化。

(eikastical),而第一部分的相像学(eikastics)是幻象的。① 如施特劳斯所明示的,这种颠转(turnaround)是任何一个柏拉图式的论证的本质特点。如果这种颠转没有发生,我们就依然被困在洞穴中而还没有开始上升。②

---

① 蒂迈欧表明,一旦他对四元素的复合给出说明,那么,那看似有理的言语的概念就将是多么的让人误解。他的说明现在是完全可以检验的,如果"水"不能被做成金,那么此说明就是虚假的。他之否认他的颜色理论能够被检验暗示他意识到了这一点(68b5-8;d2-7)。"处方"能够复制自然并不要求人们有一个真正的说明;它们可以完全是幻象的而非相像的言语。

② 蒂迈欧花了大量力气来解释左右错位的经验(43e4-44a7;46a2-c6)。这是婴孩的经验,对于它们来说没有它者;随后这发生在人们无论何时在镜子中面对自己的时候。蒂迈欧暗示的是,世界不是我们自身的一面镜子;这并不是说对于我们而言世界(它不是回过头来看自身的某物自身)之外一无所有;但是洞穴却是那种在那里只有人的地方。我们对于重量的经验或许是人的最重要的方向感错乱。我们把那比我们称为"上"的东西更加抵制我们移动它的努力的东西称为"下"(62c3-63e8)。我们给那仅仅依赖于我们与事物的冲突的东西以一个绝对的名称。第三组方向,前与后,与时间有关:是 prosthen hēmōn(在我们之前的)东西是过去,是 opisthen hēmōn(在我们之后的)东西是将来。我们在走向将来中面对过去。这就是当前的种类。

后 记

这一译文集的缘起是来自张伟兄的提议。在去年寒假期间,他让我把过去翻译的一些单篇文章收集起来编个译文集,作为我们中山大学外国哲学学科"'思想摆渡'系列"的一种。一开始我想都没想就拒绝了,因为印象中没翻译几篇文章,根本不够一本文集的分量。但旁观者清,张伟兄说肯定够了,让我汇总一下看看。结果一汇总,还真是:竟然有30多万字。于是从中挑选了十余篇,按主题分为四个部分,兹介绍如下。

第一部分是现象学与第一哲学。该部分共三篇文章,包括德里达的两篇和马里翁的一篇,分别涉及如何从现象学的角度理解哲学的第一问题以及第一哲学。第二部分是现象学与伦理学。该部分共四篇文章,包括胡塞尔的一篇、列维纳斯的两篇和斯蒂克斯的一篇,分别从现象学的角度讨论伦理学的基本含义、伦理学在何种意义上是第一哲学,以及如何把存在论差异理解为一种价值。第三部分是现象学的研究与运用。该部分包括的三篇文章分别涉及海德格尔哲学与马克思哲学的比较研究、德里达的解构主义与印度瑜伽行派哲学对现象的不同解构策略之比较,以及经验如何在范畴中得到表达等主题。最后一部分是古典学,包括三篇文章:第一篇是耿宁对王弼如何从道家立场出发为儒家政治与伦理主张进行奠基的研究,第二、第三篇分别是伯纳德特早期和晚期对柏拉图《蒂迈欧》的解读。

整部文集从现象学开始到古典学结束,故名之曰《从现象学到古典学》。

从当初每篇译文的翻译、发表,到现在汇总、结集、出版,其间得到许多师友帮助,比如:杜小真老师帮忙校对德里达的《哲学的第一任务:对发生的重新激活》,尚新建老师帮忙校对滕格义的《经验与范畴表达》,陈慕禅同学曾帮忙校对马里翁的《被给予性的现象学与第一哲学》,张晋一同学帮忙校对胡塞尔的《对伦理学这一概念的系统的引导性规定与界定》,李志璋同学帮忙校对彭斯加德的《对现象的两种解构:德里达的悲观主义、瑜伽行派佛教的乐观主义,以及对于基督教神学的后果》,钟裕成同学和黄政培同学帮忙校对伯纳德特的两篇文章,何岩同学和陈文婕同学分别帮忙录入滕格义的《经验与范畴表达》以及德里达的《哲学的第一任务：对发生的重新激活》。此外，倪梁康老师和张伟兄也分别帮助译者解决过一些文献和翻译问题。

在此谨对以上诸位师友表示衷心感谢！尤其要感谢的是张伟兄：如前所说，正是他的提议，才有了这本译文集。当然，还要感谢中山大学出版社的副总编辑嵇春霞女士和本书责任编辑潘惠虹女士，以及其他编校人员：没有他们的辛苦付出，这本译文集的面世也是不可能的。

收入这部译文集中的译文绝大部分都曾发表过（详见各篇文章标题脚注），此次收入时均做了不同程度的修订。当然即使如此，讹误肯定仍在所难免，甚至不在少数。这里只能期待读者诸君批评指正了。

朱　刚

2020 年 9 月 21 日